博士生导师学术文库

A Library of Academics by
Ph.D.Supervisors

价值论美学

舒 也 著

光明日报出版社

图书在版编目（CIP）数据

价值论美学 / 舒也著 . -- 北京：光明日报出版社，
2020.4

（博士生导师学术文库）

ISBN 978 - 7 - 5194 - 5025 - 0

Ⅰ.①价⋯ Ⅱ.①舒⋯ Ⅲ.①美学—研究 Ⅳ.
①B83 - 0

中国版本图书馆 CIP 数据核字（2019）第 266787 号

价值论美学
JIAZHILUN MEIXUE

著　　者：舒　也

责任编辑：李　倩　　　　　　　责任校对：荀宝风
封面设计：一站出版网　　　　　责任印制：曹　净

出版发行：光明日报出版社

地　　址：北京市西城区永安路 106 号，100050

电　　话：010 - 63139890（咨询），010 - 63131930（邮购）

传　　真：010 - 63131930

网　　址：http://book.gmw.cn

E - mail：liqian@gmw.cn

法律顾问：北京德恒律师事务所龚柳方律师

印　　刷：三河市华东印刷有限公司

装　　订：三河市华东印刷有限公司

本书如有破损、缺页、装订错误，请与本社联系调换，电话：010 - 63131930

开　　本：170mm×240mm

字　　数：287 千字　　　　　　　印　　张：17

版　　次：2020 年 4 月第 1 版　　　印　　次：2020 年 4 月第 1 次印刷

书　　号：ISBN 978 - 7 - 5194 - 5025 - 0

定　　价：95.00 元

美产生于主体与客体相遇的途中。

——舒也

我是谁？

既是自然主义者，又是人道主义者；
既是实用主义者，又是理想主义者；
既是自由主义者，又是社群主义者；
既是传统主义者，又是反传统主义者；
既是价值守卫者，又是开放创新论者；
……
我，是一个开放的容器，
这容器里等待装下的，
是存在与虚无，
是自然与行动，
以及我们需要面对的一切价值……

——舒也

自然气息与生命冲动

（代序）

在一些伟大的作品之中，常常有着一种自然的气息。这种自然的气息，常常出现在某些古代的文字之中。古人的思维非常奇特，一呼一吸之间常与自然声息相通。古人对世界和人生的一点感悟，常常想象自己是某一种动物来表达自己的想法，如"梦为鸟而历乎天，梦为鱼而没于渊"。这是我所喜爱的文字的最高的境界：与天地精神相往来。

我常常将人道视为是自然的一个部分，并且，将生命视为是人道与自然的一种此在现实。作为大自然中间的渺小的一员，我非常愿意来到自然中间，为的是承接自然的气息。作为乡村社会中成长起来的一员，我非常愿意待在故土和乡间，为的是接地气。作为芸芸众生中的一员，我非常愿意和各色人等交往，参加各类浮躁的活动，为的是得人气。这些，我都把它们作为是来自外在世界的生命的气息。

我们常常探讨，一部伟大的作品，它需要超卓独立的思想、出神入化的技巧以及文字中间涌动的生命气息。成就一部伟大的作品的元素，除了超卓独立的思想和出神入化的技巧，最重要的便是生命冲动。任何一部伟大的作品，感动我们的，往往是其中涌动的生命冲动。

论及印象派绘画，人们常常将注意力关注于印象派作品的光影和色彩。但更多的时候，我常常将注意力投向印象派作品中的生命冲动。关于印象派绘画，或许我们可以用这样一句话来概括：通过光影和色彩表现某一瞬间捕捉到的对外在世界的一点心灵感觉，画作中的光影世界常常能让我们感觉到内心深处的某种心灵感动，这种心灵感动能让我们感知到某种无法言述的生命冲动。如是，一幅画似乎成为一幅有生命的画，画作中的自然、建筑、景象也似乎成为有生命的自然、建筑和景象，画作中的所有的一切，也因此而生动起来。

舒也

于紫金山麓

目　录
CONTENTS

价值论美学：告别美的单一认识论化

世界万物在我们一俯一仰之间以信息的形式呈现。世界是物质与能量的结合体，通过信息向人类敞开。当人类面向外在世界，物理量转化为信息量，本征值转变为测度值，世界由此而澄明起来。通过信息化呈现，物质世界转化成意义世界。如果不是信息，世界将一片黑暗。通过将光波转化成色彩信息，我们才发现了一个五彩斑斓的明丽世界。如果没有转化成信息，世界只是质子、中子、电子、光子、中微子以及其他各类粒子的混沌世界，人类面对的是一片黑暗。尚有无数的微观粒子人类现有的科技无法捕获无法转化成信息而栖身在幽暗的空间。每一秒钟有数以万亿计的中微子通过我们的身体，但我们现有的技术尚无法捕获而处在暧昧不明的世界。

世界的普遍联系相互作用，让万物向人类呈现为各类信息，同时又呈现为各类价值。世间万物信息与价值的一个方面便是美。因为美的存在，人类的意义世界因此而明丽生动起来。美，作为一种独特的价值，它以其自身的方式进入人们的生活空间，可以说，凡是有人类主体出现并在场之处，便会有"美"的身影出没。

但是，究竟什么是美？对于这一个问题的回答总是莫衷一是。长期以来，对于这一美学基本问题，有着各种各样的探讨与解答，其中之一，便是价值论美学。对于美学基本问题的研究，学术界主要有主观论美学、客观论美学、主客观统一论美学、实践美学、人类学美学、生命美学等诸种论说主张。近年来，在美学研究领域开始出现了一种新的美学理论，这一美学理论便是价值论美学。

价值论美学主要从价值论的角度探讨美学的基本问题，并重点探讨审美价值的特殊性质。价值论美学主张，美是人类主体与世界客体进行价值实践活动的产物，美是外在事物相对于人类主体所呈现出来的一种审美价值属性，审美价值关系是主客体关系的统一，同时它又是在人类长期的审美实践中形成的，与人类的审美实践和艺术实践有着密切关系。

价值论美学是当代美学研究的新领域，也是近年来美学研究的一大热点。我们有必要回头检视一下：价值论美学是如何提出的？在价值论美学的视野中，究竟什么是美？美在何种意义上存在着？在美的本质、审美主客体关系、审美价值及艺术价值等诸多方面，价值论美学又有着怎样的论说主张？我们有必要带着这样一些问题，对价值论美学做一番新的探讨和审视。

一、美的认识论化

柏拉图在他的著作《大希庇阿斯篇》中，借助苏格拉底之口，在人类历史上第一次提出了一个关于美的本质的问题——"美是什么？"柏拉图的"美是什么？"这一追问，开始了人类历史上第一个美学之问，《大希庇阿斯篇》也就成了美学史上第一篇专门研究美的著作。

从柏拉图的"美是什么"之问，到鲍姆嘉登提出并建立"美学"，对于美的探讨是多方面的。但是，在相当长的时期内，"美学"总是这样那样地囿于认识论或被囿于认识论，"美学"，也常常因为这样那样的原因被局限于"认识论美学"或"知识论美学"。

美学和美学思想的历史虽然纷繁复杂，对于美的探讨也多种多样，但是，从柏拉图到鲍姆嘉登，美学总是有着某种被认识论化的倾向。在《大希庇阿斯篇》中，柏拉图借助苏格拉底之口，在人类历史上第一次提出了一个美的本质论的问题——"美是什么？"《大希庇阿斯篇》通过苏格拉底和希庇阿斯的对话指出，"什么是美"和"什么东西是美的"这是两个不同的问题，对于"什么是美"这样的问题，应该探讨"美本身"，并认为这一"美本身"应当是一种"美的理念"。柏拉图认为，现实世界是理念世界的模仿，是理念世界的影子，而艺术是对现实世界的模仿，是影子的影子，"和自然隔着三层"①。显然，柏拉图的"美是什么？"的追问，有着某种认识论化的倾向，柏拉图认为现实世界的美是"美本身"或"美的理念"的"影子"，而艺术是"影子的影子"的观

---

① 柏拉图. 理想国 [A] //文艺对话集. 朱光潜，译. 北京：人民文学出版社，1963：113 - 120.

点，更多的也是一种认识论层面的探讨，而不是"美对于人类主体意味着什么"这样的价值论分析。

1735 年，鲍姆嘉登在他的《关于诗的若干前提的哲学默想录》中，首次提出了"美学"（直译"感性学"）这一概念。1750 年，鲍姆嘉登出版了拉丁文专著 Aesthetica 一书的第一卷。鲍姆嘉登根据古希腊"αισθητικος"（Aesthetikos）一词，提出建立一门"Aesthetica"之学，这一"Aesthetica"之学后来发展成了"美学"这一学科。鲍姆嘉登声称："Aesthetica 的目的是感性认识本身的完善（完善的感性认识），而这完善就是美"，因而主张"Aesthetica 作为自由艺术的理论、低级认识论、美的思维的艺术和与理性类似的思维的艺术是感性认识的科学"，按照鲍姆加登的解释，这一"Aesthetica"之学实际上是一门探讨和研究"美"的理论，它成了美的理论的代名词，后人用 Aesthetica 来专指作为"关于美的学问"的"美学"。按照鲍姆加登的解释，作为"美学"的 Aesthetica 之学是一门感性学，是"感性认识本身的完善"，显然没有摆脱认识论和知识论的影子。

事实上，在鲍姆嘉登前后的时代，尽管对"美"的探问多种多样，但是，哲学的话题和主题更多地集中在认识论领域，哲学作为"爱智之学"，更多的是在"拟知识"而非"拟价值"。无论是英国经验论还是大陆唯理论，都是将认识论放在突出的地位。如在洛克等人的思想中，关于美的思想是其认识论的一个部分，休谟在美学史上虽然提出了很多著名的观点，但他的关于美的思想，也被当作是关于人类知识的思考。美学思想史上的客观主义和主观主义之争，主要的也是认识论之争。康德和黑格尔在他们的著作中沿用了鲍姆嘉登的"感性学"这一术语，但他们的美学思想有着太多的认识论纠结，都有着把美学认识论化的倾向。朱光潜指出，"从 1750 年德国学者鲍姆加通把美学（Aesthetica）作为一种专门学问起，经过康德、黑格尔、克罗齐诸人一直到现在，都把美学看成是一种认识论。"① 朱光潜的这一论断，正是看到了西方思想史上把美学认识论化的这一倾向。

国内美学的认识论化与美学、文艺学领域的一场马克思主义讨论有关。中国的现代美学理论建构，从王国维贯通中西的努力，到蔡元培首次在北大开设美学课程，到朱光潜的理论建构，美学学科在国内得到了开创性的发展。美学

---

① 朱光潜. 朱光潜美学文集：第 3 卷 [C]. 上海：上海文艺出版社，1983：62.

在国内的出人意料的发展，则与一场美学大讨论有关。在二十世纪五六十年代，以《文艺报》和《人民日报》为阵地，展开了一场运用马克思主义理论分析美学问题的学术大批判。1956 年，《文艺报》刊登了朱光潜的自我批判文章《我的文艺思想的反动性》，其后《文艺报》先后刊登了贺麟、黄药眠、蔡仪、曹景元、敏泽等人批判朱光潜美学思想的文章，后来批判者之间观点发生分歧，彼此之间也展开了相互批判，引发了一场美学、文艺学领域的大批判和大讨论。后来《人民日报》发表了大量讨论美学问题的文章，这些文章大多是自觉运用马克思主义分析美学问题的结果，但是彼此之间对美学基本问题的理解又观点迥异，形成了美学、文艺学领域大批判、大讨论的局面。

二十世纪五六十年代的美学大讨论，最后形成了以蔡仪为代表的客观派，以吕荧为代表的主观派，以朱光潜为代表的主客观统一派，以及以李泽厚为代表的客观社会派等四个美学派别①，虽然体现了马克思主义意识形态对文化的改造，但是，它客观上促进了学术界对美学问题的理解。它的一个不期然的结果，便是美学理论的认识论化。受苏联马克思主义的影响，当时国内的马克思主义理论主张，全部哲学可以归结为一个基本问题，即世界是物质的还是精神的这一所谓的哲学基本问题。这一做法实际上将全部哲学归结为一个认识论问题。学者们自觉或不自觉地运用马克思主义进行思想改造，并运用这一马克思主义理论探讨分析美学问题，最后，导致对美和美学的理解的认识论化。例如，李泽厚就曾明确地主张："美学科学的哲学基本问题是认识论问题""美是第一性的，基元的，客观的；美感是第二性的，派生的，主观的。承认或否认美的不依于人类主观意识条件的客观性是唯物主义与唯心主义的分水岭"②。学者们自觉地用"社会存在决定社会意识，还是社会意识决定社会存在"这一区分唯物主义与唯心主义的标准来进行美学分析，导致对美的认识和美学研究的单一认识论化。

实际上，对于美的探讨，并不能排除认识论。美学首先建立在认识论基础之上。客观的物质世界总是以信息的形式被人类所掌握，这一信息过程首先是

---

① 1959 年，甘霖在《新建设》发表《美学问题讨论概述》一文，把 1956 年开始的美学大讨论概括为四派：吕荧的"美是主观的"，蔡仪的"美是客观的"，朱光潜的"美是主客观的统一"和李泽厚的"美是客观性与社会性的统一"。

② 李泽厚. 论美感、美和艺术 [J]. 哲学研究, 1956 (5).

一个认识论过程。尽管如此，除了从认识论角度来探讨美，还存在着一个价值与效用的角度，即从美相对于人类主体具有什么样的价值与意义的角度来进行探讨。

二、价值论美学的挑战

应该说，前人对于美学的非认识论探讨，是早有建树的。价值论美学的重要奠基人莫里茨·盖格尔在《艺术的意味》一书中指出，美学的问题可以分为"有关事实的问题"和"有关价值的问题"，与这一区分有关，美学研究存在着"事实论美学"和"价值论美学"两种不同的美学研究形态，而价值论美学更有利于通过区分各类价值来探讨审美价值的特殊性质①。桑塔耶那认为，美不是认识论意义上的知识，而是一种价值："美是一种价值，也就是说，它不是对一件事实或一种关系的知觉；它是一种感情，是我们的意志力和欣赏力的一种感动。"② 苏联价值论美学的代表人物列·斯托洛维奇在《审美价值的本质》一书中指出，在美学思想史上存在着将审美价值单一认识论化的倾向。他说："人对世界的审美关系具有价值性，它处在更广阔的价值关系中……在美学思想史及其发展的阶段中，存在过并存在着各种各样的、甚至是互相迥异的概念，但是有一点却是一致的：把审美关系归结为认识关系，把艺术归结为认识，而把美学本身归结为认识论的一种。"③ 列·斯托洛维奇指出，对审美关系持纯认识论的态度，会导致"忽视审美的价值本质""就不能揭示美的标准"④，因此主张将"认识论态度同价值说态度结合起来"⑤。

在五六十年代的美学大讨论之后，朱光潜认识到，不应该把美学简单地归结成一个认识论问题。他郑重地提出，美学到底能不能仅仅从认识论的角度来进行研究——

---

① 莫里茨·盖格尔. 艺术的意味 [M]. 北京联合出版公司，2014：29 – 35.
② 乔治·桑塔耶纳. 美感 [M]. 缪灵珠，译. 北京：中国社会科学出版社，1982：33.
③ 列·斯托洛维奇. 审美价值的本质 [M]. 北京：中国社会科学出版社，1984：13.
④ 列·斯托洛维奇. 审美价值的本质 [M]. 北京：中国社会科学出版社，1984：17.
⑤ 列·斯托洛维奇. 审美价值的本质 [M]. 北京：中国社会科学出版社，1984：21.

"我们应该提出一个对美学是根本性的问题：应不应该把美学看成只是一种认识论？从 1750 年德国学者鲍姆嘉登把美学（Aesthetik）作为一种专门学问起，经过康德、黑格尔、克罗齐诸人一直到现在，都把美学看成只是一种认识论。一般只从反映观点看文艺的美学家们也还是只把美学当作一种认识论。这不能说不是唯心学所遗留下来的一个须经重新审定的概念。"①

朱光潜提出，"应该提出一个对美学是根本性的问题：应不应该把美学看成只是一种认识论？"朱光潜隐晦地指出，马克思主义美学也把美学当成是一种认识论："一般只从反映观点看文艺的美学家们也还是只把美学当作一种认识论。"他认为美学的认识论化、把美当作是一个纯粹的认识论问题，这一做法需要加以"重新审定"②。在全部哲学、美学思想被归结为唯物和唯心之分的马克思主义意识形态一统天下的大背景之下，中国国内美学的去认识论化，是从二十世纪八十年代的思想解放开始的。在二十世纪八十年代，随着政治领域的改革开放，在意识形态领域亦引发了一场思想大解放。这一时期形形色色西方学术思潮的涌入，也起到了拓宽视野的作用。实际上，各类西方学术思潮，从存在主义，到结构主义，到现象学，虽然有着破坏性的作用，但是中国国内美学理论的去认识论化建构，主要源于对马克思主义意识形态的反思和重构。

中国国内美学理论的去认识论化重构，是以"后实践美学"的形式出现的。二十世纪五六十年代的美学大讨论，形成了客观派、主观派、主客观统一派、客观社会派等几大派别，虽然各派观点迥异各自为阵，但是，最后形成了一种美学观点，即所谓的实践论美学（或称实践美学）。后实践美学常常被人们认为是对"文革"非人化畸形话语的反思，实际上它是对马克思主义意识形态的突围和超越。实践论美学表面并不是认识论美学，但是，马克思主义的客观唯物论、主客体实践统一论、自然的人化社会化等几个方面是它的内在基石，实践论美学和马克思主义唯物与唯心的认识论区分采取的是一种合谋的策略，它借道唯物与唯心之认识论区分将哲学归结为一种广义的认识论。应该说，实践论美学从表面上看是行动论的，实际上它赖以成立的基础是一种广义的认识论，因而它难以躲避被认识论化的命运。

---

① 朱光潜. 朱光潜美学文集：第 3 卷［C］. 上海：上海文艺出版社，1983：62.
② 朱光潜. 朱光潜美学文集：第 3 卷［C］. 上海：上海文艺出版社，1983：62.

"后实践美学"采取的是一种与实践论美学诀别的姿态，在反思人性被扭曲被异化的基础上，出现了诸如生命美学、人学美学、生存论美学、主体性美学等论说主张。应该说，这几种论说主张目前为止都是不完善的，甚至是捉襟见肘难以自圆其说的，但是，它抛开了将哲学简单化为广义认识论的唯物唯心之分，突出了生命、人、主体等价值论元素，从而将美学从认识论轨道上拉下来，让美学开始面对另一种可能。虽然这些论说主张离价值论美学尚远，但是，生命、人、主体等元素，是价值哲学中最基本最核心的元素，关涉着与价值主体有关的一系列最核心价值，从而弘扬了价值这一面旗帜。

实际上，对价值论美学的体认早已有之，只不过在有些时候，它不叫作价值，而是叫作"善"或"效用"。例如，亚里士多德就曾说过："美是一种善，其所以引起快感，正因为它善。"① 这里"善"实际上是"价值"的同义语。近代以来，哲学和各门人文科学，表现出了某种价值论的转向，哲学的核心话题，表现出了某种由"拟知识"到"拟价值"的转变。人们开始意识到，哲学不只是一个认识论问题，哲学同时还包含着一个价值论的维度②。哲学的这一价值的维度开始引起重视，学术界甚至出现了一门价值理论（value theory）或价值学（Axiology，又译价值论）来专门分析探讨价值问题。学界对哲学的价值维度的认识，从休谟提出"是什么"无法推出"应怎样"开始，以"事实和价值的二分"这一观点的出现为标志。事实和价值的二分理论认为，人类的哲学思想，可以分为两个方面：其一是探讨事物是怎样的问题，这是一个认知判断问题，或者称事实命题；其二是探讨人类应当怎样的问题，这是一个价值判断问题，或者称价值命题。尽管事实和价值二分的理论遭到很多学者的怀疑③，但是，学界大多认为，应该有必要将认知判断问题和价值判断问题区分开来，在进行理论分析时，不能将认识论问题和价值论问题混为一谈。正是在这一思想的影响下，学术界认识到，哲学或美学中的很多问题，不应该归结到单一的认识论，而应该归结为价值论，美固然仰赖于价值认知，但是，美就其根本而言，它实际上是人类价值领域的现象，美是价值的一种。

---

① 亚里士多德. 诗学［A］//西方美学家论美和美感. 北京：商务印书馆，1980：41.

② 舒也. 本体论的价值之维［J］. 浙江社会科学，2006（3）.

③ M. C. 多伊舍. 事实与价值的两分法能维系下去吗？［A］//P. B. 培里等. 价值和评价. 北京：中国人民大学出版社，1989：175.

　　对于美的价值属性，桑塔耶纳、盖格尔等人早已有所认识。桑塔耶纳（George Santayana，1863—1952）在其《美感》（1896）一书中，曾开门见山地提出，"美的哲学是一种价值学说""美学是研究'价值感觉'的学说"①，他明确地表示，"美是一种价值。"② 开现象学美学之先河的莫里茨·盖格尔（Moritz Geiger，1880—1937），则在现象学方法与审美价值与艺术价值理论之间建立了联系，他找到了审美现象学和审美价值关系之间的共有的环节——审美主客体关系，从而确立了他的审美价值现象学理论，因此，他郑重地表示："美学是一门价值科学，是关于审美价值的形式和法则的科学。"③

　　在价值论美学方面做出理论建树的，主要有德国美学家莫里茨·盖格尔、苏联美学家列·斯托洛维奇和英国的 H．A．梅内尔等人。莫里茨·盖格尔著有《艺术的意味》等书，倡导美学的价值论研究。列·斯托洛维奇著有《审美价值的本质》倡导美学研究中的价值论方法，在审美的价值本质、审美价值关系的客观性、审美价值的标准、艺术的价值等多方面有着较为全面的论述。列·斯托洛维奇《审美价值的本质》开篇第一章即为"审美的价值本质"，认为"人的审美关系历来是价值关系"④。列·斯托洛维奇指出对美学和艺术单一的纯认识论态度是"片面和无效"的，因而主张，"由于审美关系的价值本质，价值论观点应当渗透到美学所运用的其他所有哲学方法中去"⑤ "忽视审美的价值本质，就不能揭示美的标准"。⑥ 英国的 H．A．梅内尔在审美价值领域的建树则相对较为简略，其《审美价值的本性》一书，除了开篇第一章论述了审美价值理论的一些问题，其他都是对具体艺术门类的探讨，这部作品主要倡导审美判断的主观精神愉悦性质，没有就审美活动中的主客体关系、美与人类实践的关系等做深入的分析。

　　对于价值论美学的理解，实际上国内学人亦多有涉及。蔡元培先生开风气之先，率先在国内开设并亲自主讲美学课程，同时，对于美的价值属性，他亦

---

① 乔治·桑塔耶纳. 美感［M］. 北京：中国社会科学出版社，1982：16.
② 乔治·桑塔耶纳. 美感［M］. 北京：中国社会科学出版社，1982：30.
③ 莫里茨·盖格尔. 艺术的意味［M］. 北京：北京联合出版公司，2014：80.
④ 列·斯托洛维奇. 审美价值的本质［M］. 北京：中国社会科学出版社，1984：20.
⑤ 列·斯托洛维奇. 审美价值的本质［M］. 北京：中国社会科学出版社，1984：21.
⑥ 列·斯托洛维奇. 审美价值的本质［M］. 北京：中国社会科学出版社，1984：17.

有深刻的洞察，他明确地表述说："美，是一种价值的形容词"①"与道德宗教，同为价值论中重要之问题"②。朱光潜的主客体关系论美学，对价值论美学有着较大的贡献，他在晚年表示，"美是一种价值"③。在二十世纪九十年代以后，随着思想解放和新的一波美学热，特别是随着列·斯托洛维奇《审美价值的本质》等著作的译介，价值论美学多有为国内学人所倡导，并且也出现了不少这方面的著作。国内学人杨曾宪著有《审美价值系统》（1993），黄海澄著有《艺术价值论》（1993），黄凯锋著有《价值论视野中的美学》（2001），朱怡渊著有《价值论美学论稿》（2005），陈明著有《审美意识价值论》（2006），杜书瀛著有《价值美学》（2008），李咏吟著有《价值论美学》（2008）等。杨曾宪的《审美价值系统》（1993）认识到对美学现象有必要纳入到一个审美价值系统来进行考察，但该书成书较早，关于价值论美学的一些理论尚未涉及。黄海澄《艺术价值论》（1993）探讨了价值论作为探究审美价值和艺术价值的理论构架的可能性，对于价值论美学的具体问题尚未做具体的分析。黄凯锋的《价值论视野中的美学》（2001）其理论框架基本上是马克思主义的价值论框架，该书第五部分"审美价值研究"对审美价值与艺术价值进行了有益的探讨。朱怡渊的《价值论美学论稿》（2005）论述了现代虚无主义的危机，并赋予价值论美学以拯救价值与意义的使命，该书第三章"审美价值发生学"对价值论美学与实践美学做了统合的尝试。陈明的《审美意识价值论》（2006）探讨了当代国内认识论美学的理论困境，将美学的建构侧重于审美意识论。杜书瀛的《价值美学》（2008）对价值论美学有着多方面的理论建构，该书从马克思主义美学角度对价值论美学做的系统论述，有着不可忽视的理论主张。李咏吟的《价值论美学》（2008）一书由其《走向比较美学》修改扩充而成（该书把原书"美学"二字改成了"价值论美学"），该书第三章从价值角度对康德和马克思美学思想进行

---

① 蔡元培. 蔡元培全集：第 4 卷［C］. 北京：中华书局，1988：455－456.
② 蔡元培. 蔡元培美学文选［C］. 北京：北京大学出版社，1983：67.
③ 朱光潜. 朱光潜美学文集：第 5 卷［C］. 北京：上海文艺出版社，1989：18.

的比较，对价值论美学是有积极意义的①。这几部著作对价值论美学有着来自不同角度的探讨，认识到美是一种审美价值属性，认识到审美关系是一种价值关系，从不同的方面做出了有益的探索，但对于价值论美学的基本主张，尚有待进一步深入探讨，对于审美特殊价值，需要从人类审美实践和艺术实践出发，对审美特殊价值进行合乎人类审美实践和艺术实践的探讨和分析。

　　国外的价值论美学研究，表现出以下几种倾向和趋势：一是从经验主义的主观主义逐渐走向现象学主客关系研究，二是从人本主义发展出价值论、意义论研究，三是从超功利论发展出对审美特殊价值的研究，在这三种研究路向的影响下，逐渐发展出跨学科、多角度、具有文化综合性质的价值论美学研究。

　　价值论美学研究，可以说是近若干年来美学研究的一大热点，出现了多方面的论说，这几部著作认识到美是一种审美价值属性，认识到审美关系是一种价值关系，做出了有益的探索。但是，目前学界对于价值论美学的基本主张，尚有待从哲学的角度进行系统的梳理；对于价值论美学与主观论美学、客观论美学、主客观统一论美学、实践美学、人类学美学等美学理论之间的关系，尚有待进一步深入探讨研究；对于美学实践中的庸俗化和工具化，尚缺少足够的批判性认识，对于审美价值属性的特殊性质，需要从人类审美实践和艺术实践出发，进行合乎人类审美实践和艺术实践的探讨和分析。

　　价值论美学并不排除认识论，它认为，价值认知是价值实现中的一个非常重要的环节，就审美价值而言，单一的纯认识论理解，是片面的，用认识论模式来解释分析美学现象和美学问题，是不能完全胜任的。价值论美学主要运用价值分析方法来探讨美学问题以及审美价值和艺术价值的特殊性质。

　　价值论美学对"美"采取一种价值哲学的定位，它主张美是人类主体与世界客体进行价值活动的产物，美是外在事物相对于人类主体所呈现出来的一种审美价值属性。价值论美学主张，美是一种价值属性或价值形态，审美关系是

---

① 1992年，跟王元骧先生请教美学问题，提出目的论和体验说是价值论的两种形态，认为康德关于美的三个"合目的性"的表述，应从价值论角度来进行阐释，康德美学的实质是一种价值论美学，并以《价值论美：康德美学研究的新视角》的研究大纲求教于王元骧先生，先生表示这是一种合理的新解释。当时也曾提出过从价值论角度来解读马克思的哲学和美学思想的一些思路，并部分地体现在1994年撰写的《异化：作为价值哲学的范畴》一文中，此文的部分后以《价值：探讨异化范畴的新视角》为题发表于《中国人民大学学报》1999年第2期。

一种价值关系，审美活动是一种价值活动。

在国内，随着美学热的降温，价值论美学成为新的研究热点。随着五六十年代关于美的本质问题的讨论的深入，国内美学界逐渐从客观论、主观论、主客体关系论等走向主客体统一论美学。近年来，美学研究表现出了从实践美学走向后实践美学的倾向。对于后实践美学的建构，学界提出了种种可能，如人类学美学、生存论美学、生命美学、主体论美学等，价值论美学正在成为后实践美学中最引人注目的一支。价值论美学正是在前述几种美学理论的基础之上，综合各种美学理论，做出从价值论角度的梳理，在避免以往单一认识论美学之不足的基础上，防止将审美价值的庸俗化和工具化，在此基础上探讨审美价值的特殊性质。

三、价值论美学的研究目标

价值论美学主要从价值的角度探讨分析美学问题以及审美价值的特殊性质。价值论美学主张美是人类主体与世界客体进行价值实践活动的产物，美是外在事物相对于人类主体所表现出来的一种特殊的审美价值属性。价值论美学认为，审美价值关系是主客体关系的统一，同时它又是在人类长期的审美实践中形成的。

价值论美学对"美"采取价值哲学的定位，避免美学的单一认识论化。价值论或价值哲学，西方称 Axiology，价值论美学采用价值哲学的理论定位和分析方法，它主张"美"是事物相对于人类主体表现出来的审美价值属性，审美关系以认知关系为基础，但又不同于认知关系，而是一种特殊的价值关系。以往美学和艺术学理论中，唯心或唯物的区分，有着某种单一认识论化的倾向，审美价值离不开价值认知，但是仅仅限于认识论，是不足以完成分析认识审美特殊价值的，应当从人类价值活动论的角度，运用价值分析的方法，来分析审美价值和艺术价值的特殊性质。在具体的美学实践中，价值论美学主张防止美学的单一认识论化，它重点关注审美的特殊价值，防止将审美价值庸俗化和工具化。

价值论美学有着以下几大目标。

1. 从价值的角度，对于美的基本问题做出合理的探讨和分析，并对美学史上主观论美学、客观论美学、主客体统一论美学、实践美学、人类学美学、生命美学等若干理论主张进行价值论美学视角的梳理整合。随着五六十年代关于美的本质问题的讨论的深入，国内美学界逐渐从客观论、主观论、主客体关系论等走向主客体统一论美学，并形成了以实践统一论为代表的实践美学学派。近年来，美学研究表现出了从实践美学走向后实践美学的倾向。对于后实践美学的建构，学界提出了种种可能，如人类学美学、生存论美学、生命美学、主体论美学等，价值论美学正在成为后实践美学中最引人注目的一支。价值论美学正是在前述几种美学理论的基础之上，综合各种美学理论，对主观论美学、客观论美学、主客体统一论美学、人类学美学、实践美学、生存论美学、生命美学、主体论美学等美学、艺术学理论进行基于价值论的梳理，在此基础上探讨审美价值的特殊性质。

2. 从价值论角度，分析审美价值属性与事物的物理属性、功利属性之间的差别，并运用价值分析方法，深入探讨审美价值和艺术价值的特殊性质。

当前美学研究的一大问题，是美学的单一认识论化和美学实践中审美价值的庸俗化和工具化。实践美学虽然可以解释美学理论中的主客体关系，但"实践"范畴将审美活动泛化了，最后导致的是"美"的取消，在实际的应用中，容易导致审美价值的庸俗化和工具化。价值论美学对"美"的价值论定位，分析审美价值属性和物理属性、功利价值属性之间的差别，避免审美价值和艺术价值的庸俗化和工具化。

3. 从价值关系中的主客体统一出发，探讨审美活动中的主客体关系，创造性地提出了"美产生于主体与客体相遇的途中"等观点。价值论美学主张美是人类主体与世界客体进行价值实践活动的产物，美是外在事物相对于人类主体所表现出来的一种特殊的审美价值属性。价值论美学认为，审美价值关系是主客体关系的统一，同时它又是在人类长期的审美实践中形成的。从价值的主客体关系入手，将美界定为客观事物相对于人类主体表现出来的审美价值属性，从而科学地把握审美价值活动中的主客体关系，避免单方面片面化。

价值论美学分析研究了认识论统一论、现象学统一论、完形心理学心物场统一论、实践统一论、情感统一论等几种主要的主客体统一论观点，重点从价值论的角度，运用价值关系和价值活动的主客体统一论观点，对审美现象和艺术活动进行分析，提出了一种价值论的主客体统一论，在此基础上，提出美是自然属性和文化属性的结合。

4. 价值论美学从主客体统一论出发，运用现代科学和审美心理学的最新发展成果，分析了审美价值生成过程中客观性与主观性相统一、绝对性与相对性相统一、个性与共性、特殊性与普遍性相统一的特点。

5. 价值论美学系统地提出并论证了从信息论美学到价值论美学的发展。价值论美学从价值分析入手，同时，它并不否认价值分析有一个价值认知过程，而认知过程其实质是一个信息测度和分析过程。

价值论美学创造性地吸收运用了现代科学理论中"信息是一种测度值"的观点，创造性地提出了"美是信息负熵""美赖负熵而生"等观点，并指出和谐的形式构造是审美价值赖以生成的一个客体方面的因素；价值论美学认为，环境适应中形成的调适机制塑造了审美主体，并构成了审美价值赖以生成的主体方面因素；价值论美学还指出，主体和客体的相遇是一个意义赋予的过程，在长期的审美体验、审美实践过程中，通过主客体意义赋予过程，美的属性被赋予到某一类具有特别的形式构造、能够引起审美主体快适和愉悦的对象之上。

价值论美学综合运用现代科学中的信息论来分析审美价值活动的主客体关系。它结合现代科学中的多普勒效应、马赫的时空观、爱因斯坦的相对论、科学中的测量问题、克劳德·艾尔伍德·香农的信息论等最新成果，指出人类的认识过程实际上是一个信息的接收和处理过程，信息的本质并非是事物的本征值，而是一种测度值，它基于人类具体的认知关系和实践关系发生改变，信息测度值是人类和事物的特定的关系中获得的结果，具有相对性，同时，信息测度值围绕事物的本征值呈正态分布，它不具有遍历性，而具有以事物自身的本征值为基础的确定性。在此基础上，价值论美学提出了"美是一种关于美的价值的本征态的叠加。""主体与客体的相遇使观照对象塌缩到被称作'美'的本征态之上。"[①] 在综合采用现代科学和审美心理学的最新发展成果的基础上，价值论美学认为，价值是事物相对于人类主体的审美关系和审美实践呈现的一种属性，它在主客体关系中显现意义，既具有相对性，也具有绝对性。通过信息论美学和价值论美学的结合，价值论美学在坚持唯物主义认识论的基础上，结合现代科学和心理学研究的最新成果，来科学地把握审美价值的特殊性质。

6. 价值论美学运用价值谱系学分析的方法，通过对审美价值、实用价值、

---

① Weilin Fang, "Being Open to Nature: the Aesthetic Dimension of Anoixism", *Naturalizing Aesthetics* (ISBN 978 - 83 - 65148 - 23 - 0), 2015, pp. 127 - 134.

道德价值等诸方面的关系进行梳理，从而探讨审美价值的特殊性质，并在此基础上探讨了审美价值与功利价值、道德价值、宗教价值等其他价值的关系。

一方面，价值论美学认为审美价值与艺术价值是人类价值谱系中一种特殊的价值，通过对审美价值和艺术价值的深入分析，既保持了审美价值与艺术价值的开放性，又坚持了审美价值与艺术价值的特殊性。另一方面，价值论美学主张审美价值是事物信息的负熵化、组织化、和谐化和赋予意义化，艺术价值则体现对信息的创造性处理和加工，审美价值和艺术价值是包裹着各类信息的复合性价值构造，在此基础上分析审美价值与功利价值等各类价值的关系。

7. 在分析了模仿说、表现说、才艺说、形式论、惯例说等几种艺术的定义的基础上，提出了综合以上几种观念的综合性的艺术的定义：艺术是在特定的文化艺术惯例中，由特定的创作者创作，体现创作者的创造性才能，具有一定的审美独创性的创造性形式构造。

8. 对艺术特殊价值的研究。价值论美学创造性地提出，艺术作品既是艺术符号，又是文化符号，因此，艺术既具有审美性，又具有文化性。这样，对于一件艺术作品来说，艺术价值是审美的特殊价值与开放的文化价值的结合。一方面，艺术价值具有审美的特殊性，艺术的主要价值在于审美，或者说，艺术的最根本的价值是一种审美价值，服务于人类审美的需要。另一方面，艺术价值又具有开放的文化性，它作为文化符号对于人类整个的文化世界产生影响。艺术价值是一综合了审美的特殊价值与开放的文化价值的开放性复合价值构造。

长期以来，关于艺术的价值，功利主义与唯美主义，"为人生论"和"为艺术论"，这两大阵营的争论一直未能厘清，《价值论美学研究》一书指出，艺术既是审美符号，又是文化符号，艺术价值是特殊审美价值与开放的文化价值的结合，因此主张"美学的标准"与"人类学的标准"的统一①。

9. 通过对人类审美价值观发展的历程的考察，探讨研究了人类艺术发展史上审美价值自觉的历程。运用价值论美学的原理，对审美活动和艺术实践中的具体现象进行分析，并对审美实践和艺术实践中将审美价值工具化、庸俗化的倾向进行批判性研究。

---

① 价值论美学认为，"美学的标准"与"历史的标准"相结合，是用于评历史剧的标准。价值论美学从"人是价值的出发点"这一人类学前提入手，主张"美学的标准"和"人类学的标准"的统一。

价值论美学的研究方法：

1. 哲学方法。"价值论美学研究"这一课题，它主要采用哲学的方法，特别是哲学价值论的研究方法，从价值论的视角，通过价值分析的方法，对人类生活中的审美活动进行符合价值规律的考察和分析。

2. 科学的方法。价值论美学探讨事物如何从物质实体转化为人类可以接收到的审美价值信息。物理学上的多普勒效应、马赫的时空观、爱因斯坦的相对论、齐拉德与薛定谔的"负熵"理论、科学中的测量问题、克劳德·艾尔伍德·香农的"信息熵"和柯尔莫哥洛夫的测度熵理论、哥本哈根诠释的波函数概率性塌缩理论等，这些理论对于美学研究有着科学方法论的指导意义。

3. 人类学方法。价值论美学探讨作为审美主体的人如何实现从动物的快感到人的美感这一人类学飞跃，需要运用相应的人类学方法进行分析，并运用人类学方法探讨人类审美活动的特殊性。

4. 社会学方法。在分析人类的审美实践和艺术实践时，需要运用社会学的方法对审美文化社会学、艺术社会学等方面的诸类现象进行分析。

5. 心理学方法。价值论美学探讨分析人类的审美心理和审美活动，需要运用相应的心理学方法和心理实验方法。

6. 艺术学方法。价值论美学结合人类的艺术实践来探讨审美特殊价值，将艺术活动、艺术文本作为价值论美学的研究重点之一，需要运用艺术学方法和艺术文本分析方法来进行研究。

长期以来，美学的单一认识论化将我们带入了一条似是而非的道路。价值论美学的出现，它对认识论美学提出了挑战，它对于纠正将美的理解认识论化的倾向是有积极意义的。价值论美学的引入，对于如何理解美以及美的基本问题，对于理解审美价值与非审美价值之间的关系，对于认识审美价值的特殊性质，提供了一种可资借鉴的思路。价值论美学通过对不同价值类别的区分和比较，相对较为容易判别审美价值与其他各类非审美价值的区别，在此基础上更好地理解审美价值与艺术价值的特殊性质。

价值论美学研究在当前有着积极的理论意义和实际应用价值。价值论美学从价值论这一角度，运用价值哲学的原理和方法，对美学基本问题进行从价值论角度出发的探讨和分析，可以较好地解决以往美学单一认识论化所带来的不足，也有助于解决将审美价值庸俗化和工具化的问题，在实际的艺术实践、艺术教育等领域，有着较高的实际应用价值。

　　当然，价值论美学在什么是审美价值这一问题上陷入了自我论证和循环论证：它以客体符合主体的审美需要来论证审美属性，又用与客体建立的一种适应和美感关系来论证主体的审美需要，最终陷入了循环论证的怪圈。对于什么是美、以及什么是审美价值，它可能仍然需要引入其他的元素来进行论证。

　　价值论美学主张，事物是物质、能量、结构等多方面要素的综合体，美是事物各方面的属性之一，它是事物自身的本征态相对于人类主体呈现的信息结构体，这一信息结构体具有负熵化、组织化、和谐化和被赋予意义化的特征，从而相对于人类信息处理的自我调适机制和复杂的"需求—偏好"结构呈现为一种美的属性。

　　价值论美学从主客体统一的审美活动出发，将审美客体作为一个"复合性价值构造"，将审美主体作为一个复杂的"需求—偏好"结构，以此为基点来考察审美的特殊价值，这或许可以为"美是什么"这样的问题提供一个基于主客体统一论的思路。值得我们欣慰的是，价值论美学对认识论美学的挑战，避免了美学走上单一认识论化的歧途。对于我们更好地理解审美价值和审美属性，价值论美学显然向前迈进了一步。

第一章

美学史上的柏拉图之问：什么是美？

一、美学史上的柏拉图之问与美学学科的建立

1. 柏拉图的美学之问："美是什么？"

在古代希腊，柏拉图在他的著作《大希庇阿斯篇》中，他借助苏格拉底之口，在人类历史上第一次提出了一个关于美的本质的问题："美是什么？"在《大希庇阿斯篇》中，通过苏格拉底和诡辩派学者希庇阿斯的对话，柏拉图指出"什么是美"和"什么东西是美的"是两个不同的问题。对于"什么是美"这样的问题，它不是"美的小姐""美的母马""美的竖琴""美的汤罐"等具体的美的事物，而应该探讨"美本身"。"我问的是美本身，这美本身，加到任何一件事物上面，就使事物成其为美。"在柏拉图的观念中，这一"美本身"是一种"美的理念"。柏拉图认为，现实世界中一切美的东西之所以美，是由于"分享"了"美本身"和"美的理念"。在《会饮》篇中，柏拉图这样描述"美本身"——

"这种美是永恒的，无始无终，不生不灭，不增不减的。……它只是永恒地自存自在，以形式的整一永与它自身同一；一切美的事物都以它为泉源，有了它那一切美的事物才成其为美。"①

---

① 柏拉图. 会饮［A］//文艺对话集. 朱光潜，译. 北京：人民文学出版社，1963：272 −273.

柏拉图指出，"美本身把美的性质赋予一切事物——石头、木头、人、神、一切行为和一切学问。"尽管这一"美本身"和"美的理念"的观点常常为人们指认为"唯心主义"，但它一定程度上体现了对美的本质的探究。在《斐多》篇中，柏拉图说："假定有像美本身、善本身、大本身等的这类东西的存在"①，这里柏拉图将"美本身"与"善本身""大本身"并列，足见"美本身"在柏拉图的思想中是一个非常重要的概念。

柏拉图的"美本身"的观点，与其"理念说"有着密切的关系。柏拉图认为唯有"理念"（或"理式"）才是唯一的真实体，它超越物质世界而存在，并决定物质世界的一切事物。他认为现实世界仅仅是理念世界的模仿，是理念世界的影子，而艺术作为现实世界的模仿，则是影子的影子，"和自然隔着三层"。在《理想国》卷十中，柏拉图曾经通过苏格拉底和格罗康的对话，以床为例来谈论艺术和"理念"之间的关系：

苏：那么床不是有三种吗？第一种是自然中本有的，我想无妨说是神制造的，因为没有旁人能制造它；第二种是木匠制造的；第三种是画家制造的。

……

苏：那么画家是床的什么呢？

格：我想最好叫他做模仿者，模仿神和木匠所制造的。

苏：那么模仿者的产品不是和自然隔着三层吗？

……

苏：所以我们可以说，从荷马起，一切诗人都只是模仿者，无论是模仿德行，或是模仿他们所写的一切题材，都只得到影像，并不曾抓住真理。②

柏拉图从他的理念论出发，认为自然世界中存在着一种本有的床，是"'床之所以为床'那个理念"，而木匠制造的床，则是对这一"理念"的模仿，画家画床，"在一种意义上虽然也是在制造床，却不是真正在制造床的实体"，画家是"模仿神和木匠所制造的""和自然隔着三层"。这样，在柏拉图看来，现实中的美的事物，并不是美的本质，重要的是现实世界之上的"美本身"或

① 柏拉图. 斐多［A］//文艺对话集. 朱光潜，译. 北京：人民文学出版社，1963：121 – 122.

② 柏拉图. 理想国［A］//文艺对话集. 朱光潜，译. 北京：人民文学出版社，1963：113 – 120.

"美的理念"。

在前苏格拉底时代，毕达哥拉斯和赫拉克利特曾经谈到过美，但都是一般性提及，大体是探讨事物因为什么而显得美，而柏拉图则试图探讨"美本身"或"美的理念"这样一个抽象的美的本质论问题。柏拉图的"美是什么？"这一追问，开启了人类历史上对美的本质问题的探讨，《大希庇阿斯篇》也就成了美学史上第一篇专门研究美的著作。

2. 鲍姆加登的 *Aesthetica* 与美学学科的建立

在柏拉图之后，美学史上对美的探讨也不乏多见，而对美的研究，直到美学学科的建立才成为一个重要的议题。"美学"的正式建立是在 18 世纪的中叶。鲍姆加登（Alexander Gottlied Baumgarten，1714—1762）是美学学科的创立人，被认为是"美学之父"。1735 年，鲍姆嘉登出版了他的博士学位论文《关于诗的哲学默想录》，在书中他提出了"感性学"这一概念。1750 年，鲍姆嘉登出版拉丁文 Aesthetica① 一书。鲍姆嘉登根据古希腊语 "αισθητικος"（Aestheti-kos）一词，创造了拉丁文 "Aesthetica" 一词。"Aesthetica" 直译是"感性学"的意思。鲍姆嘉登提出建立一门"感性学"（"Aesthetica"），这一"感性学"后来发展成了"美学"这一学科。鲍姆加登声称，"Aesthetica 的目的是感性认识本身的完善（完善的感性认识），而这完善就是美"，因而主张 "Aesthetica 作为自由艺术的理论、低级认识论、美的思维的艺术和与理性类似的思维的艺术是感性认识的科学"，根据鲍姆加登的解释，这一"Aesthetica"之学实际上是一门关心"美"的理论，它成了美的理论和美的哲学的代名词，后人就用 Aesthetica 来专指作为"关于美的学问"的"美学"。康德、黑格尔在他们的著作中沿用了这一术语。

美学学科发展中的一个重要阶段是现代实验美学的建立，它是美学自传统向现代转变的标志。1871 年，德国心理学家费希纳（1801—1887）采用实验方法研究审美心理，通过实验、观察、内省和核对等方法，来进行美学的心理学研究。该派在一定程度上继承了经验主义的研究方法，通过测量颜色、形状、声音等对于人的生理、心理等方面所产生的影响，来研究美的作用和人类的审

---

① 日本的中江肇民（1847—1901）用汉字"美学"翻译了 Aesthetica，尽管也有学者主张翻译成"审美学""感性学"等名称，但"美学"这一译称后来为汉语学术界所接受。

美心理反应。

随着美学学科的建立和发展，对于美的探讨开始成为一个学科性的话题。尽管如此，对于柏拉图提出的"美是什么？"这样一个美的本质论问题，实际上并不局限于美学学科，不同的人从不同的角度提出了各自不同的见解。自柏拉图的《大希庇阿斯篇》始，人类开启了对美的本质问题的探讨。

进入现代社会以来，美不但以这样那样的方式现身现代生活的方方面面，同时，美也开始成为各个学科向前发展的推动力量。威尔什（Wolfgang Welsch）在《拆解美学》一书中，提出了现代生活中的"审美转向"（aesthetic turn，或译"美学转向"）。他说："美学已经失去作为一门仅仅关于艺术的学科的特征，而成为一种更宽泛更一般的理解现实的方法。这对今天的美学思想具有一般的意义，并导致了美学学科结构的改变，它使美学变成了超越传统美学、包含在日常生活、科学、政治、艺术和伦理等之中的全部感性认识的学科。……美学不得不将自己的范围从艺术问题扩展为日常生活、认识态度、媒介文化和审美—反审美并存的经验。"① 威尔什的话，揭示出了美学对于现代生活和各个学科的影响。现代社会和现代学科中的"审美转向"，促使我们不得不转过身来审视一下，究竟什么是美以及美在何种意义上存在着。

二、关于美的本质的诸种观点

对于美的本质的问题的探讨，在人类美学思想史上，可以说众说纷纭。在《大希庇阿斯篇》中，柏拉图以苏格拉底之口，向诡辩派学者希庇阿斯提出"什么是美"这样一个问题。希庇阿斯和苏格拉底尝试了几种关于美的定义，例如美是适当的、美是有用的、美是令人愉悦的，但苏格拉底一一予以驳斥，最后发出这样的感叹："美是难的"。

对于"美是什么"这一问题的探讨，可以说是一个美的本质论问题。价值论美学主张，事物是物质和能量的结构体，在特定的时空关系中相对于特定的联系者呈现出不同的属性。事物是各方面属性的集合，而本质是在特定的结构

---

① Wolfgang Welsch, *Undoing Aesthetics* [M]. Trans. Andrew Inkpin (London：SAGE Pubications，1997, p. ix.

功能关系中相对于特定的联系者所具有和呈现的根本性质，本质是事物各方面属性之一，本质的认定不排除事物其他各个方面的属性。美的本质，即是指美的事物在具体的审美关系和审美活动中所具有并呈现的根本性质。在人类美学史上，对于美的本质问题的探讨，概括起来说，可以分成以下几个方面。

1. 从外在的精神理念或精神存在物寻找美

人类的思维观念，可以一直追溯到原始思维。在人类的原始思维中，普遍存在着神灵崇拜和超自然力量崇拜。在神灵崇拜和超自然力量崇拜阶段，人们普遍相信一切事物的背后，由神灵或超自然力量主宰着一切，他们认为，美也是神灵或超自然力量所主宰并赋予的。在这一观念中，最典型的便是对爱与美之神的崇拜。在古代爱琴海沿岸，有着对爱与美之神阿芙洛狄忒（希腊语：Αφροδίτη；英语：Aphrodite，又译：亚普洛迪）的崇拜。阿芙洛狄忒起初只是繁殖和爱情女神，在神话传说中由于她完美的身段和样貌而成为美的象征，并成为爱与美之神。大约在公元前 3 世纪，随着罗马帝国对希腊的征服，阿芙洛狄忒逐渐与罗马丰产植物女神维纳斯合并成为象征丰收、爱情与美的女神。维纳斯原是古罗马司掌植物和丰产的女神，在不同的历史时期，因民族认同、宗教包容、政治神化与文化攀附等方面的需要，罗马人赋予了维纳斯多种称谓，在与阿芙洛狄忒融合后，她逐步成为罗马神话中的爱与美女神。在古希腊和罗马，人们纷纷把阿芙洛狄忒和维纳斯雕塑成绝色的美女，来表示对爱与美之神的崇拜，其中最著名的雕像便是在米洛斯岛出土的"米洛的阿芙洛狄忒"。在神灵崇拜和超自然力量崇拜阶段，人们普遍把美归结于神灵。对爱与美之神的崇拜，是人们将对美的信仰和崇拜投射到神灵之上的体现。

在美学史上，从外在的精神理念来探究美的学者，比较典型的是柏拉图。在《大希庇阿斯篇》中，柏拉图提出了"美是什么"这一美的本质论问题，在《会饮》《理想国》《斐多》等篇章中对美的本质的问题又进行了系统的回应。在《大希庇阿斯篇》中，柏拉图对于美提出了"美是恰当的""美是有用的""美是有益的"和"美就是视觉和听觉产生的快感"等几种探讨的路径，但是，柏拉图对这样一些说法予以了否定。柏拉图认为，事物之所以美，是源于"美本身"。在柏拉图的理念哲学中，这种"美本身"无疑是"美的理念"。柏拉图曾这样描述这一"美的理念"——

"这种美是永恒的，无始无终，不生不灭，不增不减的。它不是在此点美，在另一点丑；在此时美，在另一时不美；在此方面美，在另一方面丑；它也不是随人而异，对某些人美，对另一些人就丑。还不仅此，这种美并不是表现于某一个面孔，某一双手，或是身体的某一其他部分；它也不是存在于某一篇文章，某一种学问，或是任何某一个别物体，例如动物、大地或天空之类；它只是永恒地自存自在，以形式的整一永与它自身同一；一切美的事物都以它为泉源，有了它那一切美的事物才成其为美。"①

这里柏拉图描述了一种外在于人的"美本身"。柏拉图认为"美本身"是一种绝对的美，"这种美是永恒，无始无终，不生不灭，不增不减的"。这一"美本身"就是美的"理念"，这种理念先于现实世界中的美的事物而存在，现实世界中一切美的东西之所以会美，是由于"分享"了"美的理念"。柏拉图的"美的理念"说，正是从外在的抽象的理念来探寻美的。

在柏拉图之后，被称作新柏拉图主义的代表人物的普罗提诺的"理型说"，也是从外在的精神理念来探讨美的。普罗提诺认为，最高的本体是"太一"（The One），万物源于"太一"，又以"太一"为终极依归，而"美"则是"太一"的"流溢"。普罗提诺认为"太一"是善的和美的，同时又"流溢"出"理智""灵魂"和"物质"等形态的美。普罗提诺认为，世间事物之所以美，它源于"太一"的"流溢"，分享了"太一"的"理型"。普罗提诺的"太一流溢说"和"理型说"受到柏拉图"理念说"的影响，是从外在的精神理念——"太一"——来寻找美的。

基督教神学家托马斯·阿奎那认为美在上帝，也是从外在的精神存在物来寻找美的。托马斯·阿奎那认为，"事物之所以美，是由于神住在它们里面"，美根源于上帝，上帝是最高的美。一方面，托马斯·阿奎那受到亚里士多德主义的影响，认为"美由某种光辉与比例构成"，另一方面，他认为比例也意味着美与上帝的联系："我们在两种含义上使用'比例'一词。第一层含义，它是一个量与另一个量的一种确定关系，在这个意义上，'一倍''三倍'和'相等'都是比例的种类。在第二层含义上，我们说比例是作为一个事物与另一事物的

---

① 柏拉图. 会饮［A］//文艺对话集. 朱光潜，译. 北京：人民文学出版社，1963：272
－273.

某种关系。在这个意义上，宇宙事物和上帝之间能够具有某种比例，因为创造的标准与上帝有关，就像果之与因或可能性之与行动一样。"托马斯·阿奎那尽管也表示"美即在恰当的比例"，但是，他同时也表示，"神是美的，因为神是一切事物的协调和鲜明的原因"，在托马斯·阿奎那的思想中，上帝是最高的本体，是一切美的根源。托马斯·阿奎那的美学思想是从外在的上帝来寻找美的。

黑格尔的"美是理念的感性显现"的观点，则是从外在的"绝对理念"来寻找美的本原。在黑格尔的哲学中，一切生命物体为了达到充分满足，必须服从"处于自我对抗"的必然性，一切生命物体只有与它的本体分离，变成异于自身的"另一个存在物"，才能克服自我对抗最终超越分离返归"绝对理念"。而美，在黑格尔看来，则是绝对理念的"感性显现"。他说："美就是理念，所以从一方面看，美与真是一回事。这就是说美本身必须是真的；但从另一方面看，说得更严格一点，美与真却早有分别的……美因此可以下这样的定义：美就是理念的感性显现。"① 在黑格尔的美学思想中，美既不来源于事物自身，也不来源于人的主观精神，而是外在的"绝对理念"外显或异化的一种结果。黑格尔认为，美的外化是一种理念的感性显现，美的理念性决定了美是真的，而美的感性显现性质，表明美是"概念在它的客观存在里与它本身的这种协调一致才形成美的本质"，美带有光辉的性质。同时，由于绝对理念处于一个在内部矛盾运动的推动下不断异化、不断发展的过程，因而美也是不断发展变化的，有着不同的阶段和类型。

2. 从事物自身的形式构造来探讨美

人们很早就发现，事物的美与它的结构形式有关。古代希腊的毕达哥拉斯学派较早地发现了事物在结构形式上的数的关系，并由此发现了数学上的毕达哥拉斯定理和音乐上的音程。毕达哥拉斯学派认为，"事物由于数而显得美"，"身体美确实存在于各部分之间的比例对称。"② 毕达哥拉斯学派的重要代表人物波利克里托是著名的雕塑家，他在论述雕像的《法规》篇章中说："成就产生于许多数的关系，而且，任何一个细枝末节都会破坏它。"③ 毕达哥拉斯学派虽

---

① 黑格尔. 美学：第 1 卷 [M]. 北京：人民文学出版社，1958：138.
② 西方美学家论美和美感 [C]. 北京：商务印书馆，1980：14.
③ 法规残篇及有关波利克里托的雕像的记载最早见于毕达哥拉斯学派的记载。

然主张带有一定神秘倾向的"万物源于数"的观点，但是，它对美的探讨，基本上是从事物自身的特点来进行的。

亚里士多德（Aristotle 公元前 384 年—公元前 322 年）也是从事物自身的结构形式来探讨美的。一方面，亚里士多德采取质料和形式二分的方法，另一方面，他认为质料因和形式因是相互联系的，只有二者结合才能构成事物，二者不可分割并且可以相互转化。亚里士多德认为美是事物自身的一种客观的属性，美是事物的形式因的范畴，"美产生于大小和秩序"（《诗学》），"美产生于数量、大小和秩序"（《政治学》），同时，他认为，美的最主要特点是"美在于整一"。他说："一个美的事物——一个活东西或一个由某些部分组成之物——不但它的各部分应有一定的安排，而且它的体积也应有一定的大小；因为美要依靠体积与安排，一个非常小的东西不能美。"亚里士多德还以"统一体"的观念来说明美的"整一性"，他表示："美与不美，艺术作品与现实事物，分别就在于美的东西和艺术作品里，原来零散的因素结合成为统一体。"从美的整一性出发，亚里士多德认为，美的主要形式是"秩序、均匀与明确"①。亚里士多德关于美是形式因，美在于整一的观点，是从事物的形式结构自身来探讨的。

托马斯·阿奎那一方面主张"美源于上帝"的观点，另一方面，他受到亚里士多德的影响，认为："美即在恰当的比例；美严格地讲属于形式因的范畴。"托马斯·阿奎那认为美的事物必须满足三个条件："第一是事物的整体性或完善，因为有缺陷的东西其结果必是丑的；第二是恰当的比例或和谐；第三是明晰，因此具有鲜明色彩的东西才被认为是美的。"托马斯·阿奎那其哲学的核心虽然是以上帝为核心，但他对美的探讨，很大程度上是从事物自身的结构形式角度来入手的。

在文艺复兴时期，随着文艺的复兴和对古代艺术理想典范的追求，人们非常重视对美的探求，其中，大量的观点是对于美和艺术的结构形式的探究。文艺复兴三杰之一的达·芬奇对美的对象和艺术形式的比例关系做了大量的研究，他表示："美感完全建立在各部分之间神圣的比例关系上"。这一时期对美和艺术的探求，多侧重于事物的结构形式和比例关系。威廉·荷加斯曾经表示过这样的观点："曲线比直线美，而在曲线中又以蛇形线最美。蛇形线，我把它叫作富有吸引力的线条。"显然，人们热衷于从结构形式来探讨美和艺术问题。

---

① 亚里士多德. 形而上学 [M]. 北京：商务印书馆，1997：271.

美国得克萨斯大学心理教授朗洛伊丝则认为美是一种平均状态或常模。朗洛伊丝做了一个有趣的实验：她利用电脑图像合成技术，随机选择96位男生和96位女生的照片，分成三组，每组32张，分别用2张、4张、8张、16张和32张照片用电脑图像合成技术合成一张人像。她邀请300人对这些合成的图像美的程度进行评级打分，结果发现算数级数越高的合成图像美的程度评价越高。朗洛伊丝用这个实验向人们表明：人们视觉上认为美的外形，实际上是一种平均状态或常模。常模是一种供比较的标准量数，由标准化样本测试结果计算得出，即某一标准化样本的平均数和标准差。朗洛伊丝的实验结果表明，美的标准与人们长期的生活实践有关，体现人类主体长期的环境适应和认知悦纳习惯；同时，朗洛伊丝关于美是一种平均状态或常模的观点，表明美与事物自身的形态有关，也是从事物自身的形式结构因素来进行探讨的。

在中国国内，山东大学的周来祥曾倡导一种"和谐论美学"。"和谐论美学"大致主张，美是一种形式的和谐，同时也体现了人类与自然在实践过程中确立起来的和谐的关系。"和谐论美学"主张的"美是形式的和谐"的观点，也是从事物的形式构造等角度来探讨的。

3. 从事物的功用来探讨美

从事物的功用或效用来探讨美，它分成两个极端。一种观点主张，美在于有用，另一种观点则主张，美与效用或实用功利无关，是一种超越功利的属性。这两种观点泾渭分明，形成了一种特殊的探讨美的路径。

在物质匮乏、审美意识尚未充分独立的时代，"美"与"善"常常是混沌不分的。在苏格拉底时代，"美"与"善"尚未得到明确的区分，人们往往强调事物的效用特性。苏格拉底主张："美在于有用"，进而，苏格拉底提出了他的"美善合一"说。他认为，"我们使用的每一件东西，都是从同一角度，也就是从有用的角度来看，而被认为是善的，又是美的。"①

苏格拉底的思想在柏拉图那里亦有所继承。在《大希庇阿斯篇》中，柏拉图提出了"美是有用的""美是有益的""美是恰当的"和"美就是视觉和听觉产生的快感"等几种说法，并且认为应当从"美本身"来探讨美。但是，柏拉图受到苏格拉底的美的朴素实用主义思想的影响，在探讨美的问题时，常常从

---

① 色诺芬. 回忆录［A］//西方文论选：上卷. 上海：上海译文出版社，1964：9.

效用的角度来加以论述。柏拉图表示："效能就是美的，无效能就是丑的……"，"有能力的和有用的，就它们实现某一好目的来说，就是美的。"因此，"有益的就是美的。"在另一方面，柏拉图认为美的也就是善的："所谓有益的就是产生好结果的""美是好（善）的原因""所以如果美是好（善）的原因，好（善）就是美所产生的"。① 这样，柏拉图得出结论："我们认为美和有益是一回事。"

　　这种观点甚至在亚里士多德的思想中也有着很大的影响，所不同的是亚里士多德把"美"看作是"善"的一种。在《政治学》中，亚里士多德认为"在一切科学和艺术里，其目的都是为了善"②，进而在《修辞学》中，亚里士多德把美界定为一种善："美是一种善，其所以引起快感，正因为它善。"③ 在论及音乐的作用时，亚里士多德强调艺术的净化作用。在《政治学》中，亚里士多德曾就音乐的作用发表过看法，他认为："音乐应该学习，并不只是为着一个目的，而是同时为着几个目的，那就是（1）教育，（2）净化（关于'净化'这一词的意义，我们在这里只约略提及，将在《诗学》里还要详细说明），（3）精神享受，就是紧张劳动后的安静和休息。"④ 在《政治学》卷八《论音乐教育》中亚里士多德也讲到"净化"："某些人特别容易受某种情绪的影响，他们也可以在不同程度上受到音乐的激动，受到净化，因而心里感到一种轻松舒畅的快感。因此，具有净化作用的歌曲可以产生一种无害的快感。"⑤ 在《政治学》中亚里士多德认为音乐有教育、净化、精神享受等方面的作用，并说明将在《诗学》中将要详细说明。由于《诗学》现存的版本已残缺，仅在对悲剧进行定义时才提到了"净化"问题。亚里士多德认为悲剧的作用是"借引起怜悯恐惧来使这种情感得到陶冶（净化）"⑥。亚里士多德认为艺术具有一种"净化"作用。"净化"原为"Katharsis"，系宗教中"净罪礼"之意，英语译为"purify"，中文有"净化""宣泄""陶冶"三种译法，据朱光潜先生介绍，西方对此"净化说"有多种解释：（一）依据古希腊医学术语中的"净化"，取"宣

---

① 柏拉图. 大希庇阿斯篇［A］//文艺对话集. 北京：人民文学出版社，1963：195 - 197.

② 亚里士多德. 政治学［M］. 吴寿彭，译. 北京：商务印书馆，1965：15 - 18.

③ 朱光潜. 西方美学史：上卷［M］. 北京：人民文学出版社，1979：84.

④ 朱光潜. 西方美学史：上卷［M］. 北京：人民文学出版社，1979：88.

⑤ 亚里士多德. 政治学［A］//朱光潜，译. 西方文论选：上卷. 上海：上海译文出版社，1964：96.

⑥ 亚里士多德. 诗学［M］. 北京：人民文学出版社，1997：19.

泄""平衡"等义，即经过医药治疗，清除疾病，恢复健康；（二）激荡的精神趋于宁静；（三）亚里士多德用此术语来说明观看悲剧演出，不为怜悯、恐惧之情所困扰反而从中解脱出来。显然，亚里士多德的"净化说"有使感情得到平衡或发泄以有益身心的意思。应该说，亚里士多德的净化说，也是从效用和功用的角度来探讨美和艺术的。

与强调美的有用或效用不同的，则是"美的快感说"。持这一观点的人大多主张，美的作用恰恰不在于它的有用，而在于它是一种快感，强调美的非功利的意义。在古希腊时代既已有关于美的快感的诸种论述。例如，德谟克利特曾有一句名言："大的快乐来自对美的作品的瞻仰。"柏拉图曾表示："美是视觉和听觉引起的快感。"亚里士多德则提出，"美是一种可以引起快感的善"。

应该说，在古代希腊既有很多人论及美的快感，但最直接地主张美是一种快感的观点主要在文艺复兴之后。持"美的快感说"的代表人物，主要有哈奇生、博克、休谟等人。例如，哈奇生（Francis Hutcheson，1694—1747）曾指出，审美"所得到的快感并不起于对有关对象的原则、原因或效用的知识，而是立刻就在我们心中唤起美的观念。"① 休谟（David Hume，1711—1776）将美的本质归结于与效用相联系的快感，他说："例如一所房屋的舒适，一片田野的肥沃，一匹马的健壮，一艘船的容量、安全性和航行迅速，就构成这些各别对象的主要的美。在这里，被称为美的那个对象只是借其产生某种效果的倾向，使我们感到愉快。"② 另一方面，他也强调审美是一种快感，他曾这样描述："一看到舒适，就使人快乐，因为舒适就是一种美。"③ 在这一时期，快感说是一种流行的美学主张，如英国浪漫主义诗人雪莱（Percy Bysshe Shelley，1792—1822）曾提到，诗的功用是一种"最高意义的快感"④，认为"诗与快感是形影不离的"⑤。到了当代，"美的快感说"在一定领域仍是一种被相当认同的主张。美国的马歇尔认为"美就是相对稳定的，或者真正的快乐。"桑塔耶纳在其《美感》一书中则主张，"美是一种积极的、固有的、客观化的价值"，同时，他亦

---

① 西方美学家论美和美感 [C]. 北京：商务印书馆，1980：27，99.
② 休谟. 人性论：下册 [M]. 关文运，译. 北京：商务印书馆，1980：618.
③ 休谟. 人性论：下册 [M]. 关文运，译. 北京：商务印书馆，1980：401.
④ Percy Bysshe Shelley, *A Deffense of Poetry* [A] //*Critical Theory since Plato*, Edited by Hazard Adams, New York：Harcourt Brace Jovanovich, Inc., 1971, p. 510.
⑤ 同上：502.

主张："美是在快感的对象化中形成的，美是对象化了的快感。"① 可见从事物的功用角度来探讨美的"快感说"在西方有着广泛的影响。

4. 从人类主体的主观方面探讨美

从人类的主观方面来探讨美的，最主要的是西方的主观经验主义美学思想。比较典型的是休谟的美学观点。休谟认为："美并不是事物本身的一种性质，它只存在于观赏者的心里，每一个人必见出一种不同的美。这个人觉得丑，另一个人可能觉得美。每个人应该默认他自己的感觉，也应该不要求支配旁人的感觉。要想寻求实在的美或实在的丑，就像想要确定实在的甜与实在的苦一样，是一种徒劳无益的探讨。"② 休谟认为，美并不是事物的自身的客观性质，美存在于人的主观感觉之中，他说："各种味和色以及其他一切凭感官接受的性质都不在事物本身，而是只在感觉里，美和丑的情形也是如此。"③ 他表示，用人的感官或数学推理等手段，都无法从物的自身上面找到美。

鲍姆加登的"感性学"主张，实际上也是从人的主观方面来探讨美的。1735 年，鲍姆嘉登发表了他的博士学位论文《关于诗的哲学默想录》，在书中他提出了"感性学"（Aesthetica，汉译"美学"）这一概念。1750 年，鲍姆嘉登出版拉丁文 Aesthetica④ 一书。拉丁文 Aesthetica 源于古希腊文"αισθητικος"（Aesthetikos）一词，意谓"感性学"，这一"感性学"后来发展成了"美学"这一学科。"感性学"实际也强调人的主观感性对于美的意义，鲍姆加登声称，"Aesthetica 的目的是感性认识本身的完善（完善的感性认识），而这完善就是美"，可见，鲍姆加登所建立的"感性学"（"美学"），它实际上是从人的主观方面的感性认识来建构他的美学的。

意大利美学家克罗齐（Benedetto Croce，1866—1952）则认为，美是人类的直觉创造出来的形象和属性，他认为，"直觉即情感的表现"，"直觉创造形

---

① 乔治·桑塔耶纳. 美感［M］. 北京：中国社会科学出版社，1982：33，35.
② 休谟. 论趣味的标准［A］//西方美学家论美和美感. 北京：商务印书馆，1980：108.
③ 休谟. 论趣味的标准［A］//西方美学家论美和美感. 北京：商务印书馆，1980：108.
④ 日本的中江肇民（1847—1901）用汉字"美学"翻译了 aesthetica，尽管也有学者主张翻译成"审美学""感性学"等名称，但"美学"这一译称后来为汉语学术界所接受。

象"，"直觉的成功表现即是美"①。克罗齐认为，人类的审美活动是一个纯粹直觉的过程，人类通过瞬间的直觉，创造了美的形象，在此基础上产生了美的属性。克罗齐的直觉主义美学观，是从人的主观审美活动中的直觉性来入手考察美的本质问题的。

西格蒙德·弗洛伊德的"无意识的欲望说"也是从人的主观方面来探讨美的。1895 年，弗洛伊德与人合作出版了他的第一本论著《歇斯底里研究》，该书首次使用了"精神分析"一词，标志着精神分析学说的诞生，也奠定了弗洛伊德学说的基础。从 1895 年的《歇斯底里研究》，到 1900 年的《梦的解析》，弗洛伊德创立了以对表面行为的深层心理分析为特点的精神分析学说，其理论包括：（1）意识—无意识理论；（2）本能与力比多理论；（3）"本我—自我—超我"人格结构理论；（4）"恋母情结"和"恋父情结"理论；（5）梦的解析……弗洛伊德的精神分析理论实际上以分析事物背后人类深层的无意识心理为特点。弗洛伊德的释梦理论，对美学和艺术思想产生了较大的影响，并直接地导致了美学中的"无意识欲望说"。1900 年，弗洛伊德出版了《梦的解析》一书，他认为梦是人类未能满足的潜意识心理本能的反映。他指出："梦的内容在于愿望的达成，其动机在于某种愿望。"② 弗洛伊德从梦的解析入手，认为梦是有意义的，它是一种"经过编码的信函"，经过了一个无意识的编码加工过程，梦本文有着两个层面："显现层"与潜在的"潜隐层"，"显现层"是"潜隐层"的一个重写本，精神分析的目标则是找到这一重写本背后深藏的"潜隐层"。弗洛伊德认为，美，艺术，或一切文化文本，都隐含着人类无意识的欲望，是人类无意识的欲望和本能的体现。

受到西格蒙德·弗洛伊德"力比多冲动"等观点的影响，很多学者把美和人的本能冲动联系起来。英国学者萨缪尔·亚历山大在《艺术、价值与自然》一书中表示："美是满足建构性冲动的东西"，"美或美的事物都是这种冲动的东西，而美之所以是一种价值，乃是因为它把特殊的快感带给这一冲动"③。显然，这些观点都是从人的主观方面来探讨美的本质的。

---

① 克罗齐在《美学原理》中认为，美即直觉即表现。他认为，美是一种"成功的表现"，而丑则是一种"不成功的表现"。克罗齐. 美学原理［M］. 朱光潜，译. 北京：商务印书馆，2012：93.
② 弗洛伊德. 释梦［M］. 孙名之，译. 北京：商务印书馆，1996：51.
③ 萨缪尔·亚历山大. 艺术、价值与自然［M］. 北京：华夏出版社，2000：78.

中国国内的学者叶舒宪和陈良运受到弗洛伊德"无意识的欲望说"的影响，主张"美始于性"，认为美是人类潜在的性意识的体现。陈良运认为现代中外学者以许慎的《说文》为依据，推论"中国人原初美意识"起源于"甘"这样的"味觉感受性"，通过对"美"的释义将中国古代的"美"界定为"食美学"。陈良运认为，"美"的字形体现的美意识根源在于"性"，体现的是阴阳相交的观念与男女的性意识。他认为，"美"字之结构及其所蕴含的美学观念，不是经过了"味觉转换"的"食美学"，而应当是体现了人类的性意识的"性美学"①。

在中国国内，也有不少学者是从人的主观方面来探讨美的。这方面的代表人物主要有吕荧和高尔太。吕荧认为"美是人的社会意识""是人的一种观念"②。他认为美是外在事物在人主观印象中的一种反映，美"是社会存在的反映"，是"第二性现象"③。高尔太则主张"美的附加说"，认为美是人类附加给自然的。高尔太在《新建设》1957 年第 2 期发表《论美》一文，表达了这样的观点："美产生于美感，产生以后，就立刻溶解在美感之中，扩大和丰富了美感。由此可见，美和美感虽然体现在人物双方，但是绝对不可能把它们割裂开来。美，只要人感受到它，它就存在。不被人感受到，它就不存在。"④ 高尔太的观点既强调人主观的建构、赋予作用，另一方面也有强调主客观相结合的成分，但总体上而言，他的观点是从人的主观方面来探讨美的。

此外，国内学界的人类学美学或人学美学主张美是人性的体现，生命美学主张美是生命意识的体现，主体论美学则认为美是人类的主体精神的体现，这些观点也都是从人的主观方面来探讨美的本质的。这些论说主张与认识论角度来强调人的主观作用不同，而是从人类学意义上或生命哲学意义上来剖析美与人性、生命意识或主体精神之间的深刻关联，其实质也是从人类主体的主观方面来探讨美的。

① 陈良运. "美"起源于"味觉"辩证 ［J］. 文艺研究，2002 （4）.
② 吕荧. 美学问题 ［J］. 文艺报，1953 （6）.
③ 吕荧. 美是什么 ［J］. 人民日报，1957－12－03.
④ 高尔太. 论美 ［A］//美学问题讨论集：第二卷，北京：作家出版社，1957：134.

5. 从人与事物的关系来探讨美

从人与事物的关系来探讨美，自古以来既已有之。笛卡尔曾在《第一哲学沉思录》中提出，"美和愉快的都不过是我们的判断和对象之间的一种关系"。真正把"关系"作为美学理论基础，系统阐述关于美的本质的见解的，是法国的百科全书派代表人物狄德罗。狄德罗（D. Diderot，1713—1784）提出了"美在关系"说，认为美的本质在于美的事物所体现的关系。狄德罗所认为的美的关系体现在三个方面：一是事物自身的结构、形式上的秩序、安排、对称、比例关系，这种关系所产生的美，狄德罗称之为"真实的美"。二是一种事物与其他事物的关系，由这种关系而产生的美，狄德罗称之为"相对的美"。三是事物与人的关系，狄德罗称之为"外在于我的美"。由这三种关系所产生的美，狄德罗称之为"关系到我的美"。狄德罗的"美在关系"说涉及事物自身的关系，与其他事物的关系，以及与人类主体、即作为审美主体的人的关系。就美的产生与人类的审美关系，狄德罗曾明确表述了美对于主客体关系的依赖，他说："我把凡是本身含有某种因素，能够在我的悟性中唤起'关系'这个概念的，叫作外在于我的美；凡是唤起这个概念的一切，我称之为关系到我的美。"① 狄德罗提出"关系到我的美"，可见他洞察到了美的本质关涉事物与人之间的关系。

从人与事物的关系来探讨美，在马克思主义美学领域有着很大的影响。马克思一方面主张"自由自觉的活动将人和动物区别开来"，强调人在美的生成中的作用；另一方面将人定义为"社会关系的总和"，这一定义被社会主义的理论家广为引用，引发了美学理论中的独特的一支，从人类社会生活本身探究美。车尔尼雪夫斯基明确地提出"美是生活"，他表示，"任何事物，凡是我们在那里面看得见依照我们的理解应该如此的生活，那就是美的；任何东西，凡是显示出生活或使我们想起生活的，那就是美的。"车尔尼雪夫斯基认为，社会生活赋予了事物以美，强调的是人类生活对于美的形成的重要作用。

随着马克思的实践哲学的引起重视，在美学领域形成了一个非常重要的实践美学流派，它的特点，便是从实践范畴入手，强调人类主体与外在事物的关

① 狄德罗. 论美［A］//狄德罗美学论文选. 张冠尧，桂裕芳，等译. 北京：人民文学出版社，1984：25.

系。马克思认为，人类的实践对于美的形成有着重要作用，马克思在早期的《1844 年经济学——哲学手稿》中表达了美是"人的本质力量的对象化""人也按照美的规律来塑造""劳动创造了美"等观点，这些观点被马克思主义的美学家广泛利用，认为美是人类社会实践过程中产生的一种属性。实践美学的创立实际在苏联。有不少苏联美学家主张，人类的社会实践对于美的产生有着重要的意义，美一方面是事物的客观的自然属性，另一方面是人类社会实践赋予了客观事物美的意义，因此，美是主观和客观的结合，是事物的自然属性和社会属性的结合。

在中国，随着马克思的《1844 年经济学——哲学手稿》的引起重视，马克思的"本质力量的对象化""自然的人化""美的规律"等观念引起了学者们的重视，在中国形成了一个实践美学学派。实践美学的代表人物是李泽厚，他提出了"美是客观性和社会性的统一"的观点。李泽厚用马克思《1844 年经济学——哲学手稿》中"人的本质力量的对象化""自然的人化"来说明美的性质。李泽厚认为，一方面，自然事物是客观的，另一方面，它只有在人的实践的过程中才"人化"为一种美。他表示："美，与善一样，都只是人类社会的产物，它们只是对于人、对于人类社会才有意义。"① 美只有在人类社会中才具有意义，社会实践使"自然人化"为美，在社会实践的过程中，客观事物逐渐"人化"，并逐渐"积淀"成为一种美的属性。因此，李泽厚主张，"美是客观性和社会性的统一"。李泽厚的观点，实际上是苏联实践美学主张的"美是自然属性与社会属性的结合"的改头换面的表达，"美是客观性和社会性的统一"逻辑上虽然讲不通，但是，"客观性"和"社会性"这两个范畴，在当时的政治意识形态语境中更易被接受。

在实践美学之后，一些学者试图通过"生存""生活"或"日常生活"来探讨美学问题，这些美学流派常常被人们称为"后实践美学"。例如，杨春时用"生存"范畴，试图建构他的生存论美学。他表示："生存是……哲学的逻辑起点"，"我们以生存作为美学的逻辑起点，推导出美学范畴体系和审美本质规定"。② 生存论美学、生活论美学、日常生活美学等以"生存""生活"或"日

---

① 李泽厚. 美的客观性和社会性——评朱光潜、蔡仪的美学观［A］//美学问题讨论集：第二集. 北京：作家出版社，1957：40.

② 杨春时. 走向后实践美学［M］. 合肥：安徽教育出版社，2008：12.

常生活"作为探讨美学问题的核心或逻辑起点，其学术路径基本上和实践美学相类似，都是从人与事物的关系、活动角度来探讨审美问题的。

综上所述，自柏拉图提出"什么是美？"这一问题以来，对美的本质的探讨，大致可以概括为这样几个方面：1. 从外在的精神理念或精神存在物寻找美。2. 从事物自身的形式构造来探讨美。3. 从事物的功用来探讨美。4. 从人类主体的主观方面探讨美。5. 从人与事物的关系来探讨美。这些探讨角度各异，探讨的方法也各不相同，其中部分观点探讨美的本质的路径和方法与价值论美学有相通之处。如从人与事物的关系入手，或者从事物的功用来探讨美，这些学术路径与价值论美学有相同相近之处。尽管如此，价值论美学有着它自身的探讨美的本质的路径，并且有着它自身的系统的理论主张。

三、价值论美学的研究路径

价值论美学对美采取价值哲学的定位，主张是事物相对于人类所具有并呈现的诸多价值中的一种。它认为美是事物的一种价值信息，这一价值信息在人与事物的关系中得到体现。价值论美学从主客关系入手，始终将美学的研究对象还原到人类的审美活动这一出发点。并且，价值论美学采用价值分析的方法，将审美价值放置到价值的谱系之中，通过审美价值与功利价值等其他价值的比较，重点分析审美价值的特殊性质，避免美的庸俗化和工具化。可以说，价值论美学有着它自身的理论定位和学术探讨路径，并且它还有着以审美价值和艺术价值为考察重心的系统的理论主张。

1. "美"的价值哲学定位

价值论美学对"美"采取价值哲学的定位，它主张"美"是事物相对于人类主体表现出来的审美价值属性。价值论美学主张，人与自然的关系，人与他者的交流与互动，本质上是一种价值关系，价值是人与自然、以及人与人之间联系的纽带。人与外在世界或社会的关系并不限于单一的认识论关系，更重要的它是一种以价值的创造、流动、传递为特征的实践活动。"实践"范畴虽然可以解释美学理论中的主客体关系，但"实践"范畴将审美活动泛化了，最后导致的是"美"的取消。价值论主张，世界的普遍联系和相互作用，它在特定系统中往往以结构功能的形式体现出来，对于人类的实践来说，在功能与效用意义上的"价值"范畴更能够体现出人类活动的意义，必须抓住人类实践的价值活动特征，即通过自然与社会系统中的功能与效用关系来把握人类活动的特征。价值论美学对"美"的价值论定位，它以审美价值活动为美学研究的出发点，更加切近人类审美活动的实际。

2. 价值论美学视野中的主客体关系

在价值哲学的视野中，价值是客观事物相对于人类主体的需要（或"需求—偏好结构"）① 表现出来的属性，价值是主客体关系中表现出来的属性，因此，审美价值属性是客体相对于主体的审美心理表现出来的一种能够激起人类的美感反应的价值属性：一方面它是事物的自身性质，另一方面它相对于人类主体呈现。从发生学角度来说，美必须依赖于主客体之间的关系才能实现。这样，价值论美学是主客体关系相统一的美学理论。

3. 价值论美学视野中的价值客体：作为审美对象的审美召唤结构

价值论美学主张，审美价值属性是以客体为前提的，也就是说，美首先是客观事物自身的一种性质，审美价值属性的产生首先依赖于一个激发主体的审美反应的审美对象，不能离开审美对象来谈论美。任何主观的美感反应和审美体验，必然由特定的审美对象所激发，即使它是精神性的审美对象。并且，这一价值客体必须具备能够激发人类主体的美感反应的属性和特征，必须具备能够产生激美反应的审美召唤结构，才能成为审美价值关系中的审美对象。

4. 价值论美学视野中的价值主体：审美主体性与人的价值

在价值论的视野中，价值是相对于主体而言的，因此，审美价值属性也相对于价值主体才具有意义。从价值主体的角度来说，审美价值主体必须具备相应的审美感知、审美理解、审美欣赏的能力，人类学意义上的美感反应是主体的审美心理和审美意识的前提和基础。人类主体的美感反应体现了从"动物的快感"向"人的美感"的飞跃。人类的审美心理和审美意识，它凝结了人类全部的生命意识

---

① 关于"需求—偏好结构"理论，参见舒也. 中西文化与审美价值诠释［M］. 上海：上海三联书店，2008：1.

和人类主体意识，从这一角度看，美也体现了对生命意识和人类主体意识的肯定。实践美学主张美是"客观性与社会性的统一"，过度强调美的社会性，往往会导致个体的灭失。在价值论美学的视野中，主体不仅仅是社会性的，价值论美学恢复个体在美学理论中的位置，从而高扬了审美的主体性与人的价值。

5. 价值论美学视野中的审美关系：审美经验现象学与审美价值实践

美作为一种审美价值属性，它是人类长期的价值活动和审美价值实践的产物。从微观角度看，美的发生是一种审美经验现象学，是人类生命个体面对审美对象所进行的一种对象化审美感应。从宏观角度看，审美价值属性是人类长期的社会价值实践的结果，是人类长期的审美价值实践，逐步确立起了人类主体与审美客体的审美价值关系，"积淀说"在这一层面上具有一定意义。审美现象学与审美实践论长期各自为阵，二者的核心都是主体的对象化活动，价值论美学作为一种主客体关系美学，可以对审美现象学和审美实践论进行基于价值主客体关系的整合。

6. 在价值的谱系中把握审美价值

价值论美学通过把美置于价值的谱系中来考察审美价值，通过与功利价值等其他价值的比较来考察审美价值与功利价值的关系。价值论美学认为，审美价值超越功利又不离功利价值。审美价值具有超实用功利性，但并不能完全脱离实用功利，从价值实践的角度来说，审美价值是人类适应环境这一功利需要确立起来的一种特殊的价值。尽管如此，需要特别注意审美价值是一种特殊的价值属性，它合乎的是康德所谓"无目的的合目的性"，是一种"无用之用"而又"实则有大用"的特殊价值属性，需要避免将审美价值实用化庸俗化，也不能将它机械地政治工具化或道德功利化。

7. 注重考察审美价值和艺术价值的特殊性质

需要特别注意审美价值自身的特质。在美学实践中，很容易将审美价值功利化或道德化，需要特别注意审美价值的自身性质和独立价值，才能避免将审美价值工具化或庸俗化。对审美特殊价值的探讨常常从比例、和谐、形式等方面来进行，但必须注意到，审美价值是一种能够激发起人类主体的美感反应的综合性价值构造，需要从具体的审美关系和艺术形式出发，综合题材、主题、形象、情感、意象、意境、形式、韵律、意味等各方面因素加以分析，避免轻易否定其中的某一个方面而将审美价值简单化。价值论美学认为，对审美特殊价值的探求，需要从具体的审美实践和艺术实践活动出发来探讨审美价值的特殊性质。

第二章

美的价值哲学定位：美是一种价值

世间森然万物，以其价值进入人类的生活世界，以其价值为人们深切地感知并体味。人与世界的关系，本质上是一种价值关系。人类的实践活动，本质上是一种价值活动。价值是人与世界、人与人之间联系的纽带。事物的美，就其实质而言，它是事物相对于人类的需要所呈现的一种价值。价值论美学认为，美是事物相对于人类的审美机制和审美活动呈现的一种审美价值属性。

一、"美"的元美学分析

中国古代的"美"字，在甲骨文中已多有出现，如《甲骨文编》中"美"字出现凡 22 处。甲骨文中"美"字能够解读的是人名、地名，如《殷墟文字甲编》686 片为人名，《殷墟文字乙编》5327 片为地名，其余的则因连属之字不明而尚未辨识清楚。甲骨文"美"字出现的情况主要如下：

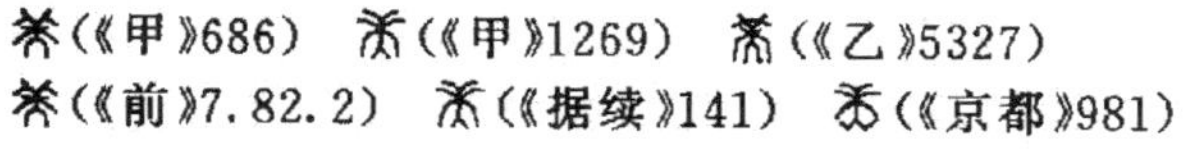

美（《甲》686）　美（《甲》1269）　美（《乙》5327）
美（《前》7.82.2）　美（《据续》141）　美（《京都》981）

图 2-1　甲骨文中的"美"字

此外，金文中"美"字见于"美爵"之"美乍厥且，可公尊彝"一句，字形为美，与甲骨文相类似①。

对于"美"的解释，学界有"人头饰羽为美""羊大为美""大羊为美"

---

① 容庚. 金文编：卷四 [C]. 北京：中华书局，1985：13.

"人羊为美""美始于性"等多种说法。

1. "人头饰羽为美"说

"人头饰羽为美"说认为，"美"字是"人"与"人头饰羽"的结合，它将"大"训为"人"，而"大"上之"羊"形则解释为代表"人头饰羽"的象形符号，这样"美"就是一个象形字，指人体形貌之美，亦可能与殷人生殖崇拜及鸟类崇拜等图腾崇拜有关。《诗·关雎序》曾称："美，服饰之盛也"，王献唐注云："以毛羽饰加于女首为每，加于男首则为美。"这两种说法有一个共同的特点，即认为"美"是人的形貌之美。"人头饰羽为美"说认为，"美"字为象形字或象形与会意之结合，都指"人"的形貌或"服饰之盛"。"人头饰羽为美"一说比较符合先秦"美"字多与"目观之美"相对应的情形。

2. "羊大为美"说

"羊大为美"一说的解释与"人头饰羽为美"一说有较大的差异，这一差异造成对"美"的理解的极大不同。"羊大为美"一说之提出在甲骨文发现之前，系后人据"美"之字形，将"美"字解读为"羊"与"大"的结合。许慎《说文解字》将"美"字归入"羊"部，并断称："美，甘也，从羊从大，羊在六畜，给主膳也。美与善同意。"后宋人徐铉更是注称："羊大则美，故从大。"段玉裁认为"美"字为"羊大为美"，认为美字最初表示五味之甘，后来"引申之凡好皆谓之美"。应该说，据古文字形来揣度字意，《说文解字》虽功不可没，但未免有其妄断之处。人类早期关于"美"之意识并未从其他意识中独立出来，多用"美"与"善"等词表示满意赞许之意，论及对食物而用"美"字表示赞许，也亦为合理，但断言"美"之必从"羊大"，与古代文献中"美"字多指人的形貌或事物之目观之美的情形不太一致。"羊大为美"之说有若干例证，如金文"美爵"："美乍厥且，可公尊彝"即用于酒食，孟子《尽心下》"脍炙与羊枣孰美"之问，也与饮食有关，但就先秦文献来看，"美"之用于"目观"远较用于"食物"为多。后人断言"美"之观念始诸饮食，恐怕尚需论证。①

---

① 可以"凡礼之初，始诸饮食"一语为佐证，显然"礼"之初多与敬神有关，"始诸饮食"显系妄断。

3. "大羊为美"说

"大羊为美"说则认为，"美"字从"大"，"羊"为音，代表"美"的读音，主张将"美"归入"大"部。马叙伦认为，古代的"羊"字是一个象声字，它和"狗"和"猫"等字类似，与动物的叫声有关，汉语古音"羊"不读为/yáng/，而是读作类似于/wei/的音，因此，"美"是一个形声字，"美"字从"大"，表示与人有关，"羊"则为"美"的读音，其意与人的形貌美丽有关。

4. "羊人为美"说

"羊人为美"说认为，在甲骨文中，"大"为一人形，"大"字可训为"人"，"羊"则为羊形头冠，因而甲骨文中"美"字为"羊"与"人"的结合。例如萧兵就认为，美的原初含义是戴羊形冠或羊头装饰的大人，即指戴羊形冠或羊头装饰的祭司或部落首领①。中国进入畜牧社会，最先驯养的是羊，将"美"与原始仪式相连，或许有一定道理，从汉字中大量存在的以"羊"为偏旁的汉字来看，如"善""祥"等，这种原始崇拜或许有之。"羊人为美"的解释将"美"的本意解释为宗教性的崇拜，与其后作为审美范畴的"美"相去较远，如何发展成后来的审美之"美"，只能依靠猜测。

5. "美始于性"说

陈良运则认为"美"的字形体现了人类潜在的性意识，主张"美始于性"。陈良运对《说文》关于"美"字的释义提出质疑，认为先秦文献中常用的"美""旨"等字，"美，甘也""羊大则美"等说法没有确凿的依据，现代中外学者以《说文》为依据，推论"中国人原初美意识"起源于"甘"这样的"味觉感受性"，是因袭成见而偏离了原义。作者通过对《周易》《诗经》等经典中所表现的中国人"原初意识"的考察，并从"美"字结构及"羊""大"的观念意义辨析，认为"美"字体现的美意识，最初产生于阴阳相交的观念与男女性意识之中，"美"字之结构及其所蕴含的观念内涵，表明中国人原初美意识发

---

① 萧兵又认为，最初是"羊人为美"，后来演变为"羊大则美"，此说待考。参见：萧兵.从"羊人为美"到"羊大为美"［J］. 北方论丛，1980（2）. 另见：楚辞审美观琐记［M］//美学：第3期. 上海：上海文艺出版社，1985.

生于"性美学",而非"味觉转换"的"食美学"①。

目前,"人头饰羽为美""羊大为美""大羊为美""羊人为美"和"美始于性"等几种说法尚有争议,但基本可以认定"美"字含有满意、赞许之意。对"美"之考察,除了"美"的字形的训读,也可通过对"美"在先秦文献具体语境中的功能分析来进行。通过对先秦文献的考察,我们发现"美"多被用来指称"目观之美",虽然也有一些用来指称其他方面的肯定、称许之意②。"美"最初可能用来表示混沌的肯定、称许之意,而"目观之美"及"审美之美"则经过了一个逐渐独立的过程。此外,在中国的南部方言中,仍然用"美"来表达肯定、满意、欣悦之意,多用于指某人因某事而感到欣悦③,非单指"目观之美"。在现代汉语中亦保留了"美味""想得美"等用法。这些似乎也表明,"美"最初也可能被用来表示肯定、赞许之意,(可能以指称人体形貌之美为主,盖文字后出,造字时可能选最主要之意以示之),其后"目观之美"及"审美之美"的意思逐渐地独立出来。在先秦文献中,"美"一词的使用情况大致如下:

· 《尚书》。《尚书》中述及"美"共2处计2字,分别见于《尚书·说命下》和《尚书·毕命》,如:"王曰:'呜呼!说!……佑我烈祖,格于皇天。尔尚明保予,罔俾阿衡,专美有商。'"④;"兹殷庶士,席宠惟旧,怙侈灭义,服美于人。"⑤ 分别有"好"或"美"之意,文献真实情况待考。

· 《诗经》。《诗经》中"美"出现13处计42字,分别见于《简兮》《静女》《桑中》《硕人》《叔于田》《有女同车》《野有蔓草》《卢令》《猗嗟》《汾沮洳》《葛生》《东门之池》《防有鹊巢》等篇章中。"美"出现之13处均述"人之美",间有2处述"目之美"及"物之美"。"美"之出现多见于国风之中,而"三颂""二雅"无美字,国风为反映现实生活和民间风情的歌谣,"美"多指人的形貌之美,这些用法与后面的《论语》等有较大不同,可以看

---

① 陈良运. "美"起源于"味觉"辨正 [J]. 文艺研究,2002 (4).
② 这些用法应当不是空穴来风,如果"美"一开始即被用于"目观之美",这些非指称"目观之美"的用法可能较难出现,但是,在语言史上,某词初为某意,后用于泛指的例子也很多。
③ 如指出某人处于欣快之状态就称其"美煞哉",亦常用于夸小女孩之美丽。
④ 《尚书·说命下》。
⑤ 《尚书·毕命》。

到儒家文化与民间文化的分异。

· 《周易》卦辞、爻辞。《周易》卦辞、爻辞未出现"美"一字。后人发挥解释《周易》之《易传》述及"美"5处计5字，为后人所加，此处不论。

· 《左传》。在《左传》中述及"美"共38处计63字。其中：述女子之美12处，男子之美7处；述及"美室""美车"2处；述及玉帛之美、"美城""美槚""美疢""美锦""美服""美珠""美发"各1处；述及兄弟关系、氏族、功德之美等各1处；述及梦之美1次；其中吴公子札观乐论及乐舞之美一处，共用了11个"美哉"来述乐舞之美，（此外全书还有2处出现"美哉"一词）；抽象之美出现2处，其中"美""恶"对立并举出现5处。

· 《国语》。《国语》提到"美"时与《左传》类似，大多与美人、衣饰、珍宝、色声味、宫室并列，多为享乐方面的内容，且"美"多与"目观"对应。在一些场合，"美"也被用来描述"好"或"善"，似乎当时作为审美之美的"美"的概念尚未完全独立出来。

· 《老子》。《郭店楚墓竹简·老子》中论及"美"的有两处，今本《老子》凡五千言，据陈鼓应《老子注译及评介》（北京中华书局一九八四年版）一书所附校定文统计，述及"美"共6处计10字。

· 《论语》。《论语》前15篇论及"美"共10处计11字。述及"美"之情况与《左传》《国语》类似，出现了大量的作为"目观""装饰"的享乐性的"美"之物，但"美"尚未独立，在一些语境中"美"与"善""好"等同义，但"尽美矣，未尽善也"一说，实际上是对"美"与"善"的区分。《论语》后5篇《季氏16》《阳货17》《微子18》《子张19》《尧曰20》称"孔子曰"而非"子曰"，疑为孔子再传弟子及门人追记，论及"美"有2处计3字。

· 《墨子》。《墨子》述及"美"多处，"美"与音乐、舞蹈、美食、服饰、美人、宫室等均为批评的对象，《墨子》中之《非乐》实际上是对"礼乐"的大不敬，尽管此前俗乐早已有之，但它说明"礼崩乐坏"渐成风尚矣。《墨子》中述"美"多与"目"对应，多指与"饮食"等相对的高层次的奢侈之物，与"羊大为美"之解释背道而驰。

· 《孟子》。《孟子》中"美"之观念亦未独立，"美"多指"目观之美"，亦偶以仁德为美。《孟子·尽心下》"脍炙与羊枣孰美"之问，为"羊大为美"之一证。

· 《庄子》。《庄子》内篇、外篇、杂篇述及"美"总计51处，较《老子》

为多，其中《庄子·内篇·逍遥游》"美"出现共 7 处计 8 字，"美"多与"恶"对立。

· 《荀子》。《荀子》以其为"乐"之辩护在美学史上有其重要地位，其述及"美"多指"目观之美"，并有"化性起伪"而成"美"的主张，认为"美"虽出于人之"情性"，但也可以至于"美善相乐"的境地。

· 《离骚》。《离骚》中述及"美"的情况很多，多有出现"美人""香草"之喻，亦曾出现与"目观之美"不同的"内在之美"，如："帝高阳之苗裔兮，朕皇考曰伯庸。摄提贞于孟陬兮，惟庚寅吾以降，皇览揆余初度兮，肇锡余以嘉名。名余曰正则兮，字余曰灵均，纷吾既有此内美兮……"此处"内美"指皇族血统、贵族之子、在一个黄道吉日出生、又有一好的名字。

综上观之，大约在殷周之际，关于"美"的意识逐渐开始独立，"美"开始大量地用来指称"目观之美"，"美"和其他范畴开始出现区分。《郑风·叔于田》中的"洵美且仁""洵美且好""洵美且武"等语，实际上意味着"美"与"仁""好""武"等的区分；而《论语·八佾》"尽美矣，未尽善也"之语，则意味着"美"与"善"已开始区分；《墨子佚文》"故食必常饱，然后求美"一语则意味着"美"已经是一种较为高级的需求。在先秦文献中，有多处出现"美"与"目"之对应，均可证当时"美"已多被用于指称"目观之美"。例如：

· 《国语·周语下》：

（单穆公：）"夫乐不过以听耳，而美不过以观目。若听乐而震，观美而眩，患莫甚焉。……夫耳内和声，而口出美言，以为宪令……"

· 《国语·楚语上》：

"对曰：……'若于目观则美，缩于财用则匮，是聚民利以自封而瘠民也，胡美之为？'"

· 《墨子·非乐》：

"仁者之为天下度也，非为其目之所美，耳之所乐，口之所甘，身体之所安。"

"……虽身知其安也，口知其甘也，目知其美也，耳知其乐也，……是故子墨子曰：为乐非也。"

· 《孟子·告子上》：

"口之于味也，有同耆焉；耳之于声也，有同听焉；目之于色也，有同美焉。"

当然，在大多数用于指称"目观之美"的"美"之外，"美"有时也被用来指称其他的肯定的判断，似乎当时关于"美"之概念并未完全独立，包含着功利、伦理、审美等几个方面的内容。尽管如此，就先秦文献中"美"字使用的语境功能来进行分析，除了有限的几处例外，"美"主要指与"目观"相对应的外形之美。例如，《诗经》有 13 处提到"美"均是指"人之美"；《左传》有 12 处述女子之美，7 处述男子之美；在《老子》中"美"多与"恶"对立，也多指人外形之美；《论语》出现的"美"大多是与"目观"相对的外形之美或装饰之美；《墨子》述"美"多与"目"对应；《孟子》中"美"字的出现多指"目观之美"，偶以仁德为美；《庄子》中出现"美"字也多指"目观之美"；《荀子》述及"美"亦多指"目观之美"……由先秦文献"美"字使用的语境分析来看，中国古代的美意识，并非如许慎所言"美，甘也"之"食美学"，而多是与人的形貌有关的"目观之美"。①

二、价值论视野中的"美"

价值论，又称价值哲学或一般价值论，在西方，由"价值"这一范畴衍生出了 Axiology 和 value theory 这两种称谓，用来探讨人类的价值问题。它主要研究价值的类别、价值的衡量与评价、价值的选择、价值制度、价值观念、价值的创造等方面的问题。价值哲学认为，价值与事物的一般实体属性不同，它是客观事物相对于主体"需求—偏好"结构所呈现的一种属性，是客观事物之总体属性的一个方面，也可以视为是一种人类性的事实。

价值一词，希伯来文中有עלות一词；梵文有 Wal 一词，意为"掩盖，加固"；在拉丁文中则为 Vallo/ Valeo，意为"用堤围住，加固，保护"，后衍化产生了英语中的 Value、法语中的 Valeur，以及德语中的 Wert 等词。在中国，甲骨文有"介"一字，金文中有"贾"（即"價"）字，许慎《说文解字》释"价"

---

① 舒也. 中西文化与审美价值诠释 [M]. 上海：上海三联书店，2008：115.

为"物直也"。"价值"联用则出现在汉代,《史记·货殖列传》有涉及类似"价值"的概念,《后汉书》列传三十七《班勇传》载"北虏遂遣责诸国,备其逋租,高其价值,严以期会",首次提出了"价值"一词。汉魏有"价值连城""价重连城"之说,另《三国志·魏书·钟繇传》注引《魏略》曹丕致钟繇书中有"连城之价"一说。

对于价值的理解,目前学术界存在着诸多说法。从客体角度出发,有着属性说、意义说、功能说、效用说(或效应说,或使用价值说)等诸种说法;从主体或主客体关系角度出发,则有着劳动赋予说、情感赋予说、兴趣赋予说、需要赋予说等诸种说法。目前,学术界大致认定,所谓的价值,是指事物相对于人类主体的需要所呈现出来的属性,或者说,价值是事物相对于人类主体的需要所呈现出来的某种功能或效用。

在实际的生活中,长期以来存在着诸多与"价值"有关、彼此之间的意义又非常含混不易区分的词,如"功能""效用""实用""功利""利益"等。大抵上,"价值"与"功能""效用"有其相通性,"功能"(function)可以视为是潜在的,而"效用"(utility,又译"功利")则可以视为是一种结果(effect)。"功利"可以区分广义和狭义,将作为"效用"的"功利"视为是广义的,而狭义的"功利"则用来指称包括实用功利价值、道德功利价值、政治功利价值和宗教功利价值等方面,但不包括审美价值等纯心理性价值的价值范畴;"利益"则是指道德功利之外的功利范畴。

广义的价值是客体相对于某一主体所表现出来的符合主体需要的属性,它不以人类主体为限。狭义的价值则是客体相对于人类主体所具有的一种属性,是客观事物相对于人类主体的"需求—偏好"所表现出来的某种功能或效用属性。价值是建立在事物本体之上的功能(Function)和效用(Utility,又译"功利")的统一体,将价值和效用对立起来的做法是不可取的。价值不是抽象的,它既呈现为潜在的功能,也呈现为作为结果的效用,它可以根据人的"需求—偏好"结构区分为物质功利价值和心理精神价值等多个方面。

价值论美学采用价值哲学的视角和方法,对"美"采取价值哲学的定位,主张"美"是事物相对于人类主体表现出来的审美价值属性。价值论美学主张,美是事物相对于人类主体审美活动呈现出来的一种价值属性,这一价值属性与事物的物理属性不同,它相对于人类主体的审美心理和审美活动呈现为意义,它是事物多方面的属性之一。

价值论美学对"美"的探讨,是从区分事物不同的属性类别开始的。价值论对事物属性类别的区分,首先是区分一般实体属性与价值属性。按照学术界常见的说法,这一区分就是区分"事实"和"价值"。

事实和价值的二分理论认为,人类的哲学思想,可以分为两个方面:其一是探讨事物是怎样的问题,这是一个认知判断问题,或者称事实命题;其二是探讨人类应当怎样的问题,这是一个价值判断问题,或者称价值命题。根据"事实"和"价值"的区分,"事实"是事物"是怎样"的一种属性或状态,它回答事物"是怎样"(to be)的问题,对这一问题的回答是一种事实判断;而"价值"则是事物相对于主体而言"应如何"的一种属性,它回答事物"应怎样"(ought to be)的问题,对这一问题的回答是一种价值判断。"事实"和"价值"的二分体现的是一种"实然"和"应然"的关系。"事实"和"价值"二分的做法不断地遭到学人的质疑①,实际上,"价值"也有可能是一种"事实",是一种价值性事实,二者的关系有如"美"与"真"的关系:"美"与"真"不能混同,同时"美"建立在客体的"真"的基础之上。但是,"事实"和"价值"的区分,虽然在表述上不够严密,但是,它凸显了事物一般实体属性和价值属性的区分,正是从对事物的一般属性和价值属性的区分开始,价值论美学走上了一条探讨审美价值属性的道路。

价值论美学对美探讨从两个方面入手:一是区分价值属性与非价值属性,或者说,区分事物的物理属性和价值属性。例如,"花是红的"和"花是美的"这两个句子,从句法结构和语法功能来说,它们都是判断句,但是,前者是认知判断,后者却是审美价值判断。我们需要注意到的是,"花是红的"和"花是美的"这两个句子是不同类别的判断,前者指涉事物的物理属性,后者指涉事物的价值属性。即使在复杂的精神情感或心理领域,也会表现出同时具有物理属性和价值属性两个层面。人的心理活动,已经被观测到微观粒子的活动和神经生物电子的活动,以及其他一系列复杂的生理心理反应,在这些物理、生理、心理的反应之外,人的特定的心理活动还意味着一定的价值,比如爱,它虽然可呈现为物理、生理、心理的一系列反应,但是,它对于特定的主体和人类群体来说,意味着一种特殊的价值。

---

① M. C. 多伊舍. 事实与价值的两分法能维系下去吗? [A] //P. B. 培里等. 价值和评价. 北京:中国人民大学出版社,1989:175.

价值论美学的第二个方面，则是区分审美价值与非审美价值。根据人的需要的不同的类别和层次，我们可以将价值区分为功利价值和非功利价值。功利价值包含实用功利价值、政治功利价值、道德功利价值等诸种类别，非功利价值则包含精神价值、审美价值等诸个方面。我们还可以把价值区分为实用价值与精神价值，而精神价值又可以区分为道德价值、审美价值、宗教价值等几个方面。根据图2－2，我们大致可以找到审美价值在价值类别中的位置。

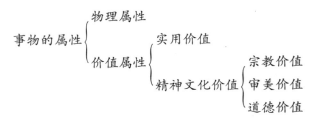

图 2 - 2　价值的类别

根据图2－2，审美价值可以被视为是精神价值的一种，它和实用功利价值相区别，也和事物的其他价值属性相区别。但是，价值论美学需要回答的是，究竟什么是审美价值？审美价值与非审美价值究竟是怎样的关系？

列·斯托洛维奇指出，"价值说态度有助于理解审美的特征，因为第一，它使审美属性同其他非价值属性区分开来；第二，它为确定审美价值同非审美价值之间的关系提供可能。"① 价值论的分析方法，为我们如何认识审美价值提供了一种可能的途径。

三、审美价值的根本性质

价值论认为，价值是事物相对于特定的主体表现出来的属性，其哲学的基础，便是相对论的属性观。相对论的属性观认为，事物的属性，在特定的联系系统或特定的关系之中，相对于不同的事物呈现为不同的属性或特征。例如，一朵花，对于物理学家来说，它是碳水化合物，对于生物学家来说，它是植物的繁殖器官，而对于美学家来说，它则是一个审美的对象。

---

① 列·斯托洛维奇. 审美价值的本质［M］. 北京：中国社会科学出版社，1984：11.

我们需要探讨的问题是，美对于人类主体来说，究竟是怎样一种属性，或者说，审美价值对于人类而言，有着怎样的根本特性？价值论美学认为，美是事物相对于人类审美活动所呈现的一种审美价值属性，它不是单纯的事物的本征值或本征态，而是事物呈现于人类主体或被特定主体捕捉到的信息态或测度值，它是事物呈现于人、并且被负熵化、组织化、和谐化、被赋予意义化的信息。概括而言，美作为事物的一种审美价值，它具有以下几个方面的特性。

1. 适应性

美的事物相对于人类的审美感官，首先要具有一定的适应性，也就是说，它必须能够为人类的审美感官所接受，并能够为人类的审美感知所把握。一个事物的属性，如果不能为人类的审美感官所感知，它就无法成为审美的对象。例如眼睛是人类最敏感的信息感受器和审美感受器官，在人类眼球无法接受的红外线、紫外线等光谱，就无法成为审美的对象。同样，人类的听力也只能接收特定波段的声音的振动，超声波和次声波等声波的振动就无法为人类的耳朵所感知，对于人类而言，就不存在所谓的超声波音乐或次声波音乐。另外，美的事物必须具有一定的适应性，必须适合人类在长期的社会实践中形成的审美感知习惯，有的光谱或声波虽能被人类所接收并感知，它们必须符合人类长期以来形成的感知习惯，刺眼的光、刺耳的声音都无法成为美丽的色彩或动听的声音。现代西方音乐发展出了一种噪音音乐，但它之所以还能够被人类所接受，它大抵还在一定的人耳能够接受的范围，超出了这一极限它就会成为纯粹的刺耳的噪音而不是能够为人类所欣赏的音乐。

2. 审美召唤性

事物成为美的事物，它首先必须适应人类的审美感受器官，另一方面，它又必须与一般意义上的事物不同，它对于人类而言需要具有一种审美的吸引力，如果它只是一般意义上能够为人类认知器官接受的事物，它可能太过平常而成为人类熟视无睹的对象。美的事物必须超越某种平庸状态，具有一种审美的召唤性，从而唤醒人类的审美感官，改变人类审美感官的某种沉睡或麻木状态。美学家沃尔夫冈·伊瑟尔曾经用"召唤结构"来描述一个艺术文本的美学特征，认为一个艺术作品是一种开放性结构，它以其审美召唤性吸引着欣赏者能动地欣赏艺术作品。实际上，一个审美的对象也具有这样的召唤性特征。

　　一个审美的对象，作为物理实在它有着自身的特征，在特定的时空结构和时空序列中，它是一个待定的、待为发现的"物自体"，当它进入人类的审美活动或审美关系之中，它成为一个美的事物或审美的对象。尽管如此，这一事物本身，它必须具备一定的合乎人类主体的审美需要的特征，只有具备了这一特征，并以这一特征向审美主体发出召唤或邀请，才能成为被审美主体欣赏的对象。这一合乎人类主体的审美需要的特征，可以被描述为一种激美特征，或者说，这是一种能够引起人类审美愉悦的属性。

　　《老子》这一文本曾提出过这样一个问题："美与恶，相去何若？"这里的"恶"，是"丑"的意思，亦即，这一问题可以表述为："美与丑，到底有什么样的分别？"美的事物与其他事物，或者说，审美价值与非审美价值的分别，在于它必须具有一定的美的吸引力，或者说，它具有一定的激美特征，能够引起人类主体的审美愉悦。也就是说，美的事物或审美价值的一个重要的特征，便在于引人愉悦，能够激发人的审美反应。

3. 整体和谐性

　　生物学家指出，人的审美机制是人类主体面对外在事物形成的一种适应关系，是人类在认知感应审美对象过程中形成的一种快适机制。美的实质是事物相对于人类主体呈现的一种信息结构体，这一信息结构体与事物作为物理量的本征态不同，它是包含事物的质料与形式等多个方面的信息综合体，具有被负熵化、组织化、和谐化的特征，因此，美常常以信息的组织化程度及其各部分之间和谐的关系为主要的特征。美是审美对象相对于人类的审美感官所具有的符合人类的审美需要的特性，它在信息的组织化程度、在形式上的有机统一等方面具有一定的特性。古代希腊的毕达哥拉斯学派较早地发现了这一点，并提出了美在于事物的数的关系的观点。亚里士多德在《诗学》中指出，"美产生于大小和秩序"，在《政治学》中也表示了类似的观点，认为"美产生于数量、大小和秩序"，这些都表明亚里士多德认为美属于事物的形式因的范畴。受到亚里士多德思想的影响，托马斯·阿奎那认为"美即在恰当的比例；美严格地讲属于形式因的范畴。"康德则认为，美是一种"形式的合目的性"。正是对美在形式上的特性的认知，很多人对美在形式上的比例关系情有独钟。文艺复兴时期的画家达·芬奇指出："美感完全建立在各部分之间神圣的比例关系上"。达·芬奇专门研究了人体的比例关系，他对维特鲁威斯（Vitruvius）提出的人体比例关系做了笔记并进行了详细的研究，表明了他对审美对象的比例关系的重视。

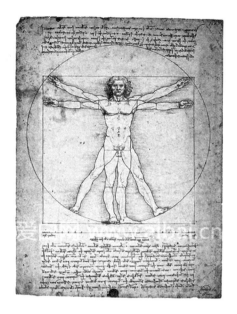

图 2−3 达·芬奇研究人体比例关系的画作
《维特鲁威人》（Homo Vitruvianus）

美在形式上的比例关系的特征，在美学领域最为人所熟知的便是所谓的"美的黄金分割定律"。所谓"美的黄金分割定律"，是根据数学上的"黄金分割点"，把一定长度的线条或物体分为两部分，使其中一部分对于全体之比等于其余一部分对这部分之比，这一比值是 0.618∶1。美学家们指出，符合黄金分割律的比例往往是美的；工艺设计家则指出，符合黄金分割律的产品设计往往最具有生命力，为不同年代人们的审美习惯所接受；生物学家则发现，在大自然中，大量生物有机体的比例关系往往是符合黄金分割律的。例如，人体的结构就存在着很多个黄金分割点，其结构关系神奇地遵循着黄金分割律。有研究者发现，人的肚脐是身体上下部位的黄金分割点；人的喉结所分割的咽喉至头顶与咽喉至肚脐的距离比也是 0.618∶1；人的肘关节到肩关节与到中指尖之比是 0.618∶1；手的中指长度与手掌长度之比，手掌的宽度与手掌的长度之比，也是 0.618∶1。此外，牙齿的冠长与冠宽的比值也与黄金分割的比值十分接近。德国心理学家费希纳用实验方法研究得出结论，符合黄金分割律的长方形（长宽比为8：5）最令人喜爱，太长的长方形和正方形最不受欢迎，大自然和我们生活中制造的很多物品，其长宽比例都无意识地运用了这一比例。可以说，无论是在自然生物领域，还是美学艺术领域，存在着一个神秘的合乎特定比例关系的"黄金分割律"。

尽管如此，美在形式上的特点并不局限于机械的比例关系，很多人指出，一些特殊比例或不符合黄金分割律的比例关系，都被证明也是美的。美在形式上的比例特征是多种多样的。在艺术领域，则以创造性的表现出特异的、富有个性的形式特征为特点。因此，可以说，美在形式上是复杂多样的。

美在形式上的特点虽然多种多样，但是，它还表现出一个重要的特点，那便是形式上的和谐。美的事物在形式上，再怎么复杂多变，它必须在结构形式上成为一个和谐的整体才能成为美的对象。应该说，美的其中一个特征，便是在形式上的和谐。可以说，"美是形式的和谐"，或者说，"美是在形式上的多样和谐。"

美的和谐性并不仅仅表现在形式上，它更多地表现为一种整体的和谐。亚里士多德就曾经表示，"美在于整一"，他在美学诞生不久，就已经洞察到，美的事物只有作为一个在整体上和谐的对象，才能成其为美。受到亚里士多德思想的影响，托马斯·阿奎那也强调比例与和谐之间的关联，他认为，"美需要满足三个条件：第一是事物的整体性或完善，因为有缺陷的东西其结果必是丑的；第二是恰当的比例或和谐；第三是明晰，因此具有鲜明色彩的东西才被认为是美的。"他认为，适当的比例是美的原因，但是，美的事物最终需要达到的是整一或和谐，"和谐能够表示两种事物，既能够表示实际构成或结合的事物，也能够表示这种构成或结合的比例"，和谐能表明比例"适当"的程度，是美的比例追求的目标。以雕塑作品为例：古代埃及的雕塑同样遵循比例关系，但是，古代埃及雕塑常常从固定的模式出发，机械地对雕像的各个部分进行拼装。古代埃及的雕塑工匠们，习惯性地把人体分成若干个部分，工匠们各自分工，分别创作不同的部分，然后拼装成完整的雕像。这种机械的拼装使雕像只有比例，却缺少整体的和谐与真实的人体所具有的生气。古代希腊的雕塑则往往从人体实际比例出发，常常观察实际人体的比例关系来进行创作，雕像除了合乎人体的比例关系之外，还有着来自生命整体的协调感和自然生气。因此，美的事物的形式特征，不只在于形式上机械的比例，更在于它是一个有机统一的和谐体。

人类在长期的适应自然的过程中建立起了一种过滤机制，即人类的审美感官在面对外在事物的时候，已经形成了一种选择机制，它主动或者被动地过滤掉冗余信息或审美噪点，使外在事物"观照成为一个条理化或和谐化的整体"。尽管如此，人类的审美感官毕竟是在自然适应过程中形成的，其选择或过滤有一定的阈限，它不能背离外在环境和外在事物本身。因此，外在事物必须具备在形式和整体上的和谐特征，才能成为符合人类审美感知需要的审美对象。

中国国内学者周来祥曾明确地表示："美是和谐。""美是和谐"的观点可以在这样三个方面得到体现：首先，美的事物自身形式结构具有一定的序化、比例与有机统一的特征；其次，人的审美心理对美的事物的负熵结构体有进行信息的组织化、和谐化的倾向；同时，在审美过程中，人类主体与审美对象的审美活动有着关系和谐的特征。

在美学史上，有一种"美是完满说"，这是"美是和谐说"的另一种表达。柏拉图认为"美本身"是一种最完满的美，它来自于理念的完满。新柏拉图主义者普罗提诺认为美来自"太一的流溢"，"太一"是最高的善和最高的美。托马斯·阿奎那认为美需要满足三个方面的条件，其中的第一个便是"事物的整体性或完善"。莱布尼兹认为物质世界的运行是"单子的预定和谐"：单子是孤立的、封闭的、互不影响、互不作用的，它"没有供世界出入的窗户"，由于上帝预先的安排，整个世界的单子在发展过程中具有协调一致性。鲍姆嘉登认为"完善就是美"，这一"完善"他把它描述为"感性认识的完善"。歌德也强调一种美的完满说，他所指的完满是自然的发展、事物的特征和人物性格的完满。这些关于"美的完满"的主张，是从不同的角度对美的和谐特征的阐述。

4. 文化性

美是自然属性和文化属性的结合。美的属性是事物自身属性相对于人的呈现，美是事物相对于人而言呈现的信息态或测度值，一方面，它以事物自身的本征值或本征态为基础，它具有以物理量为基础的自然属性。另一方面，美的属性是事物被负熵化、组织化、和谐化、被赋予意义化的信息。美具有被赋予意义化的特点，这一意义并非事物本身所固有的，而是相对于特定的审美主体所呈现出来的意义。美的这一被赋予意义化的特点，使得美的属性具有文化性。

美的文化性，首先表现在美的文化关联性。审美价值的形成，它是相对于人类主体而言的，是在人类长期的自然适应和社会实践活动中产生的。人类主体在特定的文化背景和文化环境中生活成长，人是一种文化的动物，是在长期的文化塑造作用中成其为人的。美的事物必须相对于"文化的人"呈现为美，它必须符合有着特定审美文化和审美观念的人的需要，才成为审美价值。因此，美的属性往往具有一定的文化关联性。

一方面，美的文化性首先必须以事物自身属性为基础，或者说，它必须具有引发人类主体某一方面文化观念的特性。例如，对于颜色的爱好，红色由于和自然阳光、生命健康有关，它为很多民族所喜爱，它成为生命、健康、自由、热爱的一种象征。尽管如此，事物首先具备红色的属性，或者说，事物必须具有在红色光谱这一波长范围的反射特性，即事物自身必须具有光学谱系中红色频谱的属性和特征，才能引发人们对于红色的文化联想。

另一方面，美的文化性又是人类文化的一种赋予，或者说，美的文化性表现为一种"主体赋予性"。也就是说，美的文化性虽然是事物自身的属性或事物的属性所引发，但是，它未必是事物本身所固有的特征，而是人类文化的一种赋予。例如，对花的欣赏，康乃馨表示健康，玫瑰花表示爱情，百合表示婚姻美满……这些都不是花本身所具有的属性。又如，橄榄枝象征和平，四叶草象征幸运，竹子象征正直，松树象征高洁……这些也是人类赋予事物的，它们是事物的一种文化属性，是人类的文化活动和文化习俗，赋予了这些事物文化的属性。美的事物往往与人类的文化活动和文化观念相关联，具有一定的文化性。

美的文化性使得美表现出基于不同文化的差异性。不同文化群体之间，由于生活传统、风俗习惯的不同，其审美观念有着很大的差异，从而在不同文化群体之间，美的特征也产生一定的差异，并产生特殊的文化之美。例如，泰国北部与缅甸边界有一个少数民族喀伦族（Karen）的一支巴东（Padaung）族，它被人们称为长颈族，该族的女子自五岁起就要戴上重约一千克的铜项圈，随着岁月增长佩戴的项圈会逐年增加，最后形成独特的审美文化。在该民族的审美观念中会根据佩戴铜项圈的情况来判断女子之美的程度，美的特征表现出该民族独有的差异性。

在艺术领域，美的文化性有时被表述为一种"艺术的意味"。克莱夫·贝尔认为，艺术是一种"有意味的形式"，或者说，艺术是"被赋予了意味的形式"。这种"被赋予的意味"，它实际上是人类文化或人类的审美艺术实践所赋予的，它体现了一种艺术领域的文化赋予性。就美的文化赋予性而言，我们完全可以说，"美是被赋予了意味的形式"，或者说，"美是被赋予了文化的形式"。

第三章

价值论美学视野中的主客体关系

美学思想史上的一个重要问题，便是审美活动中的主客体关系问题。对这一问题的探讨和回答，涉及对美的本质属性的判断。美是事物的一种客观的属性？还是纯粹的人类主体的主观感觉？抑或是在审美观照中主体与客体相遇之后的一种呈现？主客体关系问题是对美的本质的探讨的一个核心问题。对于这一问题，价值论美学有着它自身的研究路径和理论主张。

一、关于审美主客体关系的诸种观点

对于审美活动中的主客体关系以及美的基本属性，美学史上有着客观说、主观说、主客观统一说等三种主要的观点和主张。

1. 客观说

客观说认为，美的属性是外在事物的一种客观的属性，它是事物自身的一种特征，不以人的意志为转移，不随人的主观认知和情感态度而变化。美的客观说实际由来已久，有不少美学家认为美是事物自身的一种属性。古希腊的毕达哥拉斯学派就认为美源于事物自身的数的关系。亚里士多德认为实体变动的根本原因有四种：质料因、形式因、动力因、目的因，质料因和形式因相互联系，只有二者结合才能构成事物，二者不可分割并且可以相互转化。亚里士多德认为美是事物的形式因的范畴，"美产生于数量、大小和秩序"（《政治学》），他认为美是事物自身的一种客观的属性，美的主要形式是"秩序、均匀与明确"①。

被认为是客观唯心主义的有神论美学思想，实际上也是一种客观论。例如，托马斯·阿奎那认为美的本质源于神的光辉，它不为人的力量和意志所左右。他表示，"神是美的，因为神是一切事物的协调和鲜明的原因"。同时，他支持主张客观论的亚里士多德主义，认为美严格地讲属于形式因的范畴，"美即在恰当的比例"，"美由某种光辉与比例构成"，他认为美是客观存在的，"事物并不是因为我们爱它才成为美的，而是由于它是美的与善的才为我们所爱"，托马斯·阿奎那明显地持美的客观主义立场。被认为是客观唯心主义的最后的避难所的黑格尔哲学实际上也是一种客观说，他认为"美是理念的感性显现"②，他继承了鲍姆加登的"感性学"一词，但在他的美学思想中，美是绝对理念自身的一种感性的显现，或者说，美是绝对理念自身异化或外化的一种状态，不是人类主观精神施加影响的结果。

坚持唯物主义的马克思主义美学思想也是一种客观说。它认为世界是物质的，是不以人的意志为转移的，美的属性是事物自身客观的一种属性。苏联很多美学家，例如，德米特里耶娃、柯尔年科、波斯彼洛夫等，在马克思主义的影响下，主张美是事物的客观的属性，不依赖于人和人类社会而存在，客观事物的普遍联系、多样性的统一、井然有序与和谐是美的基础，审美关系中的客观事物具有优先性，审美主体的主观方面则具有派生性。

中国国内在马克思主义唯物主义认识论的影响下，主要的也是持美的客观论立场。在这方面，比较典型的是蔡仪的观点。蔡仪认为，"美是客观存在"，"美在于客观的现实事物，现实事物的美是美感的根源，也是艺术美的根源。"③ 蔡仪认为，现实事物的美在于事物的自身，和它本身的性质、属性、条件有关，没有人类或在人类存在之前，美就客观存在于客观物质世界之中，存在于自然物质本身，是物的自然属性。因此，他主张"物的形象是不依赖于鉴赏者的人而存在的，物的形象的美也是不依赖于鉴赏的人而存在的"④，"美的本质就是事物的典型性，就是个别之中显现着种类的一般"。⑤ 在五六十年代的美学大讨

---

① 亚里士多德. 形而上学［M］. 北京：商务印书馆，1997：271.
② 黑格尔. 美学：第1卷［M］. 人民文学出版社，1958：138.
③ 蔡仪. 新美学［M］. 群益出版社，1949：17.
④ 蔡仪. 唯心主义美学批判集［M］. 人民文学出版社，1958：56.
⑤ 蔡仪. 新美学［M］. 群益出版社，1949：68.

论中,蔡仪继续表述了这样的观点:"美的事物是个别性显著地表现着一般性、必然性,具体现象显著地表现着它的本质、规律性的典型事物;美的本质就是事物的典型性,就是事物个别性显著地表现它的本质、规律或一般性。"①

早期的李泽厚的社会性客观论也是持一种客观论的立场,他认为"美是客观性与社会性的统一"。李泽厚的观点与蔡仪的观点有所不同,蔡仪把美看成是物的客观的自然属性,李泽厚则把美看成是物的自然属性与人类的社会属性的结合。尽管李泽厚也强调自然的人化和美的"属人"的性质,但他坚持,美是自然属性和社会属性的结合,两者都具有客观性,美既是客观的,又是社会的。

2. 主观说

在美的本质论上持主观论的主要是英美的主观经验主义。在这方面最有代表性的是休谟的美学思想。休谟认为:"美并不是事物本身的一种性质,它只存在于观赏者的心里……要想寻求实在的美或实在的丑,就像想要确定实在的甜与实在的苦一样,是一种徒劳无益的探讨。"② 休谟认为,美并不是事物的自身的客观性质,而是人的主观的感觉,他说:"各种味和色以及其他一切凭感官接受的性质都不在事物本身,而是只在感觉里,美和丑的情形也是如此。"③ 他还从美学的角度对圆进行了详细的分析,认为人们无法从圆本身找出"美"这种东西——"美并不是圆的一种性质。""如果你要在这圆上去找美,无论用感官还是用数学推理在这圆的一切属性上去找美,你都是白费力气。"④ 休谟的"美并不是事物本身的性质,它只存在于观赏者心里"的观点,是美的主观说的代表。

在中国,吕荧和高尔太也被认为是主观论的代表。1953 年,吕荧在《文艺报》发表《美学问题》一文,提出了"美是社会意识"的观点,认为"美是人的一种观念。"他解释说:"美是物在人主观中的反映,是一种观念。"⑤ 他认为美是外在事物在人主观印象中的一种反映,体现了人的观念。1957 年 12 月 3

---

① 蔡仪. 吕荧对"新美学"美是典型之说是怎样批评的?[A] //美学问题讨论集:第 3 集. 北京:作家出版社,1959:108.
② 休谟. 论趣味的标准 [A] //西方美学家论美和美感. 北京:商务印书馆,1980:108.
③ 休谟. 论趣味的标准 [A] //西方美学家论美和美感. 商务印书馆,1980:108.
④ 休谟. 论趣味的标准 [A] //西方美学家论美和美感. 商务印书馆,1980:108.
⑤ 吕荧. 美学问题 [J]. 文艺报,1953(6).

日，吕荧在《人民日报》发表《美是什么》一文，再次重申了"美是人的社会意识"的观念，认为美"是社会存在的反映"，是"第二性现象"①。吕荧认为美是人的社会意识，因而是主观的，他被认为是主观论在国内的代表。

高尔太则认为美是人"附加"给自然的。高尔太分别在《新建设》1957年第2期和第7期上发表《论美》和《论美感的绝对性》两篇文章，认为美不是事物自身的属性，而是人类主体附加给自然的。他认为："人设立——不一定是意识的设立——一个美的标准，某客观现象符合于整个标准，人们便说，这是美的。就这样，人把美附加给自然了。"高尔太认为美和美感不能割裂开来，正因为有人的美感，自然世界的美才存在。他说："美产生于美感，产生以后，就立刻溶解在美感之中，扩大和丰富了美感。由此可见，美和美感虽然体现在人物双方，但是绝对不可能把它们割裂开来。"如果说不能把美和美感割裂开来的说法带有主客观结合论的成分的话，高尔太的后面的话则被认为是彻底的唯心主义和主观论。他说："有没有客观的美呢？我的回答是否定的，客观的美并不存在。"他认为美的存在依赖于人类主体，美仅仅相对于人类的审美感知而存在："美，只要人感受到它，它就存在。不被人感受到，它就不存在。"②他受到休谟的事物自身之上找不出美来的思想的启发，指出自然事物中提炼不出"美"的成分来。他举例说，诗人说牵牛花美，但生物学家在研究牵牛花的时候，决不会在它的化学成分中分析出"美"这一元素来。高尔太的"美只要人感受到它就存在，不被人感受到就不存在"的观点，被认为违反了唯物主义的物质客观性原则，被斥责为主观唯心主义。尽管高尔太在文中也强调把美与人联系起来、认为主体和客体应相结合，不能把两者割裂了来探讨美，但是，高尔太总体上表现出了对人的主观建构作用的认同，他的观点也被认为是主观论的代表。其后，高尔太受到日本厨川白村《苦闷的象征》一书中"文艺是苦闷的象征"一说的启发，提出"美是自由的象征"，突出人主观的自由精神，强调人在审美过程中主体的主观建构作用，被认为是主观论方面的重要代表。

3. 主客观统一说

在探讨美的本质的诸多理论中，持有主客观统一论的美学论说主张亦不少。

---

① 吕荧. 美是什么 [J]. 人民日报，1957－12－03.
② 高尔太. 论美 [A] //美学问题讨论集：第二卷，作家出版社，1957：134.

主客观统一说主要是一种关系统一说，认为美取决于美的事物与人类主体之间的关系，是一种主客体关系统一说。

美学理论中的主客观统一说，主要有经验主义统一论、现象学统一论、完形心理学心物场统一论、实践统一论、情感统一论、价值论统一论等几种主要的观点。经验主义统一论从人类经验出发，认为人类的审美经验是联系人类主体和外在事物的出发点，美的属性是人类主体通过感觉经验对外在事物的一种认知。现象学统一论则认为人类的活动通过"现象"范畴联系起了人和外在"本体"，现象是本体在主体经验中的显现。完形心理学心物场统一论通过他们提出的"完形"一词来探讨美学问题，认为人类的审美知觉得到的是一个具有整一性的"完形"，这一"完形"既非物本身，亦非纯粹的人的心理，而是介于心和物之间、体现了心和物的结合的"心物场"。实践统一论则从人类的行动层面入手，将人类实践和审美活动作为联系主客体的桥梁。情感主义统一论则从"情感"范畴出发，认为情感是人类主体对外在事物是否合乎需要的态度、判断、反应和评价，从而联系起人和外在的事物。价值论统一论则以价值分析为最基本方法，它认为价值是事物相对于主体的"需求—偏好"结构呈现出来的是否合乎主体需要的一种属性，指出审美价值必须结合外在事物和人类主体两个方面来考察，从而建构起它的主客体统一论。

这几种主客体统一论各自从不同的背景下发生发展而来，有着不同的侧重和特点，也有各自的偏颇和局限。经验主义统一论重视觉经验；现象学统一论则从"现象分析"和"现象学还原"入手；完形心理学则通过"完形"的心物结合特性来联系主客体；实践统一论则重视行动的层面，以人类的活动和实践为考察的中心；情感主义统一论突出审美过程中人类主体对审美客体的情感反应、情感评价、情感体验性质；价值论统一论则强调价值是对外在事物的一种评价，侧重审美价值、艺术价值与功利价值的区别，重视审美价值的特殊性质。这几种主客体统一论分别侧重认知、经验、心理、情感、行动等不同的方面，而价值论主客统一论是在其他诸种主客体统一论的基础上发展而来，吸收借鉴了其他几种主客体统一论的合理要素，并且在此基础上有所发展。

二、主客体统一论的诸种论说

1. 经验主义统一论

经验主义（Empiricism）主要是一种认识论学说，它主张人类知识起源于感觉和人类经验，人类的经验是认识世界的基础，也是科学研究的出发点。经验主义在一定时期也有着相当的主观论色彩，但是，其中部分人主张，人类经验是人类的主观心理对外部事物或假定的外部事物的一种感知，体现了主客体统一论的认识论和美学思想。

在这方面比较典型的是洛克的经验主义。17 世纪英国经验主义哲学家 J. 洛克提出了著名的"白板论"。"白板"，拉丁文是 tabula rasa，原指一种洁白未有印记未经沾染的状态。洛克认为，人的心灵就像是一块白板，"人心中没有天赋的原则"，人的一切观念和知识都是外界事物在白板上留下的痕迹，这些印记都来源于经验。洛克在他《人类理解论》一书中表示："我们的全部知识是建立在经验上面；知识归根到底都是来源于经验的。"① 经验有两种，一为对外物的感觉，一为对内心活动的反省，洛克把它们称作感觉（sensation）的观念和反思（reflection）的观念，感觉来源于感官感受外部世界，而反思则来自于心灵观察本身。洛克强调这两种观念是知识的唯一来源。洛克的"白板论"坚持了从物到观念的唯物论和主客体统一的路线，他的这一思想在美学领域也产生较大的影响。哈奇生就曾经表示："显然，有些事物直接是这种审美快感的诱因，我们也有适宜于感知美的感官，而且这种感官不同于因展望利益而生的快乐。"② 哈奇生这些观点表示了对外在事物和"适宜于感知美的感官"的并重。应该说，经验主义认识论和经验主义美学思想也有着主客并重的这一路向。

奥地利—捷克物理学家、心理学家和哲学家恩斯特·马赫（Ernst Mach，1838—1916）的"要素统一论"其实质也是一种主客体统一论。恩斯特·马赫

---

① 洛克. 人类理解论：上册［M］. 北京：商务印书馆，1959：68.
② 哈奇生. 论美和德行两种观念的根源［A］//缪灵珠美学译文集：第二卷. 中国人民大学出版社，1987：60.

认为，世界是由中性的"要素"构成，无论物质世界还是人类经验都是要素的复合体。所谓要素是颜色、声音、压力、空间、时间等人们对外部世界的感知经验之物，它实际是一种非心非物、超乎心物对立的中性的东西，由这些要素构建起来的物质、运动、规律是人们的假设，体现世界与经验的函数关系。马赫说："不是自我，而是要素（感觉）是第一性的。要素构成自我。自我感觉到绿色，就说绿色这个要素出现于其他要素（感觉，记忆）构成的某个复合体中"，而"所谓的物质是各个要素（感觉）之间的某种合乎规律性的联系"。世界因此表现为介乎心物之间的要素之间的函数关系。恩斯特·马赫继承了英国哲学家 G. 贝克莱、D. 休谟的主观经验主义和法国哲学家、社会学家 A. 孔德的实证主义，他认为唯物主义和唯心主义都是把物质和精神对立起来的心物二元论，提出要克服这种对立，建立统一的、一元论的宇宙结构。恩斯特·马赫认为只需要把介于心物之间的"要素"——把感觉和感觉的复合作为哲学和科研研究的唯一内容，不需要额外假设感觉后面隐藏有一个未知的实在。恩斯特·马赫的思想一度被认为是唯心主义，他本人解释，"造成这种误解的部分原因，无疑在于我的观点过去是从一个唯心主义阶段发展出来的，这个阶段现在还在我的表达方式方面有痕迹，这些痕迹甚至在将来也不会完全磨灭。因为在我看来，由唯心主义到达我的观点的途径是最短的和最自然的。"恩斯特·马赫本人对于唯心主义的误解"再三抗议"，拒绝把他的观点和贝克莱的观点"等同起来"。恩斯特·马赫的"要素统一论"虽然也有着一定的主观论的色彩，但其实质是一种主客体统一论。

J. 洛克开创的经验主义后来被乔治·贝克莱和大卫·休谟等人继续发展，在强调主观经验方面走向了怀疑主义的路线，导致它忽视外在事物的实在性质而走向比较彻底的主观主义。经验主义美学由于对主观经验的强调和对外在事物的怀疑，常常被认为是主观论和唯心论。E·卡西勒曾这样评价说："这个美学学派感兴趣的是艺术欣赏主体，它努力去获得有关主体内部状态的知识，并用经验主义手段去描述这种状态。它主要关心的不是艺术作品的创作，即艺术作品的单纯的形式本身，而是关心体验和内心中消化艺术作品的一切心理过程。"① 尽管经验主义在相当多的美学家身上有着主观论的倾向，但是，经验主义美学家，特别是洛克开创的经验主义，实际上有着从物到观念的唯物论倾向，

---

① E·卡西勒. 启蒙哲学 ［M］. 济南：山东人民出版社，1988：310.

并且也有一部分人有着心物并重的主客体统一论的美学观。

中国国内的学者朱光潜的思想，典型地受到经验主义美学传统的影响，体现了从主观论向主客体统一论转变的过程。朱光潜早年受到经验主义和克罗齐的直觉主义的影响，特别是受克罗齐的"直觉创造形象"的观点影响甚巨，持一种主观论的美学观。实际上，早年的朱光潜即表达过主客体统一论的思想，他认为"美既不在心，也不在物，而是心与物媾合的结果"。在他的写于1931年前后的《文艺心理学》一书中，他说："美不仅在物，亦不仅在心，它在心与物的关系上面；但这种关系并不如康德和一般人所想象的，在物为刺激，在心为感受；它是心借物的形象来表现情趣。世间并没有天生自在、俯拾即是的美，凡是美都要经过心灵的创造。"① 但早期的朱光潜表现出了对克罗齐"直觉创造形象"的偏爱。中华人民共和国建国之后，朱光潜主动学习马克思主义的唯物论思想，表示认识到他早期的主观论带有主观唯心主义色彩。1956 年 6 月 30日，朱光潜在《文艺报》上发表《我的文艺思想的反动性》一文，对自己的思想进行自我批判，表示自己过去的美学思想受到克罗齐的影响，"从根本上错起的，因为它完全建筑在主观唯心论的基础上"②。他表示接受马克思主义存在决定意识这个唯物主义的基本原则，从根本上推翻过去直觉创造形象的主观唯心主义。在五六十年代的美学大讨论中，朱光潜逐渐坚定了他的主客体统一论的美学思想。他于《哲学研究》1957 年第 4 期发表《论美是客观与主观的统一》一文，表示："美是客观方面某些事物、性质和形状适合主观方面意识形态，可以交融在一起而成为一个完整形象的那种特质。"③ 其后他一再表达了美是主客体统一的观点："关于美的问题，……美不仅在物，亦不仅在心，它在心与物的关系上面。"他表示，"要解决美的问题，必须达到主观与客观的统一。"④ 晚年朱光潜借用马克思《1844 年经济学——哲学手稿》中的思想表示，没有音乐感的耳朵，再美的音乐都毫无意义；没有感知美的眼睛，就不能欣赏美。朱光潜的美学思想的发展虽然是受到马克思主义唯物论的影响的结果，但他的思想主要是经验主义的，是典型的经验主义从主观论走向主客观统一论的例子。

① 朱光潜. 朱光潜美学文集：第 1 卷 [C]. 上海：上海文艺出版社，1982：153.
② 朱光潜. 朱光潜美学文集：第 3 卷 [C]. 上海：上海文艺出版社，1983：4.
③ 朱光潜. 朱光潜美学文集：第 3 卷 [C]. 上海：上海文艺出版社，1983：71－72.
④ 朱光潜. 朱光潜美学文集：第 3 卷 [C]. 上海：上海文艺出版社，1983：19.

2. 现象学统一论

主客体统一论的观点，最主要的体现在现象学的美学思想中。现象学的观念实际上在康德那儿既已成形。康德认为，人的认知、人的判断能力只能认识现象，而对于现象背后的物自体（本体），则是不可知的，"现象"范畴，成了联系人和本体之间的纽带。在康德的"本体—现象—人"这样一组三元关系之中，人类主体和物质本体借由现象形成了一个统一的认知关系。现象学的观念在胡塞尔那里得到了较大的发展。胡塞尔通过"悬置存疑""现象学还原""本质直观"等范畴，建构起了他的现象学体系，与康德的不可知论不同的是，胡塞尔认同了客观性原则，认为"客观性通过现象显现出来"①。胡塞尔一方面假定了"现象学还原"可以接近某种客观性，另一方面，他认为现象实际上叫作显现物，首先用来表示显现本身，它是一种主观现象②。这样，在胡塞尔的现象学当中，主体和客体通过现象（或显现以及显现物）联系在了一起。海德格尔则批评传统的主客二分的思维模式，通过所谓的存在论试图将现象学的"本体—现象"二分的做法统一起来。他认为，人融身于世界万物之中，世界通过人类的"此在"而得以展示自己，"彼在"通过"此在"得以"澄明"。海德格尔通过存在论一词，将"彼在"和"此在"把世界万物和芸芸众生统一为一个浑然的整体，而人类主体与外在客体，也统一"沉浸"在这样一种存在论之中。

现象学美学通过对艺术作品的认知来阐述其主客体统一论的思想。现象学美学的奠基人莫里茨·盖格尔在其《艺术的意味》一书中表示："美学或者艺术理论必须承认审美价值的客观地位；它必须列举和分析这些审美价值，描述它们的结构所具有的、存在于客观对象之中的那些根据。但是，美学还有另一个侧面。与那些色彩、印象、气味相比，审美价值存在于更直接的、与自我的关系之中。"莫里茨·盖格尔认为，"审美价值除了它所具有的、相对于观赏者来说的独立性之外，还具有另一个侧面；它是出于观赏者的缘故，而是'只是'为了人类才存在的。"③ 法国现象学美学家米·杜夫海纳把审美的对象设定为"被感知的艺术作品"—— 一个能把内部的时间关系蕴藏于自身存在的"准主

---

① 胡塞尔. 现象学的观念［M］. 上海：上海译文出版社，1986：4.
② 胡塞尔. 现象学的观念［M］. 上海：上海译文出版社，1986：8.
③ 莫里茨·盖格尔. 艺术的意味［M］. 北京：华夏出版社，1999：216–217.

体"（quasisubject）。每个审美对象包含了多重的意义作为"准主体"而存在，它只对真正的欣赏者才开放出审美的特殊世界，而在审美的活动中，主体与客体是你中有我、我中有你的水乳交融的过程①。另一名现象学美学家罗曼·英伽登认为，文学艺术作品"既非现实的客体，也非观念的客体，而是意向性的客体"。艺术作品是一包含了空白与未定点、凝结了很多潜在的可能的文本，需要意向性主体去发现、去具体化、去再构造。这时的审美主体，除了在艺术作品的引导下将艺术文本具体化，猜测艺术作品中的待定点由什么样的审美意味来填充，还想象审美意味的谐和何以成立。在审美活动中审美主体不是被动地、机械地完成审美的过程，他迫使自己摆脱自然的日常状态，投入到一种全新的性情中去，积极地在对象中寻求与他性情相谐和的性质，从而促成了一个与之交流的审美世界的诞生。英伽登指出，现象学的美学观念体现了"既非所谓主观主义的、也非客观主义的美学所可以供给的某种统一"②。

3. 完形心理学"心物场"统一论

受到经验主义主客统一论和现象学美学主客统一论的影响，完形心理学发展出了他们的"心物场"统一论。完形心理学学派的代表人物主要有魏特墨（M. Wertheimer，1880—1943）、考夫卡（K. Kolfka，1886—1941）、柯勒（W. Kohler，1887—1967）和阿恩海姆（Rudolf Arnheim，1904—2007）等人。考夫卡在《格式塔心理学原理》和阿恩海姆在《艺术与视知觉》一书中，分别阐述了他们的完形心理学的美学主张。"完形"又被译为"格式塔"，是德文（Gestalt）"整体"的音译，英译采用 configuration。"完形"一词具有两种含义。一种含义是指形状或形式，亦即物体的性质，另一种含义是指一个具体的实体和它所具有的特殊的形状或形式特征，它指物体本身，而不是物体的特殊形式，形式只是物体的属性之一，在这个意义上说，"完形"系指分离的整体。

完形心理学认为，人类的审美心理或审美活动，并不是将审美对象做孤立的分散的审视，而是将审美的对象作为一个完整的整体。完形心理学指出，人类主体的审美心理或审美意识具有这样几个特点：（1）整体性；（2）瞬间性；

---

① 米·杜夫海纳. 审美经验现象学［M］. 韩树站，译. 北京：文化艺术出版社，1996：12.

② 西方学者眼中的现代西方美学［C］. 北京：北京大学出版社，1987：92.

（3）解释性；（4）主客体的统一性。完形心理学的代表人物考夫卡用"同型论"（isomorphism）来表述他的主客体统一论的主张。考夫卡的同型论（isomorphism）认为，审美对象的组织关系和结构形式在体验这些关系的人类主体中产生了一个与之同型的脑场模型。审美欣赏所获得的"美"是事物的结构形式在人的心理上的同型化呈现。考夫卡的"同型论"又被称为"同形同构论"，认为人在审美活动中获得的事物的美的特征，具有与客观事物的形状、结构、特征同形化、同构化的特征。"同型论"或"同形同构"论实际上受到了经验主义"原则同构"说的影响。

其后，完形心理学发展出了"心物场"（psycho‑physical field）这一范畴来论述它的主客体统一论。完形心理学把物理学的"场"概念引入心理学。考夫卡把被知觉的现实称作物理场（physical field），观察者知觉现实的观念称作心理场（psychological field）。在审美认知过程中，外在的事物的"场"是一种物理的实在，人在审美活动中，人的主观心理也形成了一个与这一物理实在相对应的"心物场"，这一"心物场"既非单一的外在的物理场，亦非人纯粹的主观心理场，而是外在的物理场与主观心理场的结合，所以，"心物场"理论又被称作"非心非物论"。显然，完形心理学的"心物场"理论是一种主张主客体相统一的理论。

4. 实践统一论

马克思主义影响下的实践美学则持实践统一论的观点。1932年，马克思的《1844年经济学——哲学手稿》发表。丛书版《手稿》的编纂者郎兹·胡特和迈耶尔指出，在《手稿》中"马克思的观点已经达到了完善的高度"，"《手稿》是包括马克思思想的整个范围的唯一文献"①。其后，比利时社会民主党人亨·德曼发表《新发现的马克思》一文，认为《手稿》是"马克思成熟的顶点"②。随着马克思的《1844年经济学——哲学手稿》的引起重视，马克思的"本质力量的对象化""自然的人化""美的规律"等观念引起学者们的重视，在苏联和

---

① 郎兹·胡特. 迈耶尔. 马克思，历史唯物主义的早期著作［A］//中共中央马克思恩格斯列宁斯大林著作编译局马恩室编，译. 见《1844年经济学——哲学手稿》研究［M］. 长沙：湖南人民出版社，1983：285.

② 亨·德曼. 新发现的马克思［A］//中共中央马克思恩格斯列宁斯大林著作编译局马恩室编，译.《1844年经济学——哲学手稿》研究. 长沙：湖南人民出版社，1983：374.

中国形成了一个实践美学学派。1956 年，苏联国家政治书籍出版社初次用俄文全文发表了马克思的《1844 年经济学哲学手稿》，引起了苏联美学界的注意。1956 年，阿·布罗夫出版了《艺术的审美本质》一书，该书以马克思《1844 年经济学哲学手稿》中关于"人的对象化"等论点为依据，认为艺术有着特殊的对象、特殊的形式和内容，艺术有着它自身的审美本质。阿·布罗夫关于艺术的特殊本质是审美特性的观点，引起了 1956—1966 年苏联美学界关于美的本质问题的大讨论。这一场美学大讨论和中国五六十年代的美学大讨论几乎同时进行，略有不同的是，苏联的这次讨论大多主张美是客观的或美是主客观的结合，少有论者主张美是主观的，讨论的焦点则集中于美是自然属性还是社会属性。

"自然属性说"主张美为现实对象本身所固有，不依赖于人和人类社会而存在，客观事物的普遍联系、多样性的统一与和谐是美的基础。例如，德米特里耶娃在 1956 年出版的《审美教育问题》等著作中主张，现实世界的事物和现象的普遍联系、相互影响和相互适应是产生美的根本原因。柯尔年科也在《论审美本性问题》一文中认为事物的审美属性都是物质的相互联系、相互制约和井然有序的表现。波斯彼洛夫在《论艺术的本性》《论美和艺术》等著作中指出，人的审美感受、审美意识和审美关系离开物质的审美客体就不存在，审美关系中的客观事物具有优先性，审美主体的主观方面则具有派生性。

"社会属性说"则从马克思的"实践"范畴入手，它认为，理解美的本质的关键在于人类社会实践中人与对象的关系，在人的"本质力量的对象化"和"自然的人化"的实践过程中，事物的审美属性才对人类具有意义。万斯洛夫在《客观上存在着美吗？》和 1957 年出版的《美的问题》等著作中提出，美是自然属性在实践过程中被"人化了的"现象，是自然属性和社会属性的结合，但是，他认为，美的客观性在于社会性，审美属性按其自身的存在来说是自然的，但按其本质来说又是社会的。列·斯托洛维奇在《现实和艺术中的审美》（1959）一书中则认为，审美属性是事物自然物质形式与社会的人的辩证统一。列·斯托洛维奇依据实践范畴，认为美的客观性是以社会性为依托，美的客观性以人类社会实践的审美关系的客观性而成为一种社会的客观性。

在这一场讨论中，双方都利用马克思早期著作中关于"本质力量的对象化""自然的人化""社会实践"等方面的观点，形成了一个以"本质力量对象化"、社会实践使"自然人化"为主要观点的主客体统一论实践美学观。例如，阿·布罗夫主张美是自然属性和社会属性的综合，也是主观与客观的统一。他说：

美之所以是主观的，是因为它不能存在于人的感觉之外，不能脱离人的审美理想；美之所以又是客观的，是因为它的基础存在于人的生活所固有的客观规律性中。美以客观的特性为基础，但这种特性没有主体便不能实现为美①。德米特里耶娃则主张把 D. 狄德罗的关系原则和 H．г．车尔尼雪夫斯基的"美即生活"的原理结合起来。在这一场讨论中，有的美学家试图把"自然属性说"和"社会属性说"两种观点的合理因素综合在一起来解释美的本质。例如 M. C. 卡冈就曾经表示，美是一种主客观的结合，"审美是从自然和人、物质和精神、客体和主体的相互作用中产生出来的效果，我们既不能把它归结为物质世界的纯客观性质，又不能归结为纯人的感觉。"② 阿·布罗夫主张就美的"自然属性说"和"社会属性说"采取一种"综合"的观点③。把"自然属性说"和"社会属性说"综合起来的结果之一，便是对马克思的"人的对象化""自然的人化"和"社会实践"等思想资源的发现和利用，并试图以"实践"范畴来建构主客体统一论美学，主张美是自然属性和社会属性的结合，以此来建构他们的实践美学观。

中国实践美学的代表人物是李泽厚。李泽厚用马克思《1844 年经济学——哲学手稿》中"人的本质力量的对象化""自然的人化"来说明美的性质，他的观点与苏联的万斯洛夫的观点比较接近，认为美的客观性在于社会性，但与万斯洛夫主张"美按其自身的存在来说是自然的，按其本质来说是社会的"观点略有不同，李泽厚提出美是客观性与社会性的结合。李泽厚认为，一方面，自然事物是客观的，另一方面，它只有在人的实践的过程中才"人化"为一种美。李泽厚认为，在人类社会出现之前自然无所谓美，也无所谓丑，它只有相对于人类社会才能成为美。1957 年 1 月 9 日，李泽厚在《人民日报》发表了《美的客观性和社会性统一——评朱光潜、蔡仪的美学观》一文，他指出："应该看到，美，与善一样，都只是人类社会的产物，它们只是对于人、对于人类社会才有意义。在人类以前，宇宙太空无所谓美丑，就正如当时无所谓善恶一样。美是人类的社会生活，美是现实生活中那些包含社会发展本质、规律和理

———————

①　阿·布罗夫. 美学：问题和争论 [M]. 凌继尧，译. 上海：上海译文出版社，1987：35 - 36.

②　列·斯托洛维奇. 审美价值的本质 [M]. 北京：中国社会科学出版社，1984：23.

③　阿·布罗夫. 美学：问题和争论 [M]. 凌继尧，译. 上海：上海译文出版社，1987：35 - 36.

想而用感官可以直接感知的具体的社会形象和自然形象。"① 美只有在人类社会中才具有意义，社会实践使"自然人化"为美，在社会实践的过程中，客观事物一些方面的特征逐渐"人化"、逐渐"积淀"成为一种美的属性。同时，鉴于人类的存在是客观事实，因此，事物的自然的客观性，就上升为一种社会的客观性："美是客观的。这个'客观'是什么意思呢？那就是指社会的客观，是指不依赖于人的社会意识，不以人们的意志为转移的不断发展前进的社会生活、实践"②。因此，李泽厚主张，"美是客观性和社会性的统一"③。

除了李泽厚之外，蒋孔阳、刘纲纪、周来祥等人也纷纷撰文表达了实践美学的观点，他们出版了不少实践美学的书，撰写了很多实践美学的文章，在中国形成了一个实践美学派别。在实践美学之后，学界先后形成了以杨春时等人为代表的"后实践美学"、以朱立元等人为代表的"新实践美学"，他们对实践美学提出了新的美学主张，这些美学主张有的是对实践美学的发展，也有一些观点与实践美学不完全一致，甚至是批评性的主张。总体而言，实践美学是以马克思的"实践"范畴，来建构起主客体统一论的，强调人类实践对于美的本质生成的意义，并突出美是自然属性和社会属性或文化属性的结合。

5. 情感统一说

情感主义美学理论一方面有着主观主义的倾向，另一方面，它依据情感是人类主体对外在事物是否合乎需要的态度、判断、反应和评价，其逻辑的基点实际是主客体统一论的。

情感主义与西方的经验主义传统有关，另一方面，它又与西方的新实证主义及日常语言学派有密切的联系，罗素、艾耶尔、卡尔纳普、赖辛巴赫、史蒂文森等都是情感主义的重要代表人物。情感主义一方面深受主观主义传统的影响，与客观论传统表现出相异的旨趣，例如休谟就强调情感的主观性质，认为情感是纯粹的主观的判断，每一个人的情感均受个体的主观好恶所支配。艾耶尔等人认为情感判断没有描述意义，只有感情意义。另一方面，情感主义实际

① 李泽厚. 美的客观性和社会性——评朱光潜、蔡仪的美学观 [A] //美学问题讨论集：第二集. 北京：作家出版社，1957：40.
② 李泽厚. 美学旧作集 [M]. 天津：天津社会科学院出版社，2002：94.
③ 李泽厚. 美的客观性和社会性——评朱光潜、蔡仪的美学观 [A] //美学问题讨论集：第二集. 北京：作家出版社，1957：40.

上有着主客观统一论的一面，认为情感范畴主要表达对评价对象的赞许和不赞许的态度，对评价对象的赞许与否实际上联系了主体和客体双方。斯蒂文森的情感主义态度就带有主客体统一论色彩，一方面他并不否认情感对事实及其认知的某种程度的依赖，另一方面又认为情感反应和情感判断是人的主观的态度，不由事实单方面决定。

情感主义美学在古代希腊的亚里士多德那里就开始发端，在浪漫主义时期从卢梭《新爱洛依丝》的"善感性"引起重视开始，"情感"开始成为浪漫主义的一种新的价值取向。"情感"在威廉·华兹华斯（William Wordsworth，1770—1850）的浪漫主义诗歌理论中被赋予了本源的意义。1798年他曾结合自己的创作宣称："所有的好诗，都是从强烈的感情中自然而然地溢出的。"在1800年的《抒情歌谣集》第二版序言中，华兹华斯认为："一切好诗都是强烈感情的自然流露。"他觉得这种提法很好，在同一篇文章中用了两次，并以此为基础建立起了关于诗的主题、语言、效果、价值的理论①。这一"一切好诗都是强烈感情的自然流露"的观点，被认为是浪漫主义诗歌的最基本的理论宣言。"激情"被认为是浪漫主义最主要的一个特征，从莱辛主张"静穆的反面"，席勒提倡"精神自由"，华兹华斯认为"诗歌是强烈感情的自然流露"，柯勒律治主张诗歌创作是"热情指挥形象化的语言"，雨果认为"诗人传达强烈的感情"，托尔斯泰则主张"艺术即情感交流"，他在《论艺术》中说："在自己心里唤起曾经一度体验过的感情，在唤起这种感情之后，用动作，线条，色彩，声音，以及言词所表达的形象来传达出这种感情，使别人也能体验到这同样的感情——这就是艺术活动。"浪漫主义的主要代表人物都提到了"激情"或相类似的语汇。可以说，对主体情感的强调是浪漫主义的最主要的特征。

西方表现主义美学重要代表人物 R. G. 科林伍德（Robin George Collingwood，1889—1943）曾系统阐述艺术表现与情感的关系。他一方面主张主体的表现对于审美和艺术的作用，另一方面则认为，审美主体的"表现"即情感的表现，因而他主张："艺术即情感即表现"。R. G. 科林伍德将艺术区分为技艺和艺术两类，他认为古希腊语中的"τέχνη"和古拉丁语中的 ARS 所指称的"艺术"，即通过自觉控制和有目标的活动以产生预期结果的"陈旧的艺术"是

---

① William Wordsworth, "Preface to the Second Edition of Lyrical Ballads" [A], *Critical Theory since Plato*, ed. Hazard Adams, New York: Harcourt Brace Jovanovich, 1971. p. 435

一种技艺①，而真正的艺术是对情感的表现。R. G. 科林伍德又将艺术区分为
"再现艺术"和"表现艺术"。他表示，"再现艺术的真正定义，并不是说制造
品相似于原物（在这种场合，我称再现是刻板的），而是说制造品所唤起的情感
相似于原物唤起的情感（我称他为情感再现）。"他认为，"再现总是达到一定目
的的手段，这个目的在于重新唤起某些情感。重新唤起情感如果是为了它们的
实用价值，再现就成为巫术；如果是为了它们自身，再现就称为娱乐。"② 他认
为，表现艺术是对人类主体的情感的表现，是一种想象性活动，它与人类主体
的感觉、意识、想象、情感、思维和语言等密切相关，只有表现情感的艺术才
是"真正的艺术"，而任何再现艺术都是"伪艺术"。R. G. 科林伍德虽然贬低
再现艺术和"技艺"性艺术，但他对于艺术与表现关系的分析，实际上体现了
艺术表现的主体情感离不开外在客体的思想。

　　西方艺术符号学的重要代表人物苏珊·朗格也持一种情感主义的态度，她
专门写了《情感与形式》（1953）、《艺术问题》（1957）、《心灵：论人类情感》
（1967）等著作来阐述情感对于人类审美和艺术的重要性。她认为"艺术符号是
一种有点特殊的符号"，这一特殊性在于艺术符号特殊的动情特征——艺术具有
一种表现性，艺术符号表现的内涵就是人的情感。因此，苏珊·朗格把艺术界
定为"人类情感的符号形式的创造"，艺术是情感与形式的统一。③ 苏珊·朗格
的情感主义虽然强调情感的主体性特征，但她认为人类情感是人类主体对外在
事物的一种态度和反应，其情感主义美学观统合了主体和客体。

　　中国国内学者对于审美情感的表述更加清晰地表明了情感主义美学观主客
体统一论的特点。黄药眠认为"美是美学评价"，这种"美学评价"与情感有
关，体现了人与物的关系。黄药眠的"美是美学评价"实际主张的是一种主客

---

① 罗宾·乔治·科林伍德. 艺术原理 ［M］. 王至元，陈华中，译. 北京：中国社会科学
　　出版社，1985：15.

② 罗宾·乔治·科林伍德. 艺术原理 ［M］. 王至元，陈华中，译. 北京：中国社会科学
　　出版社，1985：15.

③ 苏珊·朗格. 情感与形式 ［M］. 刘大基，傅志强，周发祥，译. 北京：中国社会科学
　　出版社，1986：51

关系论，他说："物的存在离开我们仍然存在，但美却不能离开人的感觉而存在。"① 他表示："在人的生活实践中，人与花发生了关系，有了情感，于是人对花的关系，也就是人与人的关系的反映。"② 他指出，"蔡仪……认为花的美就是花的自然属性。不是从社会、个人对花的实践关系去谈美，这种脱离社会生活实践去谈美，是机械的唯物论。"③ 黄药眠的观点受到马克思的实践的观点的影响，带有一定的实践美学的特征，但是，与实践美学不同的是，他把人与世界的审美关系概括为一种"情感反应"："我认为审美现象首先应从生活与实践中去寻找根源……人们为更好地工作，不得不把握客观事物的规律，……我们要认识事物……，要去感知它，描绘它。另一方面，对象对于我们发生各种不同的效果，愉快的、不愉快的效果。因此，人们同时对于对象又发生情感的反应。"④ 应该说，黄药眠的"美是美学评价"的观点，实际上勾勒出了"美是情感评价"的情感论主张。

中国国内其他学者也用情感范畴来分析美学问题，也较为清晰地勾勒出了情感论美学主客体统一论的特征。王元骧认为人类的审美活动是对客观事物的一种审美反映，而审美活动中的审美反映不是对美的事物的机械反映，它主要是一种情感反应，带有对客观对象的评价的性质。应该说，国内的情感论美学带有明显的主客体统一论特征。

情感主义美学将人类的审美心理界定为一种审美情感，进而以审美情感来分析审美活动中的诸种现象。它研究审美活动中情感与情绪的反应机制、功能、特征及其活动规律，内容包括：审美活动中情感、情绪、感情发生发展的生理机制和心理基础；审美情感的类型、结构、性质、功能和变化规律；情感的激发、介入、体验、强度、转换、释放、共鸣和逆反等情感情绪反应的特征；艺术创造中艺术形象、审美意象和艺术意境创造中情感的作用；艺术作品中的情感符号表现的特征、艺术本文情景相生、情景交融、情绪流动、情感张力和情

---

① 《美是美学评价：不得不说的话》原是黄药眠在 1957 年 6 月 3 日对北京师范大学研究生进修生的演讲稿，后刊载于 1999 年 3 月《文艺理论研究》第 3 期上，其后以《看佛篇》和《塑佛篇》为题发表于《文艺研究》2007 年第 10 期第 29 - 30 页。见：黄药眠. 美是审美评价：不得不说的话 [J]. 文艺理论研究，1999（3）：12.
② 同上。
③ 同上。
④ 同上：11.

感感染力等种种情感的表征。情感主义美学对于审美活动的描述有将审美心理窄化的危险，近年有着被更为宽泛、涵盖了生理与心理、意识和无意识、理性和情感的审美心理学取代的倾向。

三、价值论美学：美产生于主体与客体相遇的途中

价值论美学在经验主义统一论、现象学统一论、完形心理学心物场统一论、实践统一论、情感统一论的基础上发展而来，吸收了以上几种主客体统一论的合理要素，特别是经验主义统一论对感觉经验的重视、现象学统一论现象学还原的方法论、完形心理学对完形的主客联系特性、实践统一论对审美活动的强调、以及情感统一论突出审美过程的情感反应、情感评价、情感体验性质等方面的合理的成分。它综合了以往主客体统一论对认知、心理、情感、行动等多方面的主客联系。价值论美学在以往主客统一论美学理论基础上发展而来，也是在以往的美学讨论中产生的，它认为美体现人类主体对外在事物的价值的评价，主张从"价值"这一联系主体与客体的纽带入手，从价值论的角度建构主客体统一论美学（The aesthetics of unity of subject and object）。

价值论美学对"美"采取价值哲学的定位，它认为，美是事物相对于人类主体所呈现出来的一种审美价值属性，美产生于主体与客体相遇的途中①。这样，价值论美学是一种主客体统一论美学。

价值论美学的主客体统一论首先是一种信息论主客体统一论。价值论美学并不否认审美活动必须以认识论为基础。在认识论的意义上，美是人类主体关于外在事物获得的某种信息，这一信息并不一定是事物作为物理量的本征值，而是人类的感知器官获得的信息。信息在本质上是一种测度值。这一测度值既与事物的本征值有关，也与人类感知器官的信息处理能力有关，它是主体与客体相结合的一种结果。

在价值论美学的视野中，价值是事物相对于主体的"需求—偏好"结构呈现出来的一种属性，是事物是否合乎主体需要的一种特性。价值关系的确立始终存在着三大要素：客体和主体，以及主客体之间的价值活动。离开了这三大

---

① 舒也. 价值论美学对认识论美学的挑战［J］. 浙江社会科学，2012（1）：93 – 102.

要素，价值便不复存在。同样，在价值论美学的视野中，审美价值属性的存在，必然依赖审美客体（或称审美对象）、审美主体、以及主客体之间的审美活动这三大要素，离开了这三大要素，审美价值属性便无从谈起。

价值论美学的美学主张，是一种主客体关系论美学，也是一种主客体统一论美学。它认为，价值属性是关系中的属性，是事物在与人类主体的关系中相对于人类主体所呈现出来的属性。审美关系作为一种价值关系，它亦是主客体关系的统一，是在人类长期的审美关系、审美活动中形成的主客体的适应关系。狄德罗（D. Diderot，1713—1784）曾论述过美对于主客体关系的依赖，他说："我把凡是本身含有某种因素，能够在我的悟性中唤起'关系'这个概念的，叫作外在于我的美；凡是唤起这个概念的一切，我称之为关系到我的美。"① 虽然狄德罗的说法语焉不详，但是他的"关系说"已经指涉了审美价值的主客体的关联性质。现象学美学和价值论美学的重要奠基人莫里茨·盖格尔说："一个艺术作品却只有在于一个理解它的主体发生关系的时候，它的美才会产生意义和效果。的确，我们确实在我们面前发现了审美价值，发现了美——但是，我们所发现的、在我们面前的这种美，却只存在于它与体验它的人类的关系之中。"② 萨缪尔·亚历山大在《艺术、价值与自然》一书中也表达了类似的观点，他说："很明显，美的价值是一种美的对象与创造或欣赏它的心灵之间的关系，因为欣赏正是一种服从于创造者的创造，它在作品业已完成之后，要重温对它的创造。""美根本不是一种性质，而是对象与满足了审美情感的个人之间的关系。"③ 在价值论的视野中，价值是客观事物相对于人类主体的"需求—偏好"结构呈现出来的属性，价值是主客体关系中呈现出来的性质，因此，审美价值属性是客体相对于主体的审美心理呈现出来的一种属性，从发生学角度来说，美必须依赖于主客体之间的活动才能实现。这样，价值论美学是主客体关系相统一的美学理论。

在苏联，受到马克思主义的唯物论和实践观的影响，有大量的学者主张美的主客体统一论。如 M. C. 卡冈就认为，"审美是人，物质和精神、客体和主

① 狄德罗. 论美 [A]. 狄德罗美学论文选. 张冠尧，桂裕芳等，译. 北京：人民文学出版社，1984：25.
② 莫里茨·盖格尔. 艺术的意味 [M]. 北京：华夏出版社，1999：218.
③ 萨缪尔·亚历山大. 艺术、价值与自然 [M]. 北京：华夏出版社，2000：79.

体的相互作用中产生出来的效果……审美依照人对它评价的程度成为对象的属性。美——这是价值属性，美正是以此在本质上有别于真。""只有当我们观照和体验对象时，它才获得自己的审美价值。"① 价值论美学的代表人物列·斯托洛维奇亦赞同主客体统一论。列·斯托洛维奇主张区分"主体"和"主观"，认为客体和主体是审美实践活动的双方，认为"价值是客体与主体的相互作用"。列·斯托洛维奇在《现实和艺术中的审美》（1959）一书中认为，审美属性是事物自然物质形式与社会的人的辩证统一。在《审美价值的本质》一书中，一方面，列·斯托洛维奇坚持了马克思主义的唯物论和列宁的反映论，认为美的事物首先是一种客观实在，它具有客观性质；另一方面，列·斯托洛维奇认为审美价值是事物合乎人类主体的审美需要的性质，具有主客体统一性，尽管他认为审美活动的主客体统一论与认识论主客体统一论、实践论主客体统一论有很大的不同。他认为，价值论美学主张的这一主客体相统一的美学观点与"价值是客观的"这两种论点之间没有逻辑上的矛盾②。

价值论美学用"燃烧说"来类比美的生成的主客体统一论。燃烧是可燃物与空气中的氧气进行快速放热并发光的氧化反应，一方面它需要事物自身的可燃性质，另一方面它需要空气中的氧气共同参加化学反应，才能形成发光发热的燃烧现象。美的生成一方面需要事物自身方面的性质，另一方面，它需要主体自身的审美感官参与才能形成审美反应。与燃烧是可燃物与氧气的结合相类似，美的生成需要外在事物与人类主体两个方面的结合才能形成审美反应，通过客体与主体的结合与统一，美的属性才能成为现实。人们常用"美丽动人"来形容审美价值，只有事物自身的属性激发人类主体的审美反应，即客体与主体两个方面的结合，才能形成美的属性。

朱光潜在早年曾表达过主客体统一论的思想，在写于1931年前后的《文艺心理学》一书中，他说："美不仅在物，亦不仅在心，它在心与物的关系上面。"③ 晚年朱光潜转向了主客观统一论和价值论美学。他在晚年表示，"美是一种价值"④。他借用马克思的话表示，没有音乐感的耳朵，再美的音乐都毫无

① 列·斯托洛维奇. 审美价值的本质 ［M］. 北京：中国社会科学出版社，1984：23.
② 列·斯托洛维奇. 审美价值的本质 ［M］. 北京：中国社会科学出版社，1984：29.
③ 朱光潜. 朱光潜美学文集：第1卷 ［C］. 上海：上海文艺出版社，1982：153.
④ 朱光潜. 朱光潜美学文集：第5卷 ［C］. 北京：上海文艺出版社，1989：18.

意义；没有感知美的眼睛，就不能欣赏美。因此，他认为，"要解决美的问题，必须达到主观与客观的统一。"① 在晚年朱光潜那里，我们看到了主客体统一论和价值论美学的融合。

对于价值论美学而言，首先是要回到主客体审美关系这一"实事"，其次，才讨论审美价值依附的客体及其属性。当我们回到主客体审美关系这一"实事"，便会发现，审美价值存在于主体与客体之间的关系，存在于主体与客体相遇的途中。

这样，在价值论美学的视野中，所谓的美，是指一种审美价值，是事物相对于人类审美活动所呈现出来的一种价值属性，它的生成必须以审美客体、审美主体、主客体审美活动以及作为审美惯例的审美文化等几个方面为前提，这几个方面构成了美的属性生成的基本要素。

首先，从客体角度来看，美是客观事物所呈现出来的一种审美价值属性，它必须具备一定激发人的审美反应的特征。审美价值属性是以客体为前提的，也就是说，美是以客观事物为前提的，审美价值属性的产生首先依赖于一个激发主体的审美反应的审美对象，不能离开审美对象来谈论美。任何主观的美感反应和审美体验，必然由特定的审美对象所激发，即使它是精神性的审美对象。并且，这一价值客体必须具备能够激发人类主体的美感反应的属性和特征，必须具备能够产生激美反应的审美召唤结构，才能成为审美价值关系中的审美对象。

其次，从主体的角度看，美是相对于人类主体所呈现的美，这一主体必须是一审美主体，必须存在审美需要以及感受美的能力。在价值论的视野中，价值是相对于主体而言的，因此，审美价值属性也相对于审美的价值主体才具有意义。从价值主体的角度来说，审美价值主体必须具备相应的审美感知、审美理解、审美欣赏的能力。人类学意义上的美感反应是主体的审美心理和审美意识的基础。这一审美心理和审美意识，它凝结了人类全部的生命意识和人类主体意识，从这一角度看，美也体现了对生命意识和人类主体意识的肯定。实践论美学主张美是"客观性与社会性的统一"，过度强调美的社会性，往往会导致个体的灭失，在价值论美学的视野中，主体不仅仅是社会性的，同时也是个人性的，价值论美学恢复个体在美学理论中的位置，从而高扬了审美的主体性与

----

① 朱光潜. 朱光潜美学文集：第 3 卷 ［C］. 上海：上海文艺出版社，1983：19.

人的价值。

再次，审美价值的生成必须具备主客体之间的审美活动。从主客体关系角度来看，审美价值属性是人类和自然长期的主客体活动中建立起来的一种主体对客体的适应机能，是人类长期的价值活动和审美价值实践的产物。从微观角度看，美的发生是一种审美经验现象学，是人类生命个体面对审美对象所进行的一种对象化审美感应。从宏观角度看，审美价值属性也是人类长期的社会价值实践的结果，是人类长期的审美价值实践，逐步确立起了人类主体与审美客体的审美价值关系。积淀说在这一层面上具有一定意义。审美现象学与审美实践论长期各自为阵，二者的核心都是主体的对象化活动，价值论美学作为一种主客体关系论美学，可以对审美现象学和审美实践论进行科学的整合。

最后，审美主客体活动往往在特定的审美惯例和审美文化中进行，审美文化惯例往往成为审美价值实现的一个不可分割的部分。美的生成需要客体、主体、主客体活动等三方面的要素，主客体的审美活动形成了特定的审美文化惯例，而审美文化惯例反过来又成为审美价值生成的一个环境要素。人类的审美心理是在环境，即审美文化惯例的塑造作用中形成的。美作为事物相对于人类的一种价值属性，一方面，它是事物客观的属性之一，另一方面，它是事物相对于人类主体所呈现出来的价值，审美价值属性在特定的审美主客体活动中产生，它得以呈现必不可少的一个方面，便是人类的感官以及作为审美惯例的审美文化观念。应该说，美在具体的文化活动中产生，文化创造了审美价值，在这个意义上，美也具有一定的文化性。

第四章

审美价值生成的特点

价值论美学认为，价值是事物是否合乎人类主体需要的性质，审美价值是事物相对于人类的"需求—偏好结构"所具有的一种属性，美的生成依赖于主体、客体、主客体活动以及人类的审美文化惯例等几个方面的要素，"美产生于主体与客体相遇的途中"。这样，在价值论美学的视野中，美的生成具有客观性与主观性相结合、绝对性与相对性相统一、个性与共性相统一的特点。

一、美是客观性与主观性的结合

价值论美学认为，美的生成既依赖于事物自身的性质，又是在与人的关系中相对于人类主体呈现的一种属性，它是一种主客体统一论美学。价值论美学既不像客观主义那样认为美仅仅是事物不以人的意志转移的客观的属性，也不像主观主义那样认为"美不是事物本身的属性，它只存在于观赏者的心里"①，而是认为，审美价值是审美客体相对于审美主体的一种属性，它既离不开客体自身的要素，同时也离不开主体的审美观照。

1. 美的客观性：美是客观事物呈现于人的审美信息

马克思主义唯物论主张，世界是物质的，物质决定意识，而不是意识决定物质，物质是第一性的，意识是对物质的反映，是第二性的，是社会存在决定社会意识，而不是社会意识决定社会存在。科学实在论主张，世界是物质和能量的守恒，小到夸克，大到整个宇宙，都是物质与能量自身的运动和规律性变

---

① 休谟. 论趣味的标准［A］//西方美学家论美和美感. 商务印书馆，1980：108.

化，是不以人的意志为转移的。社会学的实证原则要求，"把社会事实当作物来研究"①，这些，都构成了美的客观性的方法论基础。

一方面，美的属性是事物自身的一种客观的属性，离开了事物自身，美便不复存在。美是事物本身所固有的一种性质，不依赖于人和人类社会而存在，客观事物的普遍联系、相互作用、多样统一与和谐是美的基础。美的生成首先在于事物自身，和事物本身的性质、属性、条件有关。人的审美感受、审美意识和审美关系离开物质的审美客体就不存在，审美关系中的客观事物具有前提性，审美主体的主观方面具有从属性，不能离开客观事物而存在。

列·斯托洛维奇是价值论美学的重要理论奠定者和阐述人，他主张，审美价值首先是客观的。列·斯托洛维奇的《审美价值的本质》一书被认为是价值论美学的重要理论著作，该书第一章在论述了审美的价值本质之后，紧接着便论述审美价值的客观性。列·斯托洛维奇提出一种马克思主义的价值论———一种"以唯物史观为依据的价值论"，以此来建构认识论和价值论结合起来的马克思主义美学。他说，"以唯物史观为依据的价值论，同辩证唯物主义反映论有机相连，马克思主义美学有可能把认识论态度同价值说态度结合起来，而没有任何逻辑上的不协调。"②

当然，美的客观性是一种有条件的客观性。价值论美学主张美是主客体关系的统一，认为审美价值是人类在长期的主客体审美活动当中确立起来的事物的属性之一，只有在确定的审美关系、审美活动、审美实践当中，审美价值属性才表现为有条件的客观性。

尽管如此，价值论美学从科学实在论立场出发，将价值视为客观事物相对于人类的一种属性，只要事物与人类的实践客观存在，价值就相对于人类而客观存在。人类社会的存在和人的社会实践是一种客观事实。在人类社会客观存在的基础上，审美价值属性的主体在场、主客互动这一条件成为一种客观事实，这样，美的客观性因社会的客观存在而成为一种"人类社会化的客观性"。李泽厚曾这样描述美的"人类社会化客观性"："美是客观的。这个'客观'是什么意思呢？那就是指社会的客观，是指不依赖于人的社会意识，不以人们的意志

---

① 涂尔干. 社会学方法的准则［M］. 狄玉明，译. 北京：商务印书馆，2004，第35.
② 列·斯托洛维奇. 审美价值的本质［M］. 北京：中国社会科学出版社，1984：21.

为转移的不断发展前进的社会生活、实践"①。鉴于人类的存在是客观事实，因此，事物的自然的客观性，就上升为一种社会的客观性。

列·斯托洛维奇表示，"审美价值是客观的，这既因为它含有现实现象的、不取决于人而存在的自然性质，也因为它客观地、不取决于人的意识和意志而存在着这些现象同人和社会的相互关系，存在着在社会历史实践过程中形成的相互关系。"② 列·斯托洛维奇的观点受到了马克思主义的唯物论、列宁的反映论的影响。应该说，列·斯托洛维奇主张审美价值的客观性，可以在审美价值的客体依附性、审美关系现实性、审美活动的既存性等方面找到了一定的依据。应该说，美具有对客观事物的客体依附性。美的事物的客观存在是美生成的一个重要前提，美的客观存在性是美生成不可缺少的一个方面。

2. 美的主观性：人是美的尺度，人为万物之美立法

客观事物自身的性质，是美生成的前提条件，但是，条件本身还不足以成为美，价值论美学认为，除了事物自身的性质，人类主体的审美活动对于美的生成亦具有不可分割的意义。事物自身只是自存自在，自我发生发展，美的事物相对于人类的审美感官、审美活动才呈现为审美属性。这样，人类主体的审美观念、审美心理、审美体验与审美活动，对于美的生成具有重要意义。

对于美的生成来说，人类主体的认知与情感、生理与心理、意识与无意识、理性与非理性等等，这些人的主观方面对于美的生成具有不可分割的关系，它影响了美相对于不同的主体所呈现的性质、特征和不同的表现形态。人类的审美感官和审美心理意识，虽然有着人类学上的共性，但是，具体的人对于美的对象的认知特点是不同的。例如，同样的美的花朵，对于色盲的人来说，它的美的属性往往表现出很大的差别。视觉是人类最主要的审美感受器官，心理学的研究表明，每一个人对于光的感知是不一样的，这是由不同的人的眼睛对于光谱的感知能力的差别形成的，这种差别有的表现不是非常明显，但这种差别是事实上存在的。同样的美的事物，其审美价值的生成与显现相对于不同的主体是不同的，人的主观方面对于审美价值的生成有着重大的影响。

从对艺术美的鉴赏来看，每一个人的审美观念与艺术修养各不相同，在具

① 李泽厚. 美学旧作集 [M]. 天津：天津社会科学院出版社，2002：94.
② 列·斯托洛维奇. 审美价值的本质 [M]. 北京：中国社会科学出版社，1984：29.

体的审美活动中，不同主体的审美态度、审美理解、审美解释、审美体验也各各不同。同一件事物，特别是不同的艺术形式，对于甲可能意味着美不胜收，对于乙则可能无法理解弃之不顾。在审美的领域，同样的美的事物，相对于不同的主体，存在着大量的"盲视"与"洞见"，审美价值的生成对于人类主体来说，存在着相当大的主观性。

朱光潜曾经就人类的主观方面对美的生成的影响有过论述。他说："美感在反映外物界的过程中，主观条件却起很大的甚至是决定的作用，它是主观与客观的统一，自然性与社会性的统一。举例来说，时代、民族、社会形态、阶级以及文化修养的不同不大能影响一个人对于'花是红的'的认识，却很能影响一个人对于'花是美的'的认识。"① 人类主体的主观方面对美的生成的影响主要表现在以下几个方面。

（1）主观心理对审美对象的加工。

人的审美心理活动有一个对审美对象的本征值进行信息加工的过程。美学家们指出，人眼在审美活动中占据着重要位置。以人眼对信息的处理为例，人眼既是一个光的频谱的测谱仪，也是一个光的频谱的调节器，人眼看到的事物的成像，不完全是事物的本来面目，人眼会根据光的频谱对光信息进行处理：在暗处人眼会调节瞳孔使人看到的事物比实际的要明亮；在刺眼的环境，人眼会调节瞳孔的孔径以避免过强的光的刺激，人眼看到的事物比实际看到的要暗。人的审美心理过程存在着一个对外部信息的加工处理过程。例如，心理学家们发现，人们在照镜子的过程中，每一个人对"镜中的自我"的审美评价与对他人的审美评价不同的，对"镜中自我"的审美评价要高于自我实际的审美水准或社会对自我的审美评价，每一个人在照镜子的过程中，往往自带一架美颜相机，人类的主观心理会不自觉地对审美对象进行加工，人类获得的审美信息，实际上是经过人类主观加工之后的结果，并非纯然是事物自身的客观性质。

心理学实验告诉我们，人在审美过程中，普遍存在着对审美对象的选择、忽略、扭曲和增加。审美欣赏的过程以注意为特点。注意（attention）是审美活动对审美对象的选择性指向和集中。注意有两个基本特征，其一是指向性，它是对审美对象某些方面信息刺激的选择；其二是集中性，是指审美心理活动停留在被选择对象上的强度或紧张，并表现为对其他信息刺激的抑制。注意意味

---

① 朱光潜. 朱光潜美学文集：第三卷［C］. 上海：上海文艺出版社，1983：34－35.

着对其他方面信息刺激的忽略，当人的主观心理选择性地指向并集中于某一方面之时，审美对象的其他方面的因素则遭到忽略。审美过程中的注意与忽略与审美主体的审美兴趣、个人目的、审美偏好等有关，从而对审美对象产生选择和忽略。

与此同时，在审美活动中的增加与扭曲等也非常常见。例如，审美心理过程中的心理定势、刻板效应、晕轮效应等等，都会对审美对象的客观性事实产生基于主观心理的变化和影响。此外，审美过程中的联觉、错觉、幻觉等等，也会对审美对象的客观属性产生增加与扭曲等影响。联觉是事物对主体某一方面感官的刺激引起人类主体其他方面感官的感觉。常见的联觉有"色—温联觉"，即颜色的刺激引起人的温度感觉，例如，红、橙、黄等颜色会使人感到温暖，所以这些颜色被称作暖色；蓝、青、绿等颜色会使人感到寒冷，因此这些颜色被称作冷色。色觉甚至还会产生"光幻觉"，可伴有味、触、痛、嗅或温度觉。还有"色—听联觉"，即对色彩的感觉能引起相应的听觉，"彩色音乐"就是这一原理的运用。此外，"语—色联觉"是指某些词汇引起人们颜色上的感觉。在审美活动当中，联觉现象是十分普遍的，并且在艺术实践中得到了广泛的运用，这是审美活动对刺激信息进行加工的常见的现象。

人类主观的错觉和幻觉在审美活动中也大量存在，并且对客观事物的自身特征产生不同的影响。错觉是指在人类的认知或审美活动当中，由于受到物体自身或相关因素的干扰，加上人们主观上的生理、心理上的限制，产生与实际不符的判断误差，是人在特定的条件下对客观事物的扭曲的知觉。实际上，错觉在审美活动和艺术实践中是极为广泛的现象。例如，古希腊的帕台农神庙的建筑，为了防止出现中间的梁看起来弯曲变窄，建筑师有意增加了神庙的中间的梁的尺寸来避免人们的视错觉。

幻觉（hallucination）是指在功能性或心理性因素的影响下，在没有相应的刺激下产生客观上并不存在的知觉体验，或在有相应的刺激却产生无关或不符合事实的知觉体验。《圆觉经》第一章曾这样描述：

"一切众生从无始来，种种颠倒，犹如迷人，四方易处，妄认四大为自身相，六尘缘影为自心相，譬彼病目，见空中华及第二月。"

《圆觉经》指出，人的错误认知，就像是人的幻觉一样，"妄认四大为自身相，六尘缘影为自心相"，就像是人患病的眼睛看见空中华光和第二个月亮一样。这一段论述了人的幻觉，表达了佛教"一切皆为虚幻"的思想，并希望世间众生"应当远离一切幻化虚妄境界"。《圆觉经》对幻相的描述，揭示了人类在认知或审美过程中幻觉或幻相产生的情况。实际上，幻觉在审美活动中也是较为普遍的现象。幻觉是大脑皮层的部分感觉中枢产生抑制，却在一定范围和程度上引起与外界刺激无直接联系的感觉中枢兴奋。在审美活动中，人眼的视觉暂留引起的似动幻觉是其中比较典型的现象。视觉暂留现象（Visual staying phenomenon，duration of vision）是指人眼在观察事物时，光信号成像于视网膜之上，通过视神经传入大脑，当被观察的物体移走时，视神经对物体的印象会保留一段时间，大约延续 0.05—0.4 秒，这种现象，被称作视觉暂留现象。1824 年，英国伦敦大学教授彼得·马克·罗热向英国皇家协会提交了一份题为《关于移动物体的视觉暂留原理》的报告。其后人们发现，把若干张图片按先后顺序连续出现在人的眼前，人眼就会产生似动幻觉。似动幻觉广泛地出现在人类的审美活动之中，并且被应用于电影的发明和欣赏。

人类主体主观因素对审美对象的影响，尤其需要注意审美活动中审美心理的再创造作用。人类审美心理的选择性、意向性、解释性、直觉性、体验性等特点，本身对美的认知具有某种创造性加工作用。此外，人类审美过程中的自由联想和想象，也发挥着重要的作用。意大利哲学家克罗齐（Benedetto Croce，1866—1952）曾经提出："直觉即表现""直觉创造形象""直觉的成功表现即是美"①。克罗齐认为，人类的审美活动是一个纯粹直觉的过程，在直觉的瞬间的审美观照中，直觉不是以理性的方式对外在事物的机械的反映，而是创造出美的形象。现象学美学家英伽登通过对文学艺术作品的审美接受的分析，提出文学艺术作品是一包含了空白与未定点、凝结了很多潜在的可能的文本，需要意向性主体去发现、去具体化、去再创造。克罗齐和英伽登的观点，从不同的侧面强调了人类主体对于美的生成中的创造性意义。

（2）主观因素渗透：解释化、情感化、体验渗透化

在审美活动中，人在审美价值生成过程中的作用，不只是对象的选择、忽略、增加或扭曲等对客体要素的加工，而是主体自身要素融入于审美价值属性

---

① 克罗齐在《美学原理》中认为，美即直觉即表现。他认为，美是一种"成功的表现"，而丑则是一种"不成功的表现"。克罗齐. 美学原理［M］. 朱光潜，译. 北京：商务印书馆，2012：93.

之中。人的作用，不单是被动的或不自觉的，同时也是一个主动的过程。人类的审美活动，是在不同的个人兴趣和期待视野的外向性心理结构的基础上，充分融合了人的审美理解、审美解释、审美态度、审美体验等诸方面心理要素的审美愉悦，人类主体的主观因素会渗透融入人类感知到的美的属性之上。

　　人类主体的主观因素的渗透融入，其中一个方面便是人类的主观的解释。关于什么是人，有着"理性的动物""解释的动物""信仰的动物""自由自觉的动物""自在自为的动物""制造和使用工具的动物""使用语言符号的动物""社会的动物""经济的动物""政治的动物""文化的动物"等描述①，其中的一个重要的方面，便是"人是解释的动物"。马克思曾把人的特征描述为"自由自觉的动物"，他说："有意识的生命活动把人同动物的生命活动直接区别开来。"② 马克思认为，人和动物的重要区别，在于"有意识的生命活动"，而人的有意识的生命活动的一个方面，便是人类自我的解释性。马克思说，"动物和自己的生命活动是直接同一的。动物不把自己同自己的生命活动区别开来。它就是自己的生命活动。人则使自己的生命活动本身变成自己意志的和意识的对象。"③ 人使自己的生命活动本身变成自己意识的对象，这种自我意识，既需要人类的自我认知，同时，它需要人类对自我和世界的主动的解释。

　　心理学研究发现，人类会对外在的认知对象做出主动的解释，对于一些不那么明确、未必合乎逻辑的对象，也会从自身出发，做出合乎自身需要、合乎自身逻辑的解释。人主动的解释在审美活动中的运用，最典型的是对符号认知的解释。图 4-1 是一张通过 ASCII 码符号在纯文本文件中拼出来的一个图案，它被称作 ASCII 码艺术。显然，这一图案就其实质而言，只是一堆 ASCII 符号在二维平面上的机械排列组合。但是，大多数人看到这一图案时，会主动对它进行解释，把它理解成一位女性，甚至对图案中 ASCII 码的构成进一步解读，解释出图案中的裙子、高跟鞋乃至女子的发髻，更有人直言这是一位美丽性感的

---

① Weilin Fang, "Anoixism and Its Idealistic Pursuit", *Cultura*: *International Journal of Philosophy of Culture and Axiology*, No. 2, 2015. 此外，在相关著作中还有着"游戏的动物""审美的动物""表演的动物""性的动物""爱的动物"等多种的理解。

② 马克思. 1844 年经济学哲学手稿［A］//马克思恩格斯全集：第 42 卷. 北京：人民出版社，1986：96.

③ 马克思. 1844 年经济学哲学手稿［A］//马克思恩格斯全集：第 42 卷. 北京：人民出版社，1986：96-97.

女人。可见，在认知和审美过程中，人类主动的解释是十分普遍的现象。

图 4－1　ASCII 码艺术

　　人类对审美对象的知觉和欣赏，还往往伴随着个人的情感、态度和评价，人类所知觉到的审美对象和审美价值属性，常常渗透融入了人类的情感，因此，在审美价值和意义层面上的审美对象常常带有被情感化的特点。人不只是自由自觉的动物，人还是情感的主体，人类知觉到的审美对象，常常被人类的感情同化，带有一定的感情色彩。例如，"爱屋及乌""情人眼里出西施"等，均是人的感情使外在对象产生改变。《诗经·邶风》的《静女》这样描写——

《诗经·邶风·静女》

静女其姝，俟我于城隅。爱而不见，搔首踟蹰。

静女其娈，贻我彤管。彤管有炜，说怿女美。

自牧归荑，洵美且异。匪女之为美，美人之贻。

　　《诗经·邶风·静女》描写了恋人如此的心理：一件美人送的礼物，虽然并不算有多美丽，但是，因为它是美人所赠送，所以觉得它美丽异常。我们可以看到，人的情感状况，使审美对象的美丑属性、美丽程度产生了影响，美的属性因人的情感而发生变化。

　　审美对象被赋予人类的感情色彩，西方把它称为移情作用。移情作用是指人把主观的心理情感赋予外在事物，使本无生命或没有人类情感的外在事物被赋予人的精神情感。在人类的审美活动中，发生类似的情感的移置或主观感觉赋予外物实际是十分常见的现象。例如，人们看到火焰、月亮、杨柳或雨点等事物，会产生"愤怒的火焰""凄惨的月亮""惜别的杨柳""哭泣的雨点"等心理印象，人类感官印象中的外在事物，也似乎具有了人类才有的心理情感。在艺术领域，这种情感的移置或赋予现象也是颇为常见的。例如，《诗经》曾这样描写："昔我往矣，杨柳依依，今我来思，雨雪霏霏"；杜甫的《春望》有这样的诗句："感时花溅泪，恨别鸟惊心"；李白的《独坐敬亭山》则写道："相看两不厌，唯有敬亭山"；辛弃疾的《贺新郎》则写着："我见青山多妩媚，料青山见我应如是"。在诗人的笔下，杨柳可以依依惜别，花鸟会感时溅泪，山水与人亲近……这些，都是人类主体赋予外在事物以精神情感的例子，体现了审美活动中审美对象被人的主观因素影响而呈现出主观化的倾向。

审美活动中主体的主观性作用还体现在对审美对象的体验渗透。体验渗透是指特定的人在心灵、情绪、情感、行为等全部的生理心理要素对审美对象的影响。在审美活动中，人的主观情感体验融布在感知到的景象之中，外在的景象转化而成被体验渗透流布的"意境"。这一"意境"体现了主体情感体验对外在景象的影响渗透。柳永在《雨霖铃》中，描绘了这样的情景——

寒蝉凄切，对长亭晚，骤雨初歇。都门帐饮无绪，留恋处，兰舟催发。执手相看泪眼，竟无语凝噎。念去去，千里烟波，暮霭沉沉楚天阔。

多情自古伤离别，更那堪冷落清秋节。今宵酒醒何处？杨柳岸，晓风残月。此去经年，应是良辰好景虚设。便纵有千种风情，更与何人说！

我们看到的是，诗人面对离别的情景，心中无限惆怅，诗人描绘的世界，也充满了人的离别之思，诗人的情感体验流布于字里行间，以至于作为审美对象的外在世界，也被情感同化，被体验浸染。这一作品描绘的情形，正是体现了人类的情感体验对审美对象的主观化影响。

（3）整体化、和谐化

人类主体的主观方面对美的生成的影响，第三个方面是人的审美活动对外在事物的整体化、和谐化。

人类主体审美活动主观方面的作用，还表现在将审美对象的整体化。莱布尼兹曾提出一种微觉（petices percetions）和统觉（appercetion）的学说，认为人类认知的微觉是分散的、混沌的，统觉则将散乱的微觉统一起来，并运用概念推理等来进行理性的思维活动，由此心理活动表现出统一的性质。克罗奇指出，"心灵的活动就是融化杂多印象于一个有机整体的那种作用。"① 格式塔心理学认为，人类的审美感知，它把握的对象是一种"完形"，这种"完形"具有将对象的分散的元素整体化的特点。格式塔心理学认为，人们对客观对象的认知源于整体关系而非具体元素，对于审美知觉来说，整体不同于部分之和（The whole is different from the sum of its parts），在审美知觉过程中，整体先于元素，局部元素的性质是由整体的结构关系决定的。人类对视觉对象的认知，出于认知本能会将对象组织成一个整体的轮廓，而非分散的独立部分的集合。完形心理学认为，人类的审美心理或审美活动，并不是将审美对象做孤立的分散的审视，而是将审美的对象作为一个完整的整体来把握。例如，对乐曲的欣赏，并不是将一支乐曲中的单音孤立地来进行赏析，将一支乐曲的单音一个一个孤立地来进行欣赏，决不能得到这支乐曲的美，乐曲的美存在于乐曲的整体之中。人们阅读文章，虽然阅读的是由独立的文字组成的段落，但通过文字的不同组合关系人们能领会到整篇文章所表达的内容，而非各自独立的文字符号。观众观赏一部电影，人们看到的是独立的画面和声音的片段，但人们却能领会到由连续的画面与声音组成的故事情节。

人类主体审美活动主观方面的作用，还表现在将审美对象的组织化、和谐化。人类作为自由自觉的有意识的动物，它有着高级智能动物的认知本能。这一认知本能的特点之一，便是将审美对象组织成一个有机的整体。格式塔心理学通过研究指出，人类在长期的社会实践中形成了独特的认知本能，使得人类具有不需要学习将认知对象组织化的倾向，从而使认知对象被组织成一个"可以被认知的对象"。格式塔心理学的完形组织法则（gestalt laws of organization）指出，人们在知觉时总会按照一定的形式把分散的材料组织成可以认知的、和谐化的整体。格式塔心理学家提出了这样一些完形组织法则：图形背景法则、接近法则、相似法则、闭合法则、连续法则、共向法则、简单法则、知觉恒常性法则和好的图形法则等几种完形组织法则。根据这些组织法则，我们会发现，在审美活动过程中，人类主体有着将分散的信息组织化、和谐化的倾向。例如闭合法则，在认知过程中，人类主体有着将没有闭合的残缺的图形闭合的倾向，即主体能自行填补缺口而把对象组织化为一个整体。例如一支曲子，即使音阶

---

① 克罗齐. 美学原理［M］. 朱光潜，译. 北京：商务印书馆，2012：23.

改变，或有错音，或者速度有所改变，人们仍然能知觉出这一旋律是哪一支曲子。此外，如好的图形法则，主体在知觉过程中，会尽可能地把一个图形看作是一个好的图形。好图形的标准是匀称、简单而稳定，即把不完全的图形看作是一个完全的图形，把复杂的图形看成是简单的图形，把不稳定的图形看成稳定的图形。这些原则都体现了在审美过程中，人类主体有着将审美对象组织化、和谐化的倾向。

（4）心物一体化与赋予意义化

人类主体的审美活动，它所把握感知的审美对象，既非单一的客体，亦非纯粹的主观臆想之物，而是一个主观心灵与外在事物合二为一的结合体。这一结合体是一个非心非物的"心物场"，是外在事物的自身特征与主观心灵情感交融的结果。格式塔心理学曾经指出，人类的认知本能，总是倾向于把无意义的图形知觉成有意义的图形，并且总是不自觉地赋予对象以意义。这一过程是一个使对象意义化的过程，也是一个使对象心物一体化的过程——这一赋予意义的过程，常常使审美对象被知觉成为"物体＋意义"的结合体。这一"物体＋意义"的结合体，是一个心物一体化的结合体。中国古代诗文理论中，有"情景相生"理论，就体现了主体的心灵体验与外在的景象交融相生的情形。谢榛《四溟诗话》云："景乃诗之媒，情乃诗之胚，合而为诗，以数言而统万形，元气浑成，其浩无涯矣。"唐王昌龄论诗主张"景与意相兼始好"[1]，司空图在《与王驾评诗书》中则提出要做到"思与境偕"。王夫之在其《姜斋诗话》中则提出情与景应"妙合无垠"："情景名为二，而实不可离。神于诗者，妙合无垠。巧者则有情中景，景中情。"[2] 近代王国维则提出了"有我之境"和"无我之境"，并认为作品中移注的情要"意与境浑"。中国古代的情景相生、思与境谐、意与境浑的理论，论述的是一种主体的心理体验与外在景象相谐相生的审美境界。这种审美意境和境界，正是体现了在审美过程中，审美对象心物一体化的结果。

美的主观性的很重要的一个特点，便在于它的主体赋予性。事物的审美属性与文化属性相类似，或者说，客观事物的审美属性是其文化属性的一种，它是人类在长期的社会实践过程中逐渐赋予客观事物的，美是人类将事物赋予意

---

① 转引自日遍照金刚《文镜秘府论》载引王昌龄语。

② 王夫之. 姜斋诗话：卷二［M］. 北京：人民文学出版社，1961.1

义化的结果。

主体的赋予作用，西方称为移情作用。"移情"这一术语源于德语 einfühlund，由美国心理学家 E. 蒂钦纳（1867—1927）根据 sympathy（共鸣、同情）转译为英语 empathy①。亚里士多德在《修辞学》中提到"荷马也常用隐喻来把无生命的东西变成活的"，这是西方对移情现象较早的发现。据朱光潜先生考证，近代英国经验派美学开始把研究转到审美的心理学基础之上，对移情现象多有触及。其后，意大利的维柯（Giovanni Battista Vico）把移情现象视为形象思维的一个基本要素，他在《新科学·诗的逻辑》第二章中表示，"人心的最崇高的劳力是赋予感觉和情欲于本无感觉的事物"②，洛慈（Lotze）在《小宇宙论》中指出移情现象的主要特征——"把这类情感外射到无生命的事物里去"。西方真正把移情作为一种特殊的审美现象来探讨是从弗列德里希·费肖尔（Friedrich Theodor Vischer）开始的，他用"fühlt sichhinein"一词把移情理解为"外射到或感入到"，并把移情作用称为"审美的象征作用"③。其子劳伯特·费肖尔（R. Vischer）把"审美的象征作用"改称为"移情作用"（Einfühljüng，意为"把情感渗进里面去"）。费肖尔父子已基本奠定了移情说的基础。德国心理学家 T. 里普斯（T·Lipps，1851—1941）在《空间美学和几何学视觉的错觉》（1879 年）和《论移情作用、内模仿和器官感觉》（1903 年）中对"移情说"做了全面系统的阐述，通常人们把里普斯作为移情说的主要代表和创立者。里普斯从三方面界定了审美移情的特征：一、审美必须有受到主体生命灌注的、自我对象化了的客观对象；二、审美必须有在对象中"观照的自我"；三、主体和对象之间必须具有主体将"生命灌注"到对象中的情感活动。里普斯还对移情的心理机制做了探索。移情指人类主体在主观意识中将主体的精神情感赋予外在事物，使事物在人的主观感觉中具有了人类感情特征，成为人类主体主观体验的情感表现。移情是把人的感觉、情感、意志等赋予外在于人的事物中去，

---

① 美国实验心理学家蒂钦纳创造了 Empathy 一词来译它，法国心理学家德拉库瓦教授则把移情称为"宇宙的生命化"（Animation del'univers），英国学者罗斯金（Ruskin）在《近代画家》中所说的"情感的误置"（Pathetic fallacy）是移情的别名，也有人把移情称为"拟人作用"（Anthropomorphism）。

② 维柯. 新科学［M］. 北京：人民文学出版社，1987.

③ 弗列德里希·费肖尔. 批判论丛. 见朱光潜. 西方美学史［M］. 北京：人民文学出版社，2003.

使外物生命化，使原本没有人类感情的事物仿佛有了感觉、思想、情感、意志和活动。移情理论又称投射说，认为审美活动是将主观感情投射到外物中去，这一说法容易产生误解，容易被认为移情作用是一种动作而非人主观心灵情感的赋予作用，改称"赋予说"较为妥当。

在价值论美学的视野中，美的属性，或文化属性，它实际是在人类长期的社会实践过程中赋予客观事物，并且在长期的实践过程中这一属性和人类主体的暂时联系逐渐稳固积淀下来，进而成为一种相对于人的属性。事物对于它自身而言，它只是物质与能量的结构体，它唯有在特定的时空结构和社会关系当中，才表现为相对于特定联系者呈现的不同的属性。属性是事物和其他事物发生关系时表现出来的性质，因此有些属性并非是事物本身所固有的，它相对于人类的社会实践活动而存在。洛克提出的事物的"第二性质"正是相对于人类的知觉而存在的。事物的第一性质是指事物的实体属性，根据爱因斯坦的相对论观点，事物的长度、大小等实体属性在一定时空条件下也会发生变化，但这些属性是事物相对人类实践所表现出来的相对稳定的性质。事物的第二性质是相对于人的感知而存在的性质，如色彩、声音、味道等，在事物本身，它们只是光波、声波和化学元素，如果没有主体的感知器官，事物就无所谓色彩的红绿、声音的动听、味道的可口等诸种特征。

鲍桑葵、桑特耶纳等人又提出了事物的第三性质，即事物的情感性质。我们看到了红色的火焰或灰暗的天空，随之感到一种愉快的或阴沉的情绪，在我们的感觉当中，这红色的火焰和灰暗的天空似乎也具备了愉快或阴郁沉闷的性质，这些情感是人类赋予外物的。又如音乐本身是以一定节奏和旋律出现的声音，它和人类以一定节奏和强度波动起伏的情感会产生某种感应关系，从而在人类的感知体验中建立了一种暂时联系，这一暂时联系逐渐被肯定下来，音乐的情感属性也会在人类的感知体验中逐渐确定下来。音乐的情感性质正是人类将情感赋予声音的结果。事物的情感属性也会通过人类的集体移情而存在。当某些表象和情感的暂时联系随着社会文化心理的积淀获得稳固的张力，它逐渐地被社会认同，事物的情感性质也就稳固下来。正是人类集体的移情活动赋予了事物情感属性。

事物的审美属性或文化属性，具有和鲍桑葵、桑特耶纳等人提出的事物的第三性质相似的性质。事物的文化属性，也是人类在长期的实践中集体投射或集体移置的一个结果。事物的文化属性，是不同的文化主体，在特定的文化习俗之中，在特定的文化心理的影响和塑造之下，将不同的文化属性赋予外在的事物，经过长期的文化活动，事物的文化属性和人们的文化观念在心理意识中建立起暂时联系，这一暂时联系被逐渐稳定积淀下来，最后文化属性被赋予到事物之上，成为事物各方面属性的一个方面。审美价值属性，既是人类主体在长期的与自然的关系中建立起来的一种适应性自然关系属性，也可以被视为是人类赋予事物的文化属性的一种。

属性是在关系中表现出来的性质，事物相对于人类的知觉而言的属性也只有人类的知觉和它发生关系才具有意义。例如事物因为人类的联觉现象而表现出来与原来固有联系的感官无关的性质，如暖和的颜色、尖锐的声音等，都是事物在与人的关系中表现出来的属性。事物的审美属性，则相对于人类的审美关系和审美活动才具有意义。离开了人类主体，事物的审美属性便不再是"美"，它还归为物本身。美一方面是事物自身的属性，另一方面，它是人类主体赋予自然的。"自然"和"自然美"是两个不同的概念。对于自然本身来说，它只是世界万物的自生自灭自我发展，唯有相对于人、相对于人的审美感官，"自然"才上升成为"自然美"。在人类长期的环境适应和社会实践过程当中，自然的美的属性逐渐地与人的审美活动建立起了一种暂时联系，随着时间的推移和人类实践活动的逐渐强化，"自然"逐渐"人化"为"自然美"，并且随着人类审美实践与"自然美"的暂时联系的逐步强化，"美"逐渐地"凝化""积淀"而成为事物的一种属性。应该说，离开了人类主体，"美"便不再具有意义，是人类长期的审美活动和审美实践，赋予了大千世界以美的属性。在这个意义上，人是美的尺度，人为万物之美立法[1]。

3. 美是客观性与主观性的结合

价值论美学认为，美的产生依赖于客体、主体以及主客体的审美活动，因此，美并非仅仅是客观的，美建立在客体的真的基础之上，但美并非是简单的客体的真，它是客体呈现于主体的一种属性，因此它是客观性与主观性的结合。

很多学者曾经指出过美是主客观的结合的观点。现象学美学和价值论美学的重要奠基人莫里茨·盖格尔曾明确提出：对于审美价值，"我们必须承认客观

① Ye Shu, *The Song of Green Island*［M］. Nanjing：Nanjing University Library，2013：169.

性，并且与此同时，必须通过艺术的主观性来理解它。"① 蔡元培就曾经指出，美"在客观方面，必须具有可以引起美感的条件；在主观方面，又必须具有感受美的对象的能力"，"与求真的偏于客观，求善的偏于主观，不能一样"②。蔡元培主张，审美价值属性是事物客观方面和人的主观方面的结合。晚年朱光潜也表达了美是主客观的结合的观点。在发表于《人民日报》1956年12月25日之上的《美学怎样才能既是唯物的又是辩证的》一文中，朱光潜曾用"物甲"和"物乙"来说明美的主客观统一性——

"物甲是自然物，物乙是自然物的客观条件加上人的主观条件的影响而产生的，所以已不纯是自然物，而是夹杂着人的主观成分的物，换句话说，已是社会的物了。美感的对象不是自然物而是作为物的形象的社会的物。美学所研究的也只是这个社会的物如何产生，具有什么性质和价值，发生什么作用；至于自然物……则是科学的对象。"③

在朱光潜看来，"物甲"是物本身，是一种自然物，是纯粹客观的，它具有某些条件可以产生美的形象（物乙），而"物乙"是"物的形象"，"是主观与客观的统一"④，"物的形象"才是审美的对象。美感的对象不是作为自然物的"物甲"，而是作为社会的物的"物乙"，它不单靠物甲的客观条件，还须加上人的主观条件，它是"自然物的客观条件加上人的主观条件的影响而产生的"，是客观与主观的结合。

1957年，朱光潜发表《论美是客观与主观的统一》一文，他再次重申了美是主客观的结合的观点。他认为，事物本身只是美的条件，还不能成为美学意义上的美，物本身的模样是自然形态的东西，物的形象是美的形态，是意识形态反映，物本身的形态是不依存于人的意识的，而物的形象既依存于物本身，又依存于人的主观意识。因此他明确表示："美是客观方面某些事物、性质和形

---

① 莫里茨·盖格尔. 艺术的意味［M］. 北京：华夏出版社，1999：218.
② 蔡元培. 蔡元培全集：第4卷［C］. 北京：中华书局. 1988年：105.
③ 朱光潜. 美学怎样才能既是唯物的又是辩证的［A］//朱光潜美学文集：第三卷. 上海：上海文艺出版社，1983：34－35.
④ 朱光潜. 美学怎样才能既是唯物的又是辩证的［A］//美学批判论文集. 北京：作家出版社，1958：52－53.

状适合主观方面意识形态，可以交融在一起而成为一个完整形象的那种特质。"① 晚年朱光潜借用马克思《1844 年经济学——哲学手稿》中的思想表示，没有音乐感的耳朵，再美的音乐都毫无意义，没有感知美的眼睛，就不能欣赏美。他说，"假如话到此为止，我至今对于美仍是这样想，仍是认为要解决美的问题，必须达到主观与客观的统一。"②

朱光潜"物甲"与"物乙"的区分，过分强调了"物甲"与"物乙"的区别，容易让人感觉是两个不同的事物，"物的形象"虽基于主观认知，但它和物本身的差别有被夸大的嫌疑。黄药眠认为这种表述不妥，主张用"物甲（一）"和"物甲（二）"来取代。黄药眠在《美是美学评价：不得不说的话》的讲演中说："物甲→物乙说。朱的这种说法不妥。应该这样理解：作者描写甲，结果比甲更多些，也少一些，带有作者的感情和希望，描写必带有主观色彩。我认为应改成：物甲（一）→物甲（二）。"③ 叶朗认识到"物乙"和"物的形象"的表述不够准确，认为用"意象"一词更能体现美的主客观结合的特点。叶朗的"美在意象说"，对朱光潜的"物甲"和"物乙"的区分予以了积极的评价："朱光潜……他区分了"物甲"和"物乙"的概念，梅花是"物甲"，"物甲"不是美，只是美的条件；而梅花反映到我的意识里，和我的情趣相结合成了物的形象，这叫"物乙"，"物乙"才是美，所以美是主客观的统一"。叶朗认为作为主客观的结合的"物乙"就是"意象"④。叶朗认为，"意象"范畴是外在的"象"和主观的"意"的结合，很好地体现了美的主客观结合的特点，他认为，"物乙"或"物的形象"，用"意象"来表示更好。因此，叶朗表示，"（朱光潜的观点），如果更准确一点，这个观点应该概括成为'美在意象'的观点"⑤。叶朗的"美在意象"的观点，认为美既非纯客观的外在事物之属性，亦非人类主观的自我幻觉，而是一种客观与主观的结合——"美于天地之外，别构一种灵奇。"叶郎的"美在意象说"是对朱光潜思想的引申和发挥，也体现了美是主客观的结合的思想。

---

① 朱光潜. 论美是客观与主观的统一［A］//朱光潜美学文集：第三卷. 上海：上海文艺出版社，1983：71－72.
② 朱光潜. 朱光潜美学文集：第三卷［C］. 上海：上海文艺出版社，1983：19.
③ 黄药眠. 美是美学评价：不得不说的话［J］. 文艺研究，2007（10）：30.
④ 叶朗. 美在意象［M］. 北京：北京大学出版社，2010：39.
⑤ 叶朗. 美在意象［M］. 北京：北京大学出版社，2010：39.

在苏联，在二十世纪五六十年代的大讨论之后，除了部分学者主张美是客观的自然的属性，大部分学者主张美是主客观的统一。苏联美学家阿·布罗夫认为，美是客观与主观的统一，他说：美之所以是主观的，是因为它不能存在于人的感觉之外，不能脱离人的审美理想；美之所以又是客观的，是因为它的基础存在于人的生活所固有的客观规律性中。美以客观的特性为基础，但这种特性没有主体便不能实现为美①。M. C. 卡冈在坚持主客体统一论的基础上，他主张审美价值是一种主客观的结合："审美是从自然和人、物质和精神、客体和主体的相互作用中产生出来的效果，我们既不能把它归结为物质世界的纯客观性质，又不能归结为纯人的感觉。"② B. П. 图加林诺夫亦主张，"美，这是主客观的统一。"③

价值论美学对于审美价值的理解，既不是客观主义（objectivism），也不是主观主义（subjectivism），而是一种客观与主观相结合的主客观结合论。现代科学发现，人类发现并经验到的时空结构，它并非是牛顿意义上的绝对时间和绝对空间，而是在宇宙时间和宇宙空间的基础上，在人与事物的运动关系中获得的，是一种主观相对时空。它在人类主体与外在事物的相对关系和相对运动中获得，既基于客观的宇宙时空，同时又具有人类的主观性，是一种相对时间和相对空间。同样，价值论美学认为，美，或者审美价值，它既不是纯粹客观的，也不是纯粹主观的，而是主观与客观的结合，是人类在与外在事物的审美关系、审美活动、审美实践过程中产生的。

美的产生依赖于客体、主体以及主客体的审美活动，美的产生是主观和客观的结合，它体现了"真善美"的统一。一方面，美建立在客体的真的基础之上，客观事物的真是前提性的，它是事物成为美的前提条件。另一方面，美并非是简单的客体的真，而是客体呈现于主体的一种属性，它与主体的关系和主体的活动有关。因此，美并非仅仅是客观的，它是在主客体的相互关系中客体呈现于主体的一种属性，是客观性与主观性的结合。美的属性是客体属性和主体赋予结合的结果，它是对外在事物的反映与人类主体的感应、评价、赋予的

---

① 阿·布罗夫. 美学：问题和争论 [M]. 凌继尧，译. 上海：上海译文出版社，1987：35－36.

② 列·斯托洛维奇. 审美价值的本质 [M]. 北京：中国社会科学出版社，1984：23.

③ 列·斯托洛维奇. 审美价值的本质 [M]. 北京：中国社会科学出版社，1984：24.

结合。

美是客观与主观的结合，体现了美是自然属性与文化属性相统一的特点。美的自然属性与文化属性相统一的观点，曾一度被表述为"美是自然属性和社会属性的统一"。"社会性"一词，本意指人在个体、家庭之外的群居特性和社会交往性质。在马克思主义的语境中，由于马克思将人定义为"社会的动物"，"社会性"被赋予了"属人"的含义，"社会性"被用来指称"人类社会性"，马克思主义理论用以表达"属人"的特性。二十世纪五六十年代，苏联曾发生过一场和中国相类似的美学大讨论，讨论的焦点在于美是自然属性还是社会属性。在这场讨论中，很多学者曾表达过美是自然属性和社会属性相结合的观点。例如，万斯洛夫就主张，美是自然属性在实践过程中被"人化了的"现象，是自然属性和社会属性的结合，美按其自身的存在来说是自然的，但按其本质来说又是社会的。与万斯洛夫的观点相类似，中国国内学者李泽厚提出："美是客观性和社会性的统一"①。朱光潜在坚持美是主客观的结合的基础上，就表述过美是"自然性"和"社会性"的统一的观点，他说——

"梅花这个自然物是客观存在的，通过感觉，人对梅花的模样得到一种感觉印象（还不是形象），这种感觉印象在人的主观中引起了美感活动或艺术加工，在这加工的过程中，人的意识形态起了作用。感觉印象的意识形态化就成为"物的形象"（不但反映自然物，而且也反映人的社会生活中的梅花形象）。这个形象就是艺术的形象，也就是"美"这个形容词所形容的对象。依我这个看法，美既有客观性，也有主观性；既有自然性，也有社会性；不过这里客观性与主观性是统一的，自然性与社会性也是统一的。②

朱光潜的美是自然性和社会性的结合的观点，是在李泽厚提出美是客观性和社会性的统一之后的一种修正，朱光潜的表述更加准确，也更加接近苏联美学家的观点。无论是苏联的"美是自然属性和社会属性相结合"的观点，还是李泽厚的"美是客观性和社会性相统一"的观点，两者共同表达了美是自然属性和文化属性相结合的看法：一方面，美是事物的一种自然属性，另一方面，

---

① 李泽厚. 美的客观性和社会性——评朱光潜、蔡仪的美学观［A］//美学问题讨论集：第二集. 北京：作家出版社，1957：40.

② 朱光潜美学文集：第三卷［C］. 上海：上海文艺出版社，1983：46.

事物的自然属性是构成美的必要条件，但条件本身并不是美，它只有相对于人类社会才能成为美的条件，美是人类文化赋予的一种结果，审美属性是自然属性与文化属性的结合。

二、美是绝对性与相对性的统一

世间万物，小到夸克，大到整个宇宙，都是物质和能量的结构体，他们共存于浩瀚的宇宙这样一个纷繁变化的系统之中。事物的属性是在特定系统的联系结构体当中，事物相对于另一联系对象所呈现的性质、状态和情状。属性的实质是事物在特定系统的结构关系体之中通过相互作用或功能与效用呈现出来的性征。属性的呈现方式是结构关系体之关联双方彼此之间动态的相互作用与功能实现。一个事物存在的方式是事物各方面属性的集合。在具体的主客体活动中相对于不同的主客体关系事物呈现出不同的属性。审美价值是事物各方面属性的一种，在特定的主客体审美关系中呈现。美，它是事物相对于人类主体所具有并呈现的审美价值属性，它是绝对性与相对性的统一。

价值论美学主张主客体关系的统一论，它实际上是一种绝对性与相对性相统一的美学观，主张美是绝对性与相对性的结合。一方面，马克思主义的唯物论、科学实在论、社会学方法论的实证原则构成了价值论美学的实在论基础；另一方面，马克思的对象化理论、物理学上的多普勒效应、马赫的时空观、爱因斯坦的相对论、科学中的测量问题、以及信息的测度值理论①，构成了价值论美学的相对论基础。这些理论指出，信息在本质上是一种测度值，它是本征值呈现为测度值的结果，测度值围绕本征值呈正态分布，是物质的绝对性和主观呈现的相对性的结合。

---

① 信息并非是物质的本征值，而是人类获得的测度值。信息是事物的本征值向测度值转化的结果。本征值向测度值的转化具有一定的概率性和不确定性。测度值以本征值为基础和前提，测度值以无限逼近本征值为目标，但永远无法实现与本征值的等同。人类永远无法实现对本征值的精准测量。观测行为可以是一个随机性事件，但一个智能有机体对事物的观测与测量，其测度熵永远小于零或测度负熵永远大于零。测度值以本征值为中心呈正态分布，对于特定对象的测度值不具有遍历性，具有基于对象和测度本身的确定性。对本征值的测量只是一个统计学的结果。

1. 美的绝对性

美的绝对性，又被称为美的确定性。绝对性是指事物的无条件性，不以其他事物或其他因素而转移的特性。一般，我们现有的解释体系是一元论的，它设定了若干被认为是绝对的命题和原则作为理论的出发点。比如，世界是物质的；世界是普遍联系的；物质是运动的；运动是有规律的；能量的转换是守恒的……，等等，这一些原则被认定为是绝对的①。尽管如此，很多学者主张用确定性来取代绝对性范畴，因为除了宇宙之外，整个世界的万事万物处于一个开放的系统之中，除了以整个宇宙为描述对象的命题，都受到环境的制约而表现出一定的有条件性，因此，很多时候人们更乐于用在一定条件下的确定性来取代无条件的绝对性。

美的绝对性，是指美之审美价值属性，它作为事物自身的一种性质，或者在具体实在的主客体审美关系当中，美是绝对的，不以人的意志为转移的。价值论美学从马克思主义的唯物论、科学实在论、社会学方法论"把社会事实当作物来研究"的实证原则出发，设定了世界的物质性、质能的守恒性、世界的规律性等几大被认为是绝对的命题。从这几个基础性原理出发，价值论美学形成了关于美与审美价值的一系列理论主张。

美的绝对性或确定性，可以从以下几个方面来理解：

（1）美的事物的绝对性。

美的事物的绝对性，是由世界的物质性、物质和能量的守恒性、相互作用的规律性等方面衍生出来的一个命题。它认为，美，作为事物的审美价值属性，它是事物自身的一种性质，从事物自身而言，它是绝对的。审美的价值属性首先是事物自身各方面要素的有机统一等方面的特征，它是物质自身的客观实在和绝对属性，不以人的意志为转移。优美的自然风景、壮丽的人文景观、瑰丽

---

① 尽管如此，人类的客观主义和绝对主义的基础一再受到挑战。例如，一般以为，物质的质量是物体所含物质的量，目前主要依据引力的大小来加以度量，实际物体中所含物质的质量并不能简单等之于引力之引量，亦不同于物体惯性的大小。引力、强核力、弱核力、电磁力是几种完全不同性质的力，实对应完全不同物体之"质"。"质"与"能"（"力"）之间有着超乎想象的转换——电光火石，斗转星移，质转为能，能转为质，引力实为能之一种，引量即为引力之能量的标度，质量与引量不同，不可等而言之，或有质量与引量之转换变化，我们现有的客观主义、绝对主义的基础"质量观"，面临着现代科学发现的各种挑战。

的艺术作品……这些，首先是事物自身的性质，它是由事物自身的物质性、运动性、规律性等方面的特征决定的，作为事物自身的性质，它是绝对的。

（2）人类主体的绝对性。

审美活动中人类主体的绝对性，是指作为人类审美关系或审美活动当中主体的一方，人的在场和存在真实不虚。人类主体的在场不是虚幻的自我，而是实在的主体，即使是人类被认为是主观的审美心理活动，它也带有神经生物电反应的物理实在性。因此，美的绝对性的另一方面是由审美主客体活动当中人的在场的绝对性决定的。笛卡尔在《谈正确运用自己的理性在各门科学中寻求真理的方法》一书中，曾提出"我思，故我在"（Je pense，donc je suis）① 这一命题。"我思，故我在。"笛卡尔的这句话揭示出，在人和外物的认知或审美活动当中，外在的事物的真实性无法确知，事物的本体无法确知，但是，正在思考着的我，则是可以确定的，是真实不虚的，因此，人类思考着的自我，证实了人类自我的存在。海德格尔曾经以"此在"来描述人在世界中的"亲在"性。"此在"（Dasein）是海德格尔在他的《存在与时间》中提出的概念。它由两部分组成：da（此时此地）和 sein（存在、是）。海德格尔认为："此在是在世中展开其生存的"，世界万物通过人类"此在"得以彰显澄明。他认为，"此在"以一种"在世"（Das In－der－Welt－Sein，being－in－the－world）的方式存在于世界之上。存在的基本形式不是以一种主客二分的形式，而是以一种打破了主客二分的"在世"的形式，通过"在世上展开"的方式和状态体会存在本身，世界则通过"此在"得以澄明。如果说，世界的"彼在"是有待澄明的话，而人类世界的"此在"和"在世"则被认为是真实的人类存在状态，是人类"临在"和"亲在"的证明。

（3）主客体关系的绝对性

美的绝对性，是由审美活动中确定的主客体关系决定的。在人类的审美活动当中，人的审美关系是具体的主客体关系，美相对于确定的审美活动来说，是绝对的。美是主客体关系的统一，审美价值是人类在长期的主客体审美活动当中确立起来的事物的属性之一，在确定的审美关系、审美活动、审美实践当

---

① Rene Descartes writes "Je pense，donc je suis" in *Discours de la méthode pour bien conduire sa raison，et chercher la vérité dans les sciences*（1637）and uses the Latin "Cogito ergo sum" in the later *Principia philosophiae*（1644）.

中，审美价值属性表现为有条件的绝对性。严格来说，美只是在特定的审美活动关系之中才表现出绝对性，并且这一绝对性必须以该次审美活动为前提。

爱因斯坦（1879.3.14—1955.4.18）曾经与人讨论过"绝对的现在"（Absolute Now）的问题。爱因斯坦的相对论时空观，其中有一个很重要的问题，便是在不同惯性参考系中"同时性"的测量问题。由于在不同惯性参考系中"同时性"测量的实际上不可得，导致人类测量或感知到的时空结构因人而异，它并非是宇宙自身实有的时空结构。我们人类已知的时空结构实际上基于人类的测量手段或感知方式，它并不是宇宙本有的时空结构而是人类"捕捉"到的时空结构。同样，由于类似的测量问题，"绝对的现在"实际上无法精确测量得到，常规经验或科学意义上的"绝对的现在"实际上是基于主观经验的。尽管如此，我们认为，对于宇宙自身以及实际临在的人类主体而言，存在着一种绵延着、人类实际经历着的"绝对的现在"，它不以人的意志为转移，是绝对的，尽管我们无法对它实现精确测量。审美活动中的具体的主客体关系，也像"绝对的现在"那样，对于实在地发生着的审美活动来说，它是绝对的，不以人的意志为转移的。

2. 美的相对性

另一方面，价值论美学又认为美是相对的，审美价值具有相对性。价值论美学关注的重点领域是人文价值，但是，它的理论是以现代科学为基本的前提。物理学上的多普勒效应、马赫的时空观、爱因斯坦的相对论、微观粒子的测量问题，这些科学理论成为价值论美学的相对论美学观的理论基础。1842 年，奥地利物理学家克里斯汀·约翰·多普勒（Christian Johann Doppler）观察到有趣的现象：当火车由远而近时汽笛声变响，音调变尖，当火车由近而远时汽笛声变弱，音调变低。由此他发现了多普勒效应。多普勒效应（Doppler effect）是指，当声音、光和无线电波等波源和观测者相对运动时，观测者收到的振动频率会因运动的压缩和拉伸作用而发生变化：当波源向着观测者运动波长被压缩，波长变得较短，频率变高发生蓝移（blue shift）现象；当波源背向观测者远离时波长被拉伸，波长变得较短，频率变低发生红移（red shift）现象。多普勒效应揭示出，人类观测或捕捉到的事物的信息，会相对于观测者以及与观测者的动态关系而发生变化。恩斯特·马赫（Ernst Mach，1838—1916）则指出，人类经验或观察到的时空实际都只是相对时空，而不是牛顿意义上的宇宙的绝对时空。恩斯特·马赫较早地批判了牛顿的绝对时空观，认为一切运动都是相对的，人类经验到的时间和空间属性是"感觉调整了的体系"，是相对于人的主观时空。

恩斯特·马赫的时空的相对性的观点为爱因斯坦创立相对论提供了基础。爱因斯坦的狭义相对论提出，不同的惯性参考系有不同的时空标准，在同一个惯性系中，存在统一的时间，称为同时性。在不同的惯性系中，却没有统一的同时性。非惯性系中，时空是不均匀的，也就是说，在同一非惯性系中，没有统一的时间，因此不能建立统一的同时性。人类对长度的测量就是在一惯性系中"同时"得到的两个端点的坐标值的差。由于不同惯性系"同时"的相对性，不同惯性系中测量的长度也不同。这样，基于不同惯性参考系测量得到的时间和空间的属性，并不是牛顿意义上的绝对时间和绝对空间，它会发生类似于尺缩钟慢的效应，是一种相对的时间和空间。量子力学的微观粒子测量问题揭示出，微观粒子的量子状态是不确定的所有本征态的叠加，当人对它进行测量时，人的"主观介入"引起被测量子系统不可逆的改变，微观粒子的量子状态按一定概率坍缩到某一个本征态上。这些现象表明，人类主体和外部事物进行的主客体活动，人类观测到的事物的属性会随着事物相对于人的情况而发生变化，具有相对性。

美的属性在具体的审美活动中呈现，美的属性也同样具有相对性。首先，这种相对性表现于美的生成的主体关联性。美的生成具有主体关联性和主体依赖性，离开了人，美只不过是物质和能量的结构体，只有相对于人的审美感官，审美价值属性才具有意义。在价值论美学的视野中，属性是事物相对于不同的主体呈现出来的特征，当关系改变，属性即可能发生改变——声音是波的振动，色彩是特定波长的光波，特定形式的声音和色彩相对于人类的审美感官则呈现为一定形式的美。马克思曾经说过，"对于没有音乐感的耳朵来说，最美的音乐也毫无意义。"① 因此，离开了具有音乐感的耳朵，音乐便不再具有意义，离开了发现美的眼睛，美便不再是美，而只不过是物体自身。

（1）首先，美的属性只有相对于人类的审美感官才具有意义。应该说，有一些动物也具有一定的高级智能，例如蜜蜂、蚂蚁、海狸、黑猩猩等能够表现

---

① 马克思. 1844 年经济学哲学手稿［A］//马恩全集：第 42 卷. 北京：人民出版社，1986：126.

出相当高的智力水平，但是，总体上，动物不具备能够与人相近的审美能力。尽管蜜蜂会筑巢，但是，蜜蜂筑巢主要不是出于审美的需要，而是出于结构功能的需要。生物学家也发现，孔雀面对鲜艳的颜色会开屏，但研究发现这主要是受到了颜色刺激。另有一些动物的行为，也被生物学家发现具有一定的审美的成分，但是，总体上，动物的行为一般是出于纯粹的生物本能，而不是人类所具有的独特的审美能力。在中国古代的成语和习语中，有的也反映出了人和动物在审美能力上的差别。成语"对牛弹琴"就是揭示动物不具备审美的能力，而"闭月羞花""沉鱼落雁"等成语体现的并不是动物具有像人一样的审美能力，而是一种夸张的艺术手法。

正因为如此，美的属性只有相对于人才具有意义，审美价值只有相对于人的审美感官才有实现的可能。柳宗元在《马退山茅亭记》中指出，"美不自美，因人而彰"，事物的审美属性对于它自身而言无所谓美与不美，只有相对于人，美的价值才得以彰显。柳宗元表示，"兰亭也，不遭右军，则清湍修竹，芜没于空山矣。"① 元代王恽在《游东山记》则说："赤壁，断岸也，苏子再赋而秀发江山。岘首，癏岭也，羊公一登而名重宇宙。"② 这些文章从不同的角度表达了人的出现与在场对于美的生成的价值和意义。

宋代心学的代表人物王阳明则以事物与心的关系来探究事物的本质与意义。虽然王阳明的一些表述在表面上具有一定的主观唯心论色彩，但其论述带有中国式表达的譬喻、夸张、不着文字、直指人心的特点，语言的表层结构实际包括一个关于价值与意义的深层结构。《传习录》曾经有这样的记载：

先生游南镇。一友指岩中花树问曰："天下无心外物。如此花树在深山中自开自落，于我心亦何关？"

先生曰："你未看此花时，此花与汝心同归于寂。你来看此花时，则此花颜色一时明白起来。便知此花不在你的心外。"③

王阳明的"心外无物"的观点，虽然有着主观唯心论的色彩，另一方面，他从另一个侧面揭示出，物的自在是与我无涉的存在，它与认知无涉，与价值

---

① 柳宗元. 柳中丞作马退山茅亭记.
② 王恽. 游东山记［A］//秋涧集. 台北：台湾商务印书馆，1986.
③ 王守仁. 传习录［M］//王文成公全书：卷三. 北京：中华书局，2015.

无涉，与意义无涉，因而无关乎美的意义。事物只有与人相遇，它的价值与意义才得以彰显。"你来看此花时，则此花颜色一时明白起来。"美的事物只有与人相遇，美的价值与意义才得以呈现。同样，对于艺术，艺术本身是一个空洞的躯壳，它相对于人的观赏活动呈现出不同的意义。例如一部小说，在未经读者阅读之前，它只不过是一堆印着的铅字、一叠经过装帧的纸张，只有人的阅读，才能使它变成活生生的有意义的作品。从价值论美学的角度来看，一部作品充满着大量的空白和未定点，只有读者的欣赏才能把它具体化为一个有意义的作品。

应该说，只有相对于人，世界的价值与意义才得以彰显，美的事物，只有相对于人才成其为审美价值。没有了人，自然只是自生自灭自我发展，只有相对于人，自然才上升成为"自然美"。因此，对于美的生成来说，"人是美的尺度，人为万物之美立法。"① 英国学者萨缪尔·亚历山大指出，"离开了人，事物中就没有善或美。"② 德意志博物馆的墙上写着这样一句话："没有人，艺术便是黑夜！"这些表达传达了一个共同的理念：美的事物，或者人类艺术，只有相对于人，其审美价值和艺术价值才具有意义。

（2）对于不同的人类主体

其次，美的相对性表现在，相对于不同的人类主体，美显现的价值与意义也不同。同样的事物，例如，一朵花，对于物理学家来说，它是物质和能量的结构体；对于化学家来说，它是碳水化合物；对于一个有着审美情趣的人来说，它才表现为美的事物。

门罗曾用"营养说"来类比美之为美的主客体联系性质及其相对性质。在《走向科学的美学》一书中，门罗指出："食品所固有的任何性质并不等于营养，营养存在于食品的这类性质和某些肌体生长的需要之间的关系之中。同理，离开了有意识的机体的审美需要，可知觉的客体的任何特征和类型就都不会被感觉为是美的。"食品只有相对特定的主体才成为营养，相对于有需要的人，它表现为有益的营养，对于没有需要的人来说，它可能会成为一种毒药。"营养说"类比告诉我们，审美价值既是事物本身的性质，同时也只有相对于特定主体的

---

① Weilin Fang. "Being Open to Nature：the Aesthetic Dimension of Anoixism", *Proceedings of World Congress of Aesthetics*, 2013：95 - 96.

② 萨缪尔·亚历山大. 艺术、价值与自然［M］. 北京：华夏出版社，2000：66.

审美需要才具有意义。美只有相对于特定主体的审美需要才能成其为审美价值，相对于不同的人类主体，它表现出来的价值与意义也不一样。

同样，不同的人，他的生活背景、认知特点、审美修养、艺术趣味、个人偏好都各不相同，因此，同样的事物，对于不同的人，美丑与否，或者美的程度也不一样。应该说，不同的人，他的生活背景不一样，由生活背景决定的个人价值观和自我实现目标不尽相同，这样，在审美观念和审美判断上，便会有很大的不同。马克思曾举过这样的例子："贩卖矿物的商人只看到矿物的商业价值，而看不到矿物的美的特征。"贩卖矿物的商人，由于他的生活背景、人生目标、职业习惯、以及相应的价值观有他自身的特点，以至于他可能看不到矿物的美的特征，而只看到矿物的商业价值。

同样，每一个个人的审美趣味、个人偏好不一样，对不同事物的美的欣赏也不一样。《论语·雍也》中曾记载孔子的话："子曰：知者乐水，仁者乐山。"虽然"知者乐水，仁者乐山"这句话未必诚如其斯，但这句话表明，不同的人，它的审美情趣是不一样的。正是对审美趣味的多样性的认知，休谟有"趣味无可争辩"的说法。

此外，不同的人，其人生阅历、个人价值观、审美情趣各不相同，每个人的个人偏好也不相同。所谓"甲之蜜糖，乙之砒霜"，讲的就是同样一件事物，对于甲来说是甜蜜的蜜糖，对于乙来说却成了有毒的砒霜，之所以出现这种情况，主要是不同主体的需要不同，基于主体需要的个人偏好也不相同。《庄子》中曾记载了这样一个故事：

阳子之宋，宿于逆旅。逆旅人有妾二人，其一人美，其一人恶，恶者贵而美者贱。阳子问其故，逆旅小子对曰："其美者自美，吾不知其美也；其恶者自恶，吾不知其恶也。"阳子曰："弟子记之！行贤而去自贤之行，安往而不爱哉！"（《庄子·山木》）

庄子早在两千年前就指出，美相对于人才具有意义："毛嫱、丽姬，人之所美也，鱼见之深入，鸟见之高飞。"毛嫱和骊姬是出了名的美人，可鸟和鱼见了却躲得远远的。美的事物，相对于不同的主体有着不同的意义。同样，在《庄子·山木》中，逆旅小子表示，"其美者自美，吾不知其美也"，"其恶者自恶，吾不知其恶也"，可见，美是相对的，不同的人对于审美价值，有着个人的审美偏好。俗语所谓"这不是我的菜"，讲的正是每个人口味好恶的不同。审美趣味也与之类似，同样是美的事物，对甲来说是美的，对乙来说则不一定是美的，这正是美的相对性的一种体现。

（3）相对于不同的主客关系。

美的相对性还体现在具体的审美活动中美随主客关系的变化而变化。价值论主张，事物是各方面属性的集合，审美价值是事物各方面属性的一种，在具体的主客体关系中呈现。从主客体统一论的哲学立场出发，价值论对事物的各方面属性进行区分，从主客体关系的运动变化入手来建立起相对论的属性观。价值论美学认为，一个事物存在的方式是事物各方面属性的集合，在具体的主客体活动中相对于不同的主客体关系呈现出不同的属性。洛克对事物的"第一属性"和"第二属性"等不同属性的区分，可以很好地展示这一相对论的属性观——事物之属性在具体的主客体关系中呈现。对事物的不同方面属性的区分揭示出，事物是各方面属性的统一体，事物各方面属性相对于特定的主客体关系才具有意义。价值论美学主张审美价值属性相对于特定的审美主客体关系得以呈现。在价值论的视野中，属性是事物相对于不同的主体呈现出来的特征，当关系改变，属性即可能发生改变：声音是波的振动，色彩是特定波长的光波，相对于人类的审美感官则呈现为一定形式的美。

事物的属性在特定的主客关系结构中才呈现为意义。例如，事物处在不同的时空关系当中，基于该时空关系的事物的属性，对于在该时空关系之外的主体不具有意义。所谓"夏虫不可语于冰"，即是指对于从来没有见识或经验过"冰"的"夏虫"来说，它是无法理解的，也是不明白其意义的。认知和审美属性的价值与意义，需要基于共同的时空结构和主客体关系。

属性是事物在特定的时空和运动关系中，相对于其他事物呈现出来的性质或情状。价值论美学认为，事物相对于特定主体而具有的属性，离不开主体的观测和感知，在不同的主客体关系状态中，或者主客体关系发生变化，事物的属性也会呈现出不同的面目甚至发生变化。正如爱因斯坦相对论所揭示的，在不同的惯性系中，时间和空间观测的结果都会发生变化甚至相互转化——在某个参考系中在同一时间、但在不同地点发生的两个事件，在另一个参考系看来，有可能会变成被一定时间间隔分离开来的两个事件。在某个参考系中同一地点但在不同时间发生的两个事件，在另一个参考系看来，会变成被一定空间间隔分离开的两个事件。我们可以做这样的思想实验：某观测者在夜空中看到位于不同星际的两颗流星同时坠落，这两颗流星未必真正同时坠落，但是两颗流星距离观测者的距离不同，而使观测者观测到的流星坠落同时发生，空间距离上的不同使不同时间发生的事件在观测者看来成了同时发生的事件。在这一观测事件中，空间转化为了时间。在实际的观测结果中，时间可以转化空间，空间可以转化为空间，事物的属性在特定的时空和运动关系中呈现出不同。事物是属性的总和，并且在特定的主客体关系中不断地呈现着，相对于不同的主体和主客体关系的"这一次"，事物表现出不同的价值属性。

事物的审美的属性，需要基于特定的时空结构和主客体关系，因此，美的价值和意义的呈现，相对于每一次具体的审美活动而不同。所谓"太阳每天都是新的"，应该说，万事万物处于发展变化当中，今天的太阳与昨天的太阳必然地表现出不同。同理，主体与客体的遭遇，每一次见到的事物的美也各有不同。美的本质是相遇瞬间的绽放，每一次绽放各各不同。王羲之《兰亭》诗云："群籁虽参差，适我无非新。"大自然中的万籁之音，在诗人的感官当中，每一次都是新的。外在事物自身的属性，在每一次主客体活动中，呈现出来的性质、情状、价值与意义，都是具体而不同的。

应该说，人类主体的每一次具体的审美活动，人的心理状态、审美态度都各不相同，从而导致每一次审美体验都各不相同，事物的审美价值属性也呈现得各不相同。同样的事物，高兴时，可能诸天与我同乐；悲伤时，则大地与我同悲，因此，人的心理状态不同，审美价值的呈现的价值与意义也不相同。同样，当一个人以不同的态度来面对同一个事物，也会得出不同的结果。例如，同样地面对花朵，以实用的态度来看待，会认为花可以入药；以经济的态度来看待，会认为花可以卖钱；以审美的态度来看待，才会觉得花是一件美的事物，唯有此时，美的价值和意义才得以彰显。

3. 美是绝对性与相对性的统一

价值论美学的出发点是"回到实事"，这一"实事"便是主体和客体的审美活动。价值论美学主张，一方面美的属性离不开事物自身的特征，认为美具有基于事物自身和具体的主客体关系的绝对性；另一方面，美的价值相对于人类主体而呈现，它相对于人类主体表现出基于特定主客体关系的相对性。价值论美学认为，美学研究的出发点是人类主体与外在事物的主客体活动，美是绝对性和相对性的统一。

马克思曾论述过"人的本质力量的对象化"的问题，可以让我们更好地理解审美活动过程中的主客体关系。马克思说："动物和自己的生命活动是直接同一的。动物不把自己同自己的生命活动区别开来。它就是自己的生命活动。人则使自己的生命活动本身变成自己意志的和意识的对象。"① 马克思认为人与动物相区别的本质特征之一，便是人能够通过有意识的生命活动来实现"本质力量的对象化"。马克思说："只是由于人的本质的客观地展开的丰富性，主体的、人的感性的丰富性，如有音乐感的耳朵，能感受形式美的眼睛，总之，那些能成为人的享受的感觉，即确证自己是人的本质力量的感觉，才一部分发展起来，一部分产生出来。……因此，一方面为了使人的感觉成为人的，另一方面为了创造同人的本质和自然界的本质的全部丰富性相适应的人的感觉，无论从理论方面还是从实践方面来说，人的本质的对象化都是必要的。"② 从马克思对"本质力量的对象化"和"实践"的论述来看，马克思是十分重视主客体活动的。

　　人类主体和外在事物的主客体活动是美学研究的出发点。主客体活动一方面存在于开放性系统的主客联系之中，另一方面，审美的价值属性在主客体之间的相互关系中得以呈现。事物是特定系统和环境要素中的物质和能量结构体，它是各方面属性的集合，这一属性包括一般物理属性、价值属性和审美价值属性等多个方面。事物的一般属性和事物的审美价值属性是相区别的，审美价值属性是事物在特定的审美关系和审美活动中呈现出来的属性。因此，美是事物相对于人类主体呈现出来的审美价值，一方面它是事物的自身性质，另一方面它是这一性质相对于人类主体呈现出来的能够激起人类的美感反应的审美价值形态。

　　审美的主客体关系，被认为是理解美的绝对性与相对性的基础。从微观的角度来看，相对于具体的"这一次"审美，美的属性被认为既是绝对的，又是相对的。一方面，相对于特定的审美主客体活动，在特定的"这一次"审美活动当中，审美价值是确定的，是绝对的。另一方面，"这一次"审美活动，有如爱因斯坦所谓"绝对的现在"（absolute now）一般，也是处于开放的变动不居的状态，每一次呈现都在不断生成的过程之中。价值论美学认为美是主体与客

---

① 马克思. 1844年经济学哲学手稿［A］//马克思恩格斯全集：第42卷，北京：人民出版社，1986：96－97.

② 马克思. 1844年经济学哲学手稿［A］//马克思恩格斯全集：第42卷，北京：人民出版社，1986：125－126.

体相遇瞬间的绽放，每一次绽放各各不同。价值论美学认为，主客体的"这一次"审美活动是绝对性与相对性的统一。

在现代科学的意义上，宇宙的时间和空间的变化，被认为是一种绵延。从时间的角度来看，这是一种时间之流。从理论上来说，这一时间之流被认为是可逆的。就科学描述的方程式的可转换性来说，这一过程被认为是可逆的。但是，自然界的时间之流实际上是投向未来的一支时间之箭，这一过程是不可逆的。当奇点临近，时间对称性自发破缺，时间过程即一往无前一发不可收拾，时间过程就像是一支射出去之后无法回头的箭。时间对称性自发破缺意味着存在着一个熵垒，即存在不允许时间反转不变的态，无限大的熵垒保证了时间方向的单一前行性。时间无法像放电影那样可以倒带子。时间的不可逆转性使得价值和意义得以依托，时间的不可逆性成为宇宙的一种建设性因素。如果时间可以回流，价值与意义不复存在，我们所有价值创造过程将倒流，我们将一夜回到原始社会，甚至回到大爆炸的初始时刻，价值与意义也就失去了存在的位置。时间之流的不反转特性，保证了生命发展与时间前行的一致性。

这样，人类的审美活动实际上是主体与客体在时间之流中的瞬间相遇。美的发生是主体与客体相向瞬间的遭遇。与"人不能两次踏入同一条河里"或"人一次也不能踏入同一条河里"之类的观点不同，价值论美学认为，基于对"河流"的定义的相对确定性，人可以无数次地踏入同一条河流之中，但是，人每一次踏入同一条河流的体验是不同的，河流每一次给予人体验到的性质和情状，如具体的水温、水流、水速等等，是不相同的。另一方面，价值论美学认为，尽管主客体的每一次遭遇各不相同，但是，主客体的"这一次"遭遇是绝对的，是不容否认的。审美的主体与客体相遇于瞬间，相遇于"这一次"审美活动。一方面，"太阳每天都是新的"，事物每一次呈现于主体的美都是具体而不同的；另一方面，主体与客体的每一次相遇都是具体的、实在的，并且也是绝对的。爱因斯坦意义上的"绝对的现在"（Absolute Now）无法被测量，但是却可以被体验。

人类主体与世界客体的相遇，它是特定时间与空间结构中两者的不期而遇。事物的审美属性，一方面，它是事物相对于人的审美感官呈现的审美属性，具有相对性，另一方面，美在特定的审美关系、审美活动中呈现，它在具体的"这一次"审美活动中是绝对的。价值论美学主张美是主客体关系的统一，认为审美价值是人类在长期的主客体审美活动当中确立起来的事物的属性之一，只有在确定的审美关系、审美活动、审美实践当中，审美价值属性才表现为有条件的确定性①。

价值论美学用微观粒子测量的哥本哈根诠释的波函数塌缩（wave function collapse）来类比美的属性的呈现。薛定谔（W. Schrodinger）被戏谑性地用"薛定谔猫"来说明一个粒子的状态不是确定的，其后，马克斯·波恩（Max Born）的哥本哈根诠释（Copenhagen interpretation）用薛定谔方程（Schrödinger equation）的波函数概率性塌缩来解释测度值与本征态的关联。哥本哈根诠释认为，微观粒子的量子态是本征态的叠加，观测之前它可能的状态是无数个，当人去观测它时，有一定的概率（比如 p%）观测到某个状态，一定的概率（1 - p%）观测到另一个状态。一个微观粒子，在观测之前，它以不确定位置的波的形式存在着，在观测的瞬间波函数迅速塌缩为某一本征态。

价值论美学用波函数塌缩来类比人类的审美活动，用微观粒子的"本征态的叠加"来类比美的性质。"美是一种关于美的价值的本征态的叠加。"②"美的生成是一种本征态的塌缩。美的生成是相遇瞬间的绽放，每一次绽放各各不同。美的产生是一种尚未确定的概率，相对于不同主体的观照而呈现不同。""美在成为审美对象之前，它既无所谓美，也无所谓不美，它成为美的属性是一种尚未确定的概率，相对于不同主体的观照而呈现不同。美的产生是一种本征态的塌缩（Collapse）。在人类的审美活动中，主体与客体的相遇使观照对象塌缩到被称作'美'的本征态之上。"③ 尽管如此，人类的审美活动获得的是对于审美对象的信息值或测度值，其信息熵和测度熵永远小于零，也就是说，审美对象在其物理量的本征值上是一个负熵结构体，而人类通过大脑智能和审美感官获得的信息结构体是一个组织化、和谐化的审美意象，在给定的条件下，美的呈现并不是一个绝对的随机事件，客观事物本征值的概率性呈现具有基于观照对象的确定性，其概率分布呈现为一个以客观事物的本征值为轴心的正态分布图形，具有相对的确定性。因此，美的呈现是相对性和绝对性的结合。

莫里茨·盖格尔认为，"只有作为一门价值科学的美学才能够既是相对的，

---

① 这一条件包括有着关系依赖、系统依赖、环境依赖等多个方面。

② Ye Shu. *The Song of Green Island*［M］. Nanjing：Nanjing University Library，2010：166.

③ Weilin Fang，"Being Open to Nature：the Aesthetic Dimension of Anoixism"，*Naturalizing Aesthetics*（ISBN 978 - 83 - 65148 - 23 - 0），2015：127 - 134.

又是绝对的，只有那种为了人们思考评价性观点而引进的研究方法，才能够既是相对的，又是绝对的。"① 实际上，人类的测量问题揭示出，属性的相对性和绝对性，在认识论关系中也存在，但是，价值论为美的绝对性和相对性的统一提供了一个特殊的视角。

在价值哲学的视野中，价值是指事物相对于人类主体的"需—要"（needs – wants structure）或"需求—偏好"结构（needs – preference structure）所呈现出来的属性特征。价值论美学认为美产生于"这一次"的审美价值关系和审美价值行为，价值论美学通过无数具体的"这一次"来归纳综合对审美价值的理解。价值论美学认为审美价值既存在于各类事物相对于人类的审美心理所呈现出来的属性与情状之中，也存在于人类主体面对自然山川、社会人生、精神情感等各类事物的每一次的审美活动之中。审美价值体现的是一种主体与客体之间的特殊的审美关系，这一审美关系是主体与客体相遇并在长期的主客体实践中建立起来的一种适应和快适机制，是作为审美主体的人综合生理与心理、感性与理性、意识与无意识等多方面的心理要素面对自然、社会和艺术时的一种复杂的感应关系。审美价值既是相对于人类主体建立在适应和快适机制基础之上的审美需要所呈现出来的价值属性，也是相对于人类主体长期的审美实践所表现出来的价值属性，它体现了主体与客体之间的适应关系，更体现了人类全部的生命意识、人类意识、性意识、主体意识等全部的意识和观念。

审美价值属性是世界的审美特征与人的审美感官之间的联系逐渐稳定、并被人类的审美活动逐渐确认的结果。一方面，事物的属性相对于不同的主体、不同的主客体关系呈现出不同的状态和特征。事物是这些属性的总和，并且在主客体相遇的过程中不断地呈现着，相对于不同的主体和主客体关系中的具体的"这一次"，事物表现出不同的价值属性。另一方面，事物的审美价值属性，在人类长期的审美活动中逐渐地和人类的审美需要、审美观念确立起了相应的联系，并逐渐地被人类经验肯定下来成为事物价值属性的一个方面。审美价值属性是人类和自然在长期的实践关系中形成的一种适应性结果，也是人类感官主动的适应性反应赋予事物的一种特征。从宏观的角度看，存在这样一种形式的价值关系，即自然和人、客体与主体、审美对象和审美主体之间的宏观的价值关系，只要自然和人、事物和审美主体之间的关系和活动客观存在，在这一

---

① 莫里茨·盖格尔. 艺术的意味［M］. 北京：北京联合出版公司，2014：55.

前提之下，价值被认为相对于人类的实践活动客观存在，审美价值属性便相对于审美价值实践而具有相应的确定性。

三、美是个性与共性、特殊性与普遍性的统一

在价值论美学的视野中，美是个性与共性的结合，是共相与殊相的统一，是特殊性与普遍性的辩证统一。一方面美的事物有其个体差异性，每一个美的事物有着事物自身的独特性。另一方面，不同的美的事物，有着这一事物被认为美的共同特性，这种共性在不同的人类群体之间，有着共同的表现。美是个性与共性、特殊性与人类普遍性这两个方面的结合。

1. 美的个性与特殊性

价值论美学认为，不是每一个特殊的事物都是美的事物，但是，每一个美的事物，都有其个体的特殊之处。尽管每一个事物在物理学意义上都可以被概括为物质和能量的结构体，但每一事物在特定的时空关系中都各各不同，美的事物也同样如此。有人曾用叶子的特殊性来类比美的事物的特殊性："每一片叶子都各不相同，世界上没有完全相同的两片叶子。"正如每一片叶子都各不相同那样，每一样美的事物都是特殊的，具体的，与其他事物相比有着自身独特的差异性。苏轼在《超然台记》曾这样描述不同事物之美——

凡物皆有可观。苟有可观，皆有可乐，非必怪奇伟丽者也。糟啜醨，皆可以醉；果蔬草木，皆可以饱。推此类也，吾安往而不乐？

"凡物皆有可观。"苏轼认为，世间事物皆有美的一面，都可成为美的对象。另一方面，"苟有可观，皆有可乐，非必怪奇伟丽者也。"不同事物之美，都有它为人所欣赏的独特之处，不一定非得要"怪奇伟丽"。苏轼的《超然台记》的表述，体现的是对个体之美的认识：不同的事物有它的独特之美，都有可能成为人的审美的对象。

同样，人们生活中的偈语也体现了对美存在于个别事物之中的认识。"一花一世界，一树一菩提"，这一偈语揭示了这样的道理：每一朵花都有它独特的世界，每一棵树都体现着它自身的奥妙，世间每一样事物都能给人以独特的启示。

应该说，每一样美的事物都有它的特殊性，这种特殊性是具体的，活生生的，而不是抽象的。有人用"如何吃一个抽象的苹果？"来类比审美对象是具体而特殊的，它是一种具象的直观，抽象的概念是理性思维的对象，而审美的对象是每一个具体的"这一个"。当然，客观地说，抽象的对象有时也可以成为审美的对象，但是，我们不得不说，美的事物是具体而特殊的，人类的审美活动遭遇的是"这一个"，美的属性总是体现在具体的特殊之物之中。

另一个方面，美的属性是相对于主体的审美心理而表现出来的性质，而不同的人的审美观念、审美趣味是独特的，跟每一个人的认知能力、人生经验、审美修养、个人趣味有关，人的审美偏好也往往各不相同。休谟曾经表示，每一个人的审美趣味各异其趣，"人的趣味无可争辩"，世界上的美的事物，相对于不同的人的审美需要，往往呈现出不同的审美价值，从这个意义上来说，美的生成也是独特的，有着自身的特殊性。

无论是审美对象的独特性，还是人类主体审美观念和审美趣味的差异性，这两个方面都揭示出，美的生成必须以事物自身的个体特征和具体审美行为的"这一次"为前提，美的事物有着它自身的独特性与特殊性。

2. 美的共性

美的共性是指特定时期、特定范围、特定群体认为是美的事物共同具有的特性，它不是某种抽象的"共性"，而是对特定范围之内被认为是美的事物的共同特征的完全或不完全归纳。美的共性是特定集合内部成员的家族相似性，是一种不同元素之间的公约数。"世界上没有完全相同的两片叶子，但每一片叶子都有着作为叶子的共同的特征。"世界上的每一片叶子都各不相同，但是，每一片叶子都有着被称为叶子的共同特征。蔡仪曾认为，美的事物在于其"典型性"："美的事物是个别性显著地表现着一般性、必然性，具体现象显著地表现着它的本质、规律性的典型事物；美的本质就是事物的典型性，就是事物个别性显著地表现这它的本质、规律或一般性。"① 蔡仪的"美是典型"的观点，一方面阐述了美的事物应具有共同的特征，另一方面，他的说法有着将美的共性抽象化的倾向。美的共性不是抽象的，而是特定群体内部认为美的事物的共同

---

① 蔡仪. 吕荧对"新美学"美是典型之说是怎样批评的？［A］//美学问题讨论集：第3
　集. 北京：作家出版社，1959：108.

特征。

美国得克萨斯大学心理教授朗洛伊丝做过一个有趣的实验：她利用电脑图像合成技术，分别用2张、4张、8张、16张和32张照片合成一张人像，让人们投票来确定不同的合成照片美的程度。实验的结果大致是这样：照片合成的算术级别越高、即用越多的照片合成的人像，被测试人员认为美的程度越高，随着算术级别提高到一定程度，被认为美的程度的差异度减小。朗洛伊丝的实验实际表明：选择更多照片合成的人像被共同认为美的概率更高。这一实验体现的是在特定群体中对于美的共同的认知评价程度。艺术家宙克西斯曾要求，如果描绘海伦的美，就必须集中希腊美女的一切美的特点，就是要描绘出古希腊美女共同的美的特点。

美在特定的群体当中往往有着某种共同的特点，表现出某种共同的特征，这样，美就在一定的群体、阶层、阶级、民族、时代表现出其共有的特征，美就会表现出阶层性、阶级性、民族性、时代性等特点。

美的阶层性是指在特定的社会阶层中，美往往表现出基于该社会阶层的共同的特性。阶层是指根据不同的区分标准，特别是根据经济、政治、文化等方面的不同而划分出来具有同质性和持久性的社会群体，同一社会阶层成员之间在态度、行为、价值观、兴趣爱好等方面有着某种共同性或相似性。阶层划分的标准不是固定化、模式化的，它的区分往往多种多样，有时，一个阶层的划分和界定是根据文化价值观和审美风尚来获得的，这时，这一阶层的审美特性就表现得非常明显。

美的阶级性是指在特定的社会阶级中，美在某些方面往往表现出基于该社会阶级的共同的特性。阶级是指在人类社会发展的一定阶段上，由于生产资料的占有、经济关系中的地位和财富分配的不同而形成的社会政治共同体。由于阶级的划分往往以经济和政治关系为区分标准，美的阶级性往往会表现出物质决定性和政治分层性这样的特点。马克思曾经说过："忧心忡忡的穷人甚至对最美的景色都无动于衷。"这句话揭示了无产者由于物质上的贫穷而影响到了审美的心理状态，从而对美的感知出现麻木状态。当无产者的赤贫处于普遍的状态，这种审美心理状态就成为无产阶级的某种共有的常态。同样，阶级在经济和政治关系中的统治和被统治关系，有时也会在审美关系、审美文化上表现出差异。从审美实践的角度来看，一辈子没见过奢侈品的人，可能不知世间还有各种奢侈品之美，而一个不事稼穑的统治者，他可能区分不出麦子和韭菜有着怎样的不同。应该说，不同的阶级，由于在资源的占有、经济关系中的地位、财富的分配、政治上统治和被统治的关系等方面表现出的差异，在审美观念、审美实践、审美文化等方面会表现出基于阶级划分的差异性。

美的民族性是指，在特定的民族群体当中，美表现出基于该民族群体的共同的特性。民族是指基于共同的历史、文化、语言、宗教、行为、生物特征而形成的人类群体。一般而言，民族具有共同的生物特征、共同的语言、共同的地域、共同的祖先或历史、共同的宗教信仰、共同的文化和心理认同等几个方面，在这些方面具有和其他民族相区别的特征，但是，现代的民族主要基于共同的生物特征、共同的历史、共同的文化等几个方面的特征，在地域、语言、宗教信仰等方面的区别特征正在变得模糊。一个民族，由于在生物特征、地域、历史、语言、宗教、文化等方面的共同因素，在审美文化上表现出共同的审美价值取向，对于该民族而言，被认为美的事物表现出该民族成员共同喜好的特征，这便是美的民族性。例如，不同国家对于颜色有着不同的喜好，汉族喜爱红色，希腊民族喜爱蓝色，阿拉伯民族喜爱绿色、黑色和白色。有时，不同的民族对红色的喜爱也表现出一定的差别，如汉族人喜欢大红，法国人喜爱的红色是酒红色，德国人喜爱的红色则被称作是交通红。同样，不同民族喜爱的传统服装，也体现该民族的审美文化特点。例如，古代汉族人的汉服，满族人的旗袍，蒙古族的蒙服，韩国人的韩服，日本人的和服，越南人的奥黛，印度人的莎丽，阿拉伯人的长袍，英格兰人的长罩衫，苏格兰人的苏格兰裙，等等，都是不同民族的传统服饰，体现了该民族的审美风尚和共同的审美文化偏好。

美的时代性是指，在特定的历史时期，在特定的人类群体中间，在该时间段被认为是美的事物和审美文化风尚表现出该历史时期特有的时代特点。人类社会是发展变化的，人们的审美观念、审美风尚也在发展变化，因此，在不同的历史时期，美往往表现出不同的时代特点，体现出该历史时期人们的审美风尚。流行时尚最能够体现出美的时代性的特点。"时尚"，英文为 fashion，是指一个时期的风尚，是特定人类群体在特定历史时期对社会某项事物一时的崇尚。宋代俞文豹《吹剑四录》说："夫道学者，学士大夫所当讲明，岂以时尚为兴废。"清代钱泳《履园丛话·艺能·成衣》云："今之成衣者，辄以旧衣定尺寸，以新样为时尚，不知短长之理。"时尚是一个时期的流行风气，是特定时期内社会环境崇尚的流行文化，是一定社会群体流行文化的体现。时尚的事物可以指生活中的任何事物，例如时尚发型，潮流品牌，流行服饰，时尚人物，时尚生活，等等。时尚具有崇尚性、流行性、短暂性和多变性的特点。首先，时尚具有公众崇尚性。时尚往往意味着健康、美丽和个性，也意味着年轻、新潮、前卫、先锋和革新，为特定时期的社会群体所喜爱。其次，时尚是一种风格和模式，引起公众的推崇，效仿和追随，成为社会的流行和一时之风气。再次，时尚具有时间性和多变性。时尚由于代表着个性、新潮和前卫，它往往是多变的，往往一段时期之后就转换为别的内容，因此时尚具有短暂性的特点。流行时尚明显地表现出了美的时间性和时代性。

又如，不同时代的艺术形式也体现出一定的时代性和时代特点。中国古代有"一代有一代之文学"之说。例如，先秦时期的散文，汉代的汉赋，唐代的唐诗，宋代的宋词，元代的元曲，明清时期的小说，等等，不同的历史时期，往往以不同形态的艺术形式为代表。这一特点也体现了美的时代性。格律诗被创造出来之前，古人可能不知律诗与绝句之美。宋词、元曲产生发展之前，人类自然不知道宋词、元曲之美。这表明美是具有时代性的，不同时期的审美风尚、审美文化、艺术形态也是不一样的。

美的共性还表现为美的人类性。美的人类性，又称美的人类学特性，它是指基于人类共同的认知能力、审美心理和审美观念，美的事物所表现出来的共同特征。美的人类性曾经被表述为"共同美"。所谓"共同美"，它是指美的事物相对于整个人类群体表现出来的共同的特性。应该说，在共时性和历时性的维度上，对人类审美实践与审美活动所确认的美的属性进行完全或不完全的归纳，这在理论上是可行的，在方法论上是站得住脚的。因此，"共同美"或美的人类共性，从归纳概括的意义上来说是可能的。

这里必须要探讨一下美的普遍性的问题。所谓普遍性，英文为 universality，它是指整个宇宙的普遍性。对于美来说，它是一种人类性的事实，相对于人与事物的审美关系和审美活动而存在，因此，当我们探讨美的共性的问题的时候，我们主张不轻言美的普遍性。如果非得要探讨美的普遍性，则是在特定范围内的普遍性，如果我们非得要给出一个关于美的普遍性的一种描述，我们认为它是千差万别、纷繁复杂的美的事物相对于人类社会的共同特性，或者是具有这种共同特性的具体的事物的性质和表现。

美的人类性表明：美在具有个体特殊性、群体差异性的同时，美同时还具有跨国界、跨种族、跨阶级的全人类特性。在特定的情况下，这种跨国界、跨种族、跨阶级的人类共同之美，通过科学的方法，通过完全或不完全的归纳，是可以被总结出来的。从共时性的角度来看，美丽的自然景观，壮丽的人文建筑，它为不同国籍、种族、阶级的人们所喜爱。从历时性的角度看，历朝历代的人往往都被诗歌或音乐的韵律之美所打动。古人可能不知格律诗之平仄对仗之美，却能感受到民谣与格律诗共同的韵律美。美在具有特殊性和差异性的同时，人类对美的欣赏有时也会表现出基于人类群体的共同的特点。比如，对于音乐的欣赏，优美的音乐往往表现出全人类共同喜好的特点，美妙的音乐往往为不同地域、不同时代的人们共同喜爱。和音乐相类似，一些伟大的作品，如李白的诗，苏轼的词，汤显祖的传奇等，也会因为艺术上的一些伟大的特征，为不同时期、不同地域的人们共同喜爱。一些伟大的艺术作品，它往往具有穿越时间和空间的恒久的魅力，为全人类喜闻乐见。这种美的事物或伟大作品的全人类共同欣赏特性，它基于一个共同的人类学前提：人类共同的审美感知能力和对美的欣赏感受能力。

美是所有美的事物共同的公约数，也是被认为是美的事物的家族相似性。美是大自然的馈赠，更是人类在与自然的交往互动中建立起来的和谐关系。对于人类来说，好人爱美，恶人也爱美；义人爱美，不义的人也爱美。在这个意义上，美具有全人类共同喜爱欣赏悦纳的性质。在这一个意义上，有人这样说："美是一位和平大使。"

3. 美是个性与共性的统一

价值论美学认为，美是个性（particularity）与共性（generality）的统一，是特殊性（singularity）与人类普遍性（universality）的结合。一方面，美是多种多样的，也是千差万别的，每一个美的事物总是具有它自身的特殊性。所有的事物都可以归结为物质和能量的结构体，但每一个事物总是表现出它自身的独特的差异性，美的事物也同样具有它自身的独特性质。另一方面，美是多样性的统一，在一定范围之内的美的事物有着基于该范围的共同特性。美是个体特殊性与群体共同性的结合，也是个体差异性与人类普遍性的结合。美的事物的共同特征表现为美，表现为美的价值属性，但每一个美的事物总是具有它自身的特殊性，以及在特定的时空结构、审美关系中的差异性，差异性与普遍性共同存在于美的事物之上。

美是个性与共性的统一，使得美的事物既可以被"孤芳自赏"，也可能在特定的范围之内为人们"雅俗共赏"，从而表现出"孤芳自赏"与"雅俗共赏"

的会通。美的事物，它既可以被某一个人风流自赏，也可以是某一个群体的共同称许，这主要取决于某一事物的美在特定范围群体之内被共同认可的程度。美是个体特殊性与群体认可性的统一，两者并不矛盾，而是辩证统一的关系。

美是个性与共性的统一，认识到这一点，可以让我们更好地来认识美的人性与阶级性的问题。在美学和艺术学的领域，存在着这样一个问题：美，或者艺术，它是反映人性，还是反映阶级性？在中国现代文学史上，曾经存在过一场文学反映人性还是反映阶级性的争论。这一争论，主要体现在这两个基本的命题之上：一派认为"文学是人学"，主张文学要反映基本的人性；另一派则主张"文学不是超阶级的"，主张文学要反映阶级性。

关于"文学是人学"，其提出者是周作人（1885—1968）。早期周作人曾在1918 年的《新青年》第 4 卷第 6 号上发表《人的文学》一文，认为古老中国的文学是庙堂的、腐朽的、非人的文学，他主张"重新发现'人'"，提倡表现"人的生活"，以反对"非人"的生活，建设清新的、平民的"人的文学"①。这篇文章实际上主张的是平民的文学，有一定的主张阶级论的色彩，但总体上它被认为是主张人性论的，被认为是继胡适《文学改良刍议》、陈独秀《文学革命论》之后又一重要的新文学建设的理论文章，被胡适誉为"当时关于改革文学内容的一篇最重要的宣言"②。1928 年，梁实秋倡导人性论的文学价值观，与周作人的"人的文学"有所不同，但也有强调表现人与人性的特点。1957 年 2 月 8 日，钱谷融于《文艺月报》1957 年第 5 期发表《论"文学是人学"》一文。钱谷融认为，文学反映最基本的人性，"文学的对象，文学的题材，应该是人，应该是时时在行动的人，应该是处在各种各样复杂的社会关系中的人，这是常识。"钱谷融进而提出：

"一切都是从人出发，一切都是为了人。一切艺术，当然也包括文学在内，它的最最基本的推动力，就是改善人生、把人类生活提高到至善至美的境界的那种热切的向往和崇高的理想。"③

周作人、梁实秋和钱谷融的观点，遭到了来自阶级论者的批判，他们认为

---

① 周作人. 人的文学［J］. 新青年，1918（4）.
② 胡适. 中国新文学大系·建设理论集［M］. 上海：上海文艺出版社，2011.
③ 钱谷融. 论"文学是人学"［J］. 文艺月报，1957（5）.

文学不应当反映抽象的人性，而应当反映阶级性。对于人性论的批评最尖锐的是鲁迅。鲁迅曾写过一篇《文学与出汗》的杂文，发表在 1928 年 1 月 14 日《语丝》周刊第四卷第五期之上。鲁迅首先摆出论题的靶子："上海的教授对人讲文学，以为文学当描写永远不变的人性，否则便不久长。"鲁迅认为永恒不变的人性是不存在的，人性是千变万化复杂多样的，因此，他以"出汗"为比喻，表达了这样的观点——

　　譬如出汗罢，我想，似乎于古有之，于今也有，将来一定暂时也还有，该可以算得较为"永久不变的人性"了。然而"弱不禁风"的小姐出的是香汗，"蠢笨如牛"的工人出的是臭汗。不知道倘要做长留世上的文字，要充长留世上的文学家，是描写香汗好呢，还是描写臭汗好？这问题倘不先行解决，则在将来文学史上的位置，委实是"岌岌乎殆哉"。①

　　鲁迅的观点，抨击的是永恒不变的人性观，他以"小姐们出香汗，工人们出臭汗"做类比，某种程度上表达了文学应当反映阶级差异的思想，长期以来被文学阶级论者们所引作论据。

　　用美是个性与共性的统一的观点来看，不同的事物，它有着自身作为个体的特殊性，而在特定的群体之中，它又有着基于该群体的特性，而在整个人类群体当中，它又有着基于人类社会的人类学特征，因此，文学既反映人性，也反映阶级性，同时它还反映不同阶层、种族、国家的文化特征，这些都处于个性与共性相统一的辩证关系之中②。

　　这样我们看到，审美价值是事物相对于人类主体的审美活动呈现出来的一种价值，是事物之总体属性的一个方面。这一审美价值属性，也同样地具有特殊性与普遍性。每一种形态的美或审美价值都有其特殊的表现，美作为审美价值属性或审美价值形态，它作为特殊的"这一个"相对于具体的"这一次"表现出特殊性。另一方面，美或审美价值不同的承载体之间又有着共同的特征，在彼此之间有着某种普遍性。审美价值的特殊性与普遍性，有如事物之间的共

---

① 鲁迅的《文学与出汗》最初发表于 1928 年 1 月 14 日《语丝》周刊第四卷第五期，后收录《而已集》。

② 辩证统一论容易被错误地理解成折中主义。从博弈论角度来看，中庸之道抑或折中主义，是在信息不透明条件下做的"取中法"抉择，并不能根据实际的博弈逻辑及其效用函数获得博弈的最优解。

相和殊相，每一个体形态都有其自身的特征，而某一类审美价值形态又有着该类价值形态的家族相似性。所谓的美的阶级性、美的民族性，都是美在特定范围之内可能呈现出来的家族相似性，而所谓的共同美，则是在人类社会的前提下，美之为美的共有的属性和特征。

第五章

审美价值的特殊性质

价值论美学主张，美是事物相对于人类主体呈现出来的一种价值属性，这一价值属性与事物的物理属性不同，它是相对于人类主体的审美心理和审美活动呈现出来的价值，它是事物多种方面的属性之一。价值论美学需要面对的问题是：审美价值属性具有什么样的特征，它对于人类而言，有着什么样的功能与意义？

一、价值谱系中的审美价值

根据价值哲学的观点，价值是事物相对于人类主体的需要所呈现出来的属性，或者说，价值属性相对于人类的"需求—偏好"结构才具有意义。价值固然以事物实体的物质属性为基础，但它相对于人才表现为价值，它在特定的主客体关系中得以实现，并且相对于不同的主体具有不同的意义。

英国学者萨缪尔·亚历山大认为："当我们追问何谓价值的时候，我们就不禁会承认，可以给价值以一定的解释。如果我们不是必然要接受斯宾诺莎在这一点上的特别教诲，那么他所坚持的两个命题原则上也是真的：一个是价值本质上是相对于人的，从这种意义上是人的创造，善和美并不属于事物，而属于它们与人的关系；另一个是虽然价值是相对于人的，但它们可以在事物的本性中发现，而且不是任意的。最后一个解释是，有价值的东西就是令我们满意的东西。"① 按照萨缪尔·亚历山大的观点，价值一方面是事物的一种属性，另一方面，它相对于人才具有意义，它在事物与人的关系中才具有意义。

---

① 萨缪尔·亚历山大. 艺术、价值与自然［M］. 北京：华夏出版社，2000：66.

事物的价值属性相对于特定主体的需要才具有意义，事物的价值总是相对于人类主体不同的需要而言的，而人的需要是多层次、多方面的，正是由于人类多方面的需要，审美价值属性才相对于多方面的需要表现出独有的特征。

关于人类主体的需要，学术界主要根据西格蒙德·弗洛伊德等人的心理结构理论、亚伯拉罕·马斯洛的需要的层次结构理论作为价值哲学的基本依据的。从 1895 年的《歇斯底里研究》开始，西格蒙德·弗洛伊德先后提出了"意识—无意识"理论、"本我—自我—超我"人格结构理论、"恋母情结"和"恋父情结"理论等心理结构学术思想。其后，荣格先后提出了集体无意识、原型、阿尼玛与阿尼姆斯气质说、人格面具（persona）与暗影（shadow）等理论主张。西格蒙德·弗洛伊德和荣格等人关于心理结构的观点，成为价值哲学的重要理论依据。

关于人类主体的需要，美国心理学家亚伯拉罕·马斯洛曾提出过他的需要的层次结构（Hierarchy of Needs）理论。在 1943 年发表的《人类激励理论》一文中，亚伯拉罕·马斯洛将人类需要区分为生理需求（Physiological needs）、安全需求（Safety needs）、爱和归属需求（Love and belonging）、尊重需求（Esteem）和自我实现需求（Self – actualization）五类，并将它们由低到高排列①。根据亚伯拉罕·马斯洛的观点，人类的需要是多方面的，并且具有一定的层次，人类有着多方面的不同层次的需求，对于美的需求，也是人类多层次需要的一个方面。

根据西格蒙德·弗洛伊德和荣格等人的心理结构理论和亚伯拉罕·马斯洛的需要的层次结构理论，学术界建构了以心理结构理论为基础的"需求—偏好"结构理论，并以此作为价值哲学的基础②。"需求—偏好"结构理论认为，人类的"需"和"要"是一个分裂的、有层次差别的、未必清晰序化、包含着意识和无意识、综合了生理和心理等多方面要素的开放性层次结构。对于特定的主体而言，他的需求是一个有着需求（needs）、需要（wants）、偏好（preference）等不同方面、不同层次的"需求—偏好"结构。因此，人类的需要不只是简单

---

① 在自我实现需求之上，亚伯拉罕·马斯洛还列出了自我超越需求（Self – Transcendence needs），一般不把这一需求作为马斯洛需要层次理论中必要的层次，大多数将自我超越需求合并到自我实现需求当中。

② 关于"需求—偏好"结构理论，请参见舒也. 价值论美学对认识论美学的挑战 [J]. 浙江社会科学，2012（1）：93－102.

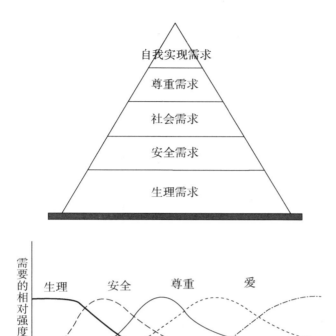

图 5-1 亚伯拉罕·马斯洛的需要的层次理论

的"需要",而是分裂的、有层次结构的"需—要"或"需求—偏好"结构。这一"需求—偏好"结构理论,包含以下几个方面:(1)人类主体的需要是一个分裂的结构;(2)这一分裂的结构是在环境和文化的塑造下形成的,甚至是一种集体无意识;(3)这一结构可能是非理性的,是分裂而矛盾的,由此导致个人价值选择的悖立与冲突;(4)人的价值选择是在分裂的结构中做出选择;(5)这一结构是动态的,结构可能发生变化,甚至产生变异;(6)每一个人类主体的"需求—偏好"结构相对处于一个相对平衡、稳定、和谐的结构状态,并且有赖于这一状态;(7)人类主体的这一结构可能失衡,人就会产生解释和信仰危机①。

根据心理结构理论、需要的层次理论和对理性人假设的怀疑,所谓的价值是指事物相对于人类主体的"需—要"或"需求—偏好"结构所呈现出来的属

---

① 舒也. 价值论美学对认识论美学的挑战 [J]. 浙江社会科学,2012(1):93-102.

性特征①。此外，根据整个社会的公共性需要，事物的价值还可以相对于公共性需要表现出不同的意义。相对于人类以及人类社会多方面、多层次、纷繁复杂的主体需要，事物表现出不同的价值，而审美价值正是相对于人类的审美需求而言的。

　　根据人以及人类社会的需要的层次结构理论，事物的价值可以进行谱系学划分。这一划分虽然有时候有点简单机械，但是，它可以对人类社会的基本价值进行一个谱系学意义上的分类。这种分类它可以促使人们更好地认清不同的价值，并防止不同类别专门价值被其他价值取代，并因此而遭到庸俗化或工具化的灭失。这样，事物的价值属性可以做出以下区分——

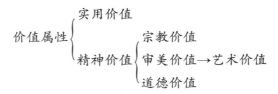

图 5-2　价值谱系中的审美价值

　　这样我们看到，相对于人类主体的需要，事物表现出实用价值和精神价值等不同的类别，而在精神价值的类别中，则有着道德价值、宗教价值、审美价值等诸个方面。事实上，基于社会公共需要，事物可以区分出实用功利价值、政治功利价值、道德功利价值等一些方面。

　　可以看到的是，审美价值有别于其他价值，它是事物价值的一个方面，它可以说是人类精神价值的一个重要组成部分。同样，对于同一事物，人们可以从不同的基于不同的价值、从不同的角度来进行价值的判断。例如，对于一朵花，可以有以下几种判断——

对于一朵花的诸种判断

· 这朵花是碳水化合物。

· 这朵花是植物用于授粉或受粉的生殖器官。

· 这朵花是一味药。

· 这朵花可以做成一道美食。

---

　　① 舒也. 中西文化与审美价值诠释 [M]. 上海：上海三联书店，2008：1.

· 这朵花可以用来表达感情。

· 这朵花很美。

同样是一朵花，从物理学的角度来看，"这朵花是碳水化合物"；从生物学的角度来看，"这朵花是植物的生殖器官"；从实用功利价值来看，"这朵花是一味药"或"这朵花可以做成一道美食"；从文化价值的角度来看，"这朵花可以用来表达感情"；而"这朵花很美"这样一个判断，则是对花的审美价值的评判。应该说，一朵花或一件事物，可以从不同的角度来进行观照，也可以从不同的价值的类别来进行评判，而审美价值正是其中一个方面。俗话说，"爱美之心，人皆有之。"每一个人都是爱美的人，每一个人也都有着对美的需要。审美价值是事物价值的谱系中，相对于人类的审美需要而具有的性质。

需要注意的是，艺术价值是审美价值中非常特殊的价值，它不同于一般意义上的审美价值。审美价值依托的要素主要是美的事物、欣赏者和审美文化惯例，而艺术价值依托的要素是创作者、艺术作品、欣赏者和艺术文化惯例。由于艺术文化惯例相对于审美活动惯例有一定的差别，艺术价值也表现出与审美价值很大的不同，需要加以区别对待。

二、审美价值的特殊性

对于审美价值的探讨，显然要回到价值论美学的"实事"。这一价值论美学的"实事"便是具体的审美关系和审美活动。唯有从这一"实事"出发，才能够把握审美价值的特殊性质和独立价值。价值论美学也主张探讨并分析具体的"这一次"的审美价值关系和审美价值行为，价值论美学从无数具体的"这一次"中来归纳并综合对审美价值的理解。价值论美学认为审美价值既存在于各类事物相对于人类的审美心理所呈现出来的属性情状，也存在于人类主体面对自然山川、社会人生、精神情感等事物的每一次的审美活动之中。

需要注意的是，审美价值往往是多样而纷繁复杂的。一方面，审美价值多种多样，它具有基于不同审美对象的多样性。无论是自然美的不同形态，还是社会美的方方面面，还是艺术美的各种不同形式，审美价值总是表现出千差万别的特征。另一方面，审美价值也是复杂的，具有基于特定审美关系和审美实践的复杂性。这种复杂性体现在审美对象自身的复杂结构形态以及与外部世界的复杂多样的联系之中，因此，审美价值是一个开放的、融合了多方面要素的综合性价值构造。

审美价值又是具体的，它需要根据具体的审美关系和审美活动来探讨审美价值的意义。价值论美学主张，需要从具体的审美实践和艺术实践出发综合各方面要素来探讨审美价值。对审美特殊价值的探讨常常从审美对象的比例、和谐、形式等方面来进行，但必须注意到，审美价值是一种能够激发起人类主体的美感反应的综合性价值构造，需要根据不同的审美对象、不同的艺术形式，从具体的审美关系和审美活动出发，综合全部的客体要素和主体要素，并将这一价值构造综合功利、道德、宗教等多方面的价值要素来进行考察。对具体艺术的审美价值的考察，则需要综合题材、主题、形象、情感、意象、意境、形式、韵律、意味等各方面因素加以分析，避免轻易否定其中的某一个方面而将审美价值简单化。价值论美学认为，对审美特殊价值的探求，需要从具体的审美实践和艺术实践活动出发，根据具体审美对象的价值构造来探讨审美价值的特殊性质。

美的属性是一种审美价值，但这种审美价值具体又表现在哪些方面，需要进行进一步的分析。审美价值的特征首要的在于审美对象的自身性质。审美价值离不开具体的客观事物，它是客观事物的一种属性。审美价值在以下三个层面上相对于审美主体呈现。

1. 审美价值来自事物的序化结构体，就纯粹客体的角度而言，美的实质是一种负熵。

事物就其物理事实而言，它是一个物质与能量的结构体，是全部的物理量的集合。美的事物以其整体作用于审美主体，也就是说，美的事物以其质料、形式、肌理、色调等全方面的整体作用于人类的审美感官，它往往是综合了内容与形式等全方位的要素成为一个审美对象。

审美价值来自对事物整体的把握，但并不意味着审美价值必须以完整的整体呈现于人类的审美经验之中，而是呈现为对审美的人而言"具有意义的整体"。审美对象的整体性来自对审美主体而言具有意义的部分，它是一个"意义的整体"。世界是多样而纷繁复杂的。广袤的宇宙，微小的粒子，对于人类的审美感官而言，还有着巨大的尚未了解的世界。例如，在微观粒子世界，有着中微子、电子、质子、中子、光子等各类基本粒子，还包括无数人类现有的科技手段无法捕获的微小粒子。同样，在广袤的宇宙空间，尚有着暗物质、反物质、异维时空等大量人类未知或尚未了解的世界，甚至在有些空间由于连光都难以逃逸出其巨大的吸引力，以至于人类获得的信息少而又少。因此，审美价值以人类的审美感官的限度为限，对于红外线、紫外线、超声波等人类感官无法感知的属性和信息而言，这些方面不构成对于人具有审美意义的属性。

　　审美价值属性来自事物的序化结构体，从纯粹事物本身来说，美的实质是一种负熵。熵（Entropy）的概念最早是一个热力学范畴，是能量转化为热能的一个比值，其后被用来表示一个系统无序或不确定的程度，而负熵（negentropy）则被用来描述物质系统有序化、组织化、复杂化状态的一种量度。齐拉德首次提出了"负熵"的概念。1944 年薛定谔出版了《生命是什么》一书，指出物理学的热力学定律是一个熵增加的过程，而生命现象是一个熵减少的负熵化过程，"生物赖负熵而生"。人类社会的一切生产与消费实际上是"负熵"的创造与消耗，"负熵"与"价值"创造和消费具有伴生性，"负熵"是"价值"产生的前提。审美价值的特征，便是客观事物的负熵及其序化结构，在这个意义上，我们可以说："美赖负熵而生。"

　　美学研究表明，有规律的声音的振动表现为乐音，无规律的声音的振动则表现为噪音。乐理中的纯律、十二平均律和七律便是对有规律的乐音的利用。在音乐理论中，把振动 512 次/秒的频率作为标准音高，为钢琴的中央 C（Do），把振动 1024 次/秒的频率作为中央 C（Do）的高八度音，把振动 256 次/秒的频率作为中央 C（Do）的低八度音，频率为 440 次/秒的音高为钢琴的 A（La），乐器都以此为调音用的基准音高[①]。关于音乐的审美心理研究表明，规则的声音的振动表现为乐音，能够给人带来审美的愉悦，而不规则振动的音乐则为噪音，而音乐的实质便是规则化、组织化的乐音的排列和连续体。到了近现代，音乐家们把噪音也作为一种音乐创作的元素，称为噪音音乐，但是，实际上所谓的噪音音乐是一种加入了噪音成分的乐音。心理学研究表明，少量的噪音可以被人类忽略或在承受的极限之内，当噪音的成分增加到一定的阈值，人类的感官将不再感到愉快，甚至感到疼痛，人类的肌体将表现出躁动甚至健康受到影响。

――――――――――

　　①　某些乐团会定义基准音高频率为442/秒或439/秒。

同样，光的色彩虽然表现为不同的频谱，有规律的色彩会让人感到愉快，正如所谓的五光十色、五彩缤纷等语词描述的色彩状态，带给人的是美的享受。光的噪点则是光线的负熵结构体或光线负熵流中的干扰光或熵含量，这是在特定的光刺激中的杂乱刺眼的光点，当光的噪点达到一定的阈值，人类的肌体将会感到疼痛和不舒服，长期的光的噪点的刺激也会造成健康问题。

审美价值与客观事物的序化结构和序化程度有关。正因为如此，亚里士多德把美归结于物体的质量、长度和体积，并认为美的产生与物体的恰当的比例有关。而托马斯·阿奎那、达·芬奇等人都坚持认为美在于恰当的比例。

美的事物常常表现为关于序化或比例化的一种恰当的度。战国宋玉《登徒子好色赋·序》曾描写了这样一位"东家之子"——

"天下之佳人莫若楚国，楚国之丽者莫若臣里，臣里之美者莫若臣东家之子。东家之子，增之一分则太长，减之一分则太短，著粉则太白，施朱则太赤。眉如翠羽，肌如白雪；腰如束素，齿如含贝；嫣然一笑，惑阳城，迷下蔡。"

"增之一分则太长，减之一分则太短，著粉则太白，施朱则太赤。"如宋玉所描写的东家之子一般，美的事物常常在于事物特征的一种微妙的"度"，这一微妙的"度"与事物的形式、结构、肌理、色调等序化因素有关。

当然，美的事物或审美价值的产生远非序化那么简单，事物的负熵化、序化、条理化是美的必要条件，但这些还不是充分条件。事物的序化结构不必然产生美，但美离开了序化与条理化肯定不成其为美。虽然有些时候美的状态也表现出复杂的特征，有些杂乱无章的物体也可以成为审美的对象。实际上，表面上杂乱无序的审美对象，在成为审美对象之时，它实际上包含着这样那样的序化因素与条理化特征。事物结构体的负熵化是美的产生的前提。

2. 美的属性对审美的人而言其实质是一种信息

审美过程是一个信息传递与接受的过程，就人类感知到的"美"而言，人类实际上感知到的是来自事物的信息，而不一定是物理量意义上的本征态或本征值。

信息是人类或智能生物捕获的物质状态流，这一状态流包括物质、能量、结构、属性等多个方面，它实际上并不一定是事物物理量的本征态或本征值。信息理论（information theory）错误地将信息理解为纯粹物理量，把信息当成是事物物质、能量及其属性的集合与标示。实际上，信息是人类捕获或接收到的测度值。

　　审美价值或美的属性，它实际上是人类在事物的本征态或本征值的基础上获得的信息值和测度值。这样，美的属性有着一个从事物的负熵结构体转化为一个负熵信息体的过程，也就是说，美是一种负熵化的信息结构体。1948 年，克劳德·艾尔伍德·香农（Claude E. Shannon）提出了"信息熵"的概念，对信息的量化度量问题提出了一种方案。1958 年 A．H．柯尔莫哥洛夫（Kolmogorov）引进了测度熵的概念，这样，信息熵实际上是一种测度熵。美的事物，作为一个负熵结构体，它不是简单的物理量或本征值，而有一个从物理量本征值转化为信息量的过程，在这一意义上，作为审美对象的美的事物，它不是一个简单的负熵结构体，而是被人感知到的负熵信息体，事物的结构体负熵转化为信息负熵。

　　事物信息化的过程，意味着事物的整体成为一个"选择性整体"。事物的审美价值是一个对于审美主体而言"具有意义的整体"，在信息化的过程中，"具有意义的整体"相对于审美主体成为一种"选择性整体"。人类的审美活动具有某种指向性和选择性，审美对象总是以"选择性的整体"的形式进入人类的审美活动。在心理学上，由于注意的选择性和忽略性，审美活动所知觉、欣赏的审美对象总是被审美感官的指向性和选择性过滤或集中。因此，审美价值来自事物内容与形式的整体，但是，它会以其中的某些方面对审美主体产生审美意义，因此它会以其中的某些方面或某些部分，作为一个"具有意义的选择性整体"成为一种审美价值。

　　在审美过程的中，事物的物理本征值转化为信息测度值，有一个信息的组织化的过程。作为有着高度智慧的大脑的高等智能动物，人类的认知和审美感应是从一个高度序化、高度复杂的心理智能结构开始的，因此，作为这一大脑智能结构测度的结果，作为测度熵的信息熵永远小于零，也就是说，作为测度熵的信息熵永远是负熵。人类智能的信息化过程有着将物理量的实体熵组织化的倾向。事物的物理本征态的熵值与人类获得的信息测度值的熵值并不等同。也就是说，物理熵与信息熵或测度熵并不等值。信息化过程也包含信息的噪点，即信息的负熵结构或负熵流中的干扰因素或熵含量。尽管如此，人类审美活动的信息化过程有着将分散信息组织化的倾向。格式塔心理学的研究表明，人类在长期的社会实践中形成了将认知对象组织成一个

"可以被认知的对象"的认知本能。格式塔心理学的完形组织法则（gestalt laws of organization）指出，在审美活动过程中，人类主体有着将分散的信息组织化的倾向。例如一支曲子，即使音阶改变，或有错音，或者速度有所改变，人们仍然能知觉出这一支曲子。

在审美价值信息化的过程中，有一个信息化的稳定性与不确定性的问题。事物结构体转化为信息测度值，物理负熵转化为信息负熵具有一定的不确定性，两者不可能绝对等同。另一方面，从相对确定的事物结构体出发，物理本征值的信息化总是相对地具有一定的稳定性，信息化负熵围绕本征态负熵中值呈正态分布。L. E. 玻耳兹曼和 J. W. 吉布斯关于系综（ensemble）和遍历理论的研究表明，在外部环境相同、具有相同的总能量的微观系统，其一切可能的系统状态的全体（ensemble）或可能的系统状态的分布概率具有守恒性，其测度值的概率的比值保持不变。审美价值的信息化过程既有一定的不确定性，另一方面，它总是围绕事物的负熵结构体的本征值呈正态分布。

3. 审美价值是相对于审美主体呈现的一种特殊的和谐

应该说，关于事物的信息的组织化尚不足以成为美，美的事物成为美还必须赋予事物以和谐。例如，一个信息组织化程度具有高度条理的长方形，我们不会称它为"美"，而仅仅称它为"长方形"，唯有我们把它知觉成为一个有审美意味的形状，并且把它知觉为具有一定和谐特征的完满的整体，我们才意识到它是一个"美的长方形"。因此，审美价值不仅仅是对事物信息的组织化，它更主要地体现在它被赋予或上升成为一种"和谐"。

审美价值的和谐首先体现在事物结构体自身的有机联系和相互作用的规律性运动之中。小到微观粒子，大到浩瀚的宇宙，世界处于普遍的联系之中。事物的相互联系和规律性运动使外在事物处于一个有机的整体之中。审美价值的和谐性，首先以外在事物的普遍联系、相互作用的有机整体为前提。

另一方面，和谐是审美主体主观心理活动的一种组织化状态，它体现人类主体将外物和谐化并赋予外在事物以和谐的性质。格式塔心理学的研究表明，人类主体的审美活动总是倾向于把审美对象组织为一个整体，把审美对象"观照"成为一个和谐化的"完形"。格式塔心理学的完形组织法则（ge-stalt laws of organization）揭示出，人类将外在刺激信息化的一个重要指标便是将信息和谐化。完形组织法则中的其中一条法则是闭合法则，它揭示出，在认知过程中，人类有着将没有闭合的残缺的图形闭合的倾向，即主体能自行填补缺口而把对象组织化为一个整体。完形组织法的另一条法则是好的图形法则，人类主体在知觉过程中，会尽可能地把一个图形看作是一个好的图形，即会把不完全的图形看作是完全的图形，把不稳定的图形看成稳定的图形。这些原则都体现了审美过程中，人类主体有着将不完满的审美对象补充化、和谐化的倾向。

人类审美活动中的一个典型的例子是照镜子。心理学家研究发现，人类在照镜子的时候，每一个人认知到的镜子中的自我的漂亮的程度，总是与实际的颜值有一定的差别，人总是倾向于把自己镜中的自我人像的美丽的程度有所提高，一般要比实际的自我的美丽的程度要提高 25% 左右。这一研究结果表明，人类在照镜子的时候，会不自觉地对不完美的部分进行完美化填补，并且对镜中的人像进行一番美化，人类在审美的过程中，有着某种不自觉地将审美对象和谐化的美化机制，可以说，每一个人在照镜子的时候，都自带一架美颜相机。在这个意义上，美是事物的负熵结构体相对于审美主体呈现的一种信息化和谐。

迦迪那曾有一句名言："任何美的艺术品都不可能没有一点小小的瑕疵，但真正的美却一定能够掩盖这些小小的瑕疵。"艺术品的瑕疵之所以可以被掩盖，是因为人类的审美机制有着某种将审美信息补充化、和谐化、完形化的倾向，当艺术品具有足够高的审美价值，在审美过程中它的瑕疵就有可能被忽略。人类审美过程的这一特点表明，审美价值是事物相对于人类呈现的某种特殊的信息化和谐。

三、审美价值的特殊效用

事物的美表现为一种审美价值，我们需要进一步讨论的是，这一审美价值，对于生物有机体，以及作为社会化的人来说，具有什么样的功能与意义。

长期以来，人们常常认为审美价值是无功利的，具有某种无功利性（disinterestedness），尽管如此，人类学的研究表明，任何生命有机体的活动或生命机制它是功能性的，也就是说，这一机制对于生命有机体而言它具有某种效用，因此，审美价值实际上是有着某种功利性（interestedness）的。

对审美价值的功利性的认识实际上涉及人们对"功利"概念的理解不同。狭义的功利主要指实用功利，包括物质功用、经济功用、政治功用、道德功用、宗教功用，以及其他实用的功用等方面。在这个意义上，审美价值主要地不表现为这一类别的实用功利。广义的功利是一个超出一般的实用功利和社会功用的概念，它是指对生命有机体或更高系统的效用（utility）或功能（function）。在这个意义上，审美价值具有对生命有机体的功能性效用。亚里士多德曾经在《诗学》中说："美是一种善，其所以引起快感，正因为它善。"① 从广义的功利角度来看，审美价值是具有某种效用的。

普列汉诺夫在《再论原始民族的艺术》指出，人在享受着美的时候，虽然几乎并不想到功用，但功用可由科学地反思而被发现，然而美的愉悦的根底里，倘不伏着功用，那事物也就不见得美了。普列汉诺夫的观点认为，审美价值在表面的审美意义中潜藏着功利的因素，尽管他的说法有着将审美价值实用功利化的倾向。应该说，审美价值是一种特殊的效用，一方面，审美价值与一般意义上的功利价值不同，另一方面，审美价值又有着与一般意义上的功利价值相区别的特殊的效用。审美意识与功利意识不同，但它与人类长期的环境适应有关，不能完全脱离功利机制。

人类的审美机制和审美活动，是人类在长期的生命繁衍和社会实践中形成的一种适应机制。埃伦·迪萨纳亚克《艺术为了什么》和《审美的人——艺术来自何处及原因何在》等书中提出，美学的和艺术的现象，应当从生物学上来寻找依据，以"物种中心论"或"生物进化论"的角度来进行分析②。埃伦·迪萨纳亚克的观点有着简单化和粗鄙化的倾向，但是，我们有必要对审美价值现象进行符合物理学、生物学的基本规律的考察。

人类的审美过程是一个信息处理的过程。审美的机制实际上是信息处理过程中的一种适应机制。一方面，这一适应机制是一个环境适应的被动的过程。列·斯托洛维奇曾指出一种现象：科学家在海藻类植物的原生质中，发现"植物发育的生命节奏同音乐对它的影响"协调一致。在印度科学家辛格和帕尼阿

---

① 亚里士多德. 诗学［A］//西方美学家论美和美感. 北京：商务印书馆，1980：41.
② 埃伦·迪萨纳亚克. 审美的人——艺术来自何处及原因何在［M］. 北京：商务印书馆，2004：13.

的实验中，"配音的"含羞草在生长能力上超过"未配音的"百分之五十①。列·斯托洛维奇提到的这一现象，实际上揭示出，生命有机体对音乐的反应，有着被动的环境适应的成分。社会学家和劳工保护专家的调查发现，特殊的劳动环境对工人身体有着不同程度损害，比如，长期在噪音环境劳动的工人，其听力会出现下降的情况，而在电焊强光刺激环境中工作的工人，其人眼的视力也出现了不同程度的损害。这表明生命有机体在特定的环境中生活，它会被动地对环境做出反应，甚至以损害正常的生命有机体的机能的代价来规避噪音和强光的刺激，而这种适应的结果，实际上造成生命主体的审美机能和审美能力的下降。人类现有的审美机能，实际上也是这一被动的环境适应的结果。

美国得克萨斯大学心理教授朗洛伊丝的研究发现，越是接近生活群体的平均状态的人脸，它被人们认为美的概率或被认为美的程度更高。朗洛伊丝认为，人类审美观念中认为是美的事物，实际上是一种平均状态或常模。朗洛伊丝的实验表明，美的标准与人们长期的生活实践有关，体现人类主体长期的环境适应和认知悦纳习惯。在生活中，人们也发现奇怪的"夫妻相"的现象，这一方面被人们用来解释生活中人的相貌在长期生活过程中的相互影响，实际上，人们发现另一个有趣的现象，即寻找配偶的双方有较大的概率喜欢上跟自己长得比较像的异性，人们彼此相悦的另一半常常有着与自己长得比较像的倾向。这实际上体现的是人们在长期的生活实践中，由于照镜子或对家人、亲戚或族人的长期认知习惯，造成了每一个人基于生活习惯和文化传统的审美观念。这表明人类的审美观念实际上与环境的影响有关，也是环境塑造的一种结果。

另一方面，人类的审美机制或审美活动，也是人类的一种主动行为。人类学家的研究表明，人类在生物进化的等级上处于一个高级智能动物的这样一个阶段，人类的信息处理能力有着超乎普通生物有机体的能力，用马克思的话来说，人是一种自由自觉的动物，人有着高级智能动物相应的主观能动性。人类的审美活动，它是一种主动的认知和实践行为。这种主动行为实际上仍然是有缺陷的。例如，人耳不能对超声波和次声波进行识别，人的眼睛也无法对可见光频谱之外的光波刺激进行信息处理。微观粒子世界有大量的微观粒子，例如中微子等，人类现有的科技手段尚无法捕获。因此，人类的审美机制实际上是运用有限的信息处理能力对外部刺激的一种主动的信息处理调适机制。尽管如

---

① 列·斯托洛维奇. 审美价值的本质 [M]. 北京：中国社会科学出版社，1984：18.

此，人类的审美活动仍然是作为"自在自为的生物"来进行的主动的行为，特别是艺术领域的创造、传播与欣赏，更是人类主动地运用复杂的社会性意识来进行审美创造和审美欣赏的活动。

人类的审美活动是被动的环境适应和主动的能动行为基础上的一种自我调适机制。这是一种通过信息的负熵化、组织化、和谐化来进行的以机体的快适为目标的自我调适机能。面对复杂多变的外部刺激，生命体出于环境适应和主动认知的需要，有着某种降低信息的熵度和复杂程度使信息易于掌握的倾向，并且生命体对于复杂的外部信息有一种简化、组织化、补偿化的机制，并在此基础上将信息组织化为一个和谐的整体，使这一和谐的整体易于自己进行信息处理。生命体会对这一过程建立起某种自我调适机制，对凡是有利于生命体组织化、和谐化、并获得有益或舒适信息的外界刺激给出一个积极的快适信号，反之，对凡是不利于生命体组织化、和谐化、并获得有益或舒适信息的外界刺激给出一个消极的反向的不适信号。生命体的审美机制和审美反应其本质上是对外界环境的被动适应和主动认知的一种自我调适快适机制。

当然，人类的审美活动还更为复杂，因为人类是一种复杂的社会性的动物。在有些情况下，人类的审美活动需要调动复杂的社会性认知来做出对外界对象的反应。尤其在艺术的领域，对于艺术的美的理解需要综合运用各类复杂的社会性意识来进行综合的判断，艺术美的创造更是与人类高级的社会意识和艺术创造能力有关，因此，审美活动的自我调适快适机制比一般性理解的生物机能更为复杂。

人类的审美活动是人类被动的环境适应和主动的审美探求的生命行为。审美价值的根本的效用，在于它能够激发人类的美感。美感又被称为审美感受，从广义的角度看，它又被称为审美意识，它是指由审美对象引发的人类的审美心理反应。审美价值对于人类所具有的意义，便在于它能够激发人的审美心理反应。审美价值体现为和人类美感反应的一种对应关系——审美价值以事物自身的审美召唤性结构，引起人类主体的审美反应与快感愉悦。

审美价值相对于人类主体而具有的特殊的效用，在于它能够激发人类的审美感应，这是一种特殊的快感。在《大希庇阿斯篇》中，柏拉图曾经提到"美就是视觉和听觉引起的快感"。亚里士多德曾提到美可以引起快感，并把它视为

"善的一种"。亚里士多德说，"美是一种善，其所以引起快感，正因为它善。"①他把审美价值作为引起快感的"善"的一种。在文艺复兴之后，"美的快感说"是一种流行的主张。例如，哈奇生（Francis Hutcheson，1694—1747）曾经指出，审美"所得到的快感并不起于对有关对象的原则、原因或效用的知识，而是立刻就在我们心中唤起美的观念。"② 英国浪漫主义诗人雪莱（Percy Bysshe Shelley，1792—1822）曾提到，诗的功用是一种"最高意义的快感"③，认为"诗与快感是形影不离的"④。到了当代，"美的快感说"在一定领域仍是一种被相当认同的主张。桑塔耶纳在其《美感》一书中则主张，"美是一种积极的、固有的、客观化的价值"，同时，他亦主张："美是在快感的对象化中形成的，美是对象化了的快感。"⑤

审美价值带给人的是一种特殊的美感，这是一种特殊的快感，与一般意义上的快感有很大不同。审美价值带给人的美感，它的产生是以人类的诞生为前提的，它以人类的大脑智能和自由自觉的活动有关。人类学家认为，制造使用语言符号与工具将人与动物区别开来。康德认为，人类的审美能力与人的先天综合判断有关。恩斯特·卡希尔等人则认为，使用语言和符号是人与动物的根本差别。巴甫洛夫的研究则揭示出，人与动物的差别在于人能够对第二信号系统做出条件反射。巴甫洛夫将外界的信息刺激区分为第一信号系统和第二信号系统。第一信号系统是指具体的事物或事物的属性作为条件刺激物直接作用于生物体的感觉器官所建立起来的条件反射，第二信号系统则是指用语言符号作为条件刺激物所建立起来的条件反射。巴甫洛夫指出，动物只能对第一信号系统做出条件反射，而人类可以对语言符号等第二信号系统做出条件反射，第二信号系统是人类所独有的。这些研究表明，人类有着复杂的大脑智能和高级信号处理能力，人类的美感反应与人类的大脑智能和高级信号处理能力有关，审美价值相对于这一高级智能信息处理能力具有意义。

审美价值带来的美感反应是人类高级的精神活动，是一种复杂的社会性意

---

① 亚里士多德. 诗学［A］//西方美学家论美和美感. 北京：商务印书馆，1980：41.

② 西方美学家论美和美感［C］. 北京：商务印书馆，1980：27，99.

③ Percy Bysshe Shelley, *A Defense of Poetry*［A］, *Critical Theory since Plato*, Edited by Hazard Adams, New York：Harcourt Brace Jovanovich, Inc. , 1971：510.

④ 同上：502.

⑤ 乔治·桑塔耶纳. 美感［M］. 北京：中国社会科学出版社，1982：33，35.

识。动物的快感只是环境适应的低级反射和性本能，而人类的美感是一种复杂的社会性意识，与人的社会生活密切相关。人类的审美范畴中，有"崇高""优美""悲剧""喜剧""荒诞""幽默"等范畴，对这些类型的美的欣赏，不是动物的低级神经活动所能实现的，而需要运用人类社会生活中的各类实践和审美经验来加以观照，因此，审美价值带来的美感反应是一种复杂的社会性的审美意识的运作。

　　审美价值带来的美感反应是生理与心理的统一，是各方面生理和心理要素的综合反应。美感反应不只是一种生理上的满足，同时它还是一种情感上的愉悦，这是动物所不具备的。审美价值产生作用的是生物有机体的一种快适机制，它带给人的心理效果既有生理上的调适，也有精神上的愉悦。审美价值令人赏心悦目，或者心旷神怡，它带来的是综合了生理和心理等多方面要素的综合反应。古罗马时期的朗吉弩斯（213—273）曾经在《论崇高》一文①中描述崇高的审美效果是使人惊叹和狂喜。作者认为崇高包括"庄严伟大的思想""强烈而激动的情感""藻饰的技术""高雅的措辞""整个结构的堂皇卓越"等五个方面的来源，崇高是一种"使人惊叹"的"精妙、堂皇、美丽的事物""惊心动魄的事物"，它的审美效果"不是说服他，而是使他狂喜"②。审美价值带来的心理效果具有相似的性质，它带给人的是惊叹和喜悦，这种惊叹和喜悦是生理上的反应，也是一种心理和精神上的审美愉悦。

　　审美价值带来的美感反应以感性为主，但又不离理性，是具象思维和抽象思维的统一。审美价值带来的审美感应，在启蒙运动时期，认为要运用人的"理性"，而鲍姆加登则提出要以"感性"作为美学与艺术研究的基础。实际上，审美价值带来的审美心理过程，它以感性为主，但又不离理性，且常常潜含着深层的理性的因素，审美心理过程是具象思维和理性思维的结合。宋代姜夔《扬州慢·淮左名都》曾这样描写词人经过扬州时的心境——

---

① 《论崇高》一文用希腊语写成，在外文转译本中还有《关于崇高》《风格的印象》《关于伟大的作品》等译名，十世纪时被发现，共存四十四章。瓦迪斯瓦夫·塔塔尔凯维奇认为此书的作者是"伪朗吉弩斯"，T·辛柯则称他为"反凯齐留斯"，"因为书中包含着一段与凯齐留斯的《论崇高》一文的辩论"。见瓦迪斯瓦夫·塔塔尔凯维奇. 古代美学［M］. 北京：中国社会科学出版社，1990：219.

② 西方文论选：上卷［M］. 上海：上海译文出版社，1964：121 – 131.

《扬州慢·淮左名都》

淳熙丙申至日，予过维扬。夜雪初霁，荠麦弥望。入其城，则四顾萧条，寒水自碧，暮色渐起，戍角悲吟。予怀怆然，感慨今昔，因自度此曲。千岩老人以为有"黍离"之悲也。

淮左名都，竹西佳处，解鞍少驻初程。过春风十里。尽荠麦青青。自胡马窥江去后，废池乔木，犹厌言兵。渐黄昏，清角吹寒。都在空城。

杜郎俊赏，算而今，重到须惊。纵豆蔻词工，青楼梦好，难赋深情。二十四桥仍在，波心荡，冷月无声。念桥边红药，年年知为谁生。

这首词写于宋孝宗淳熙三年（1176）冬至日，姜夔路过扬州，目睹了战争洗劫后扬州的萧条景象，抚今追昔，忆起昔日的繁华，悲叹今日的荒凉。这一首词，有眼前的景象，也有冷峻的省思，既有感性的悲怆，也有理性的追思，两者交融一体，是当时词人心理状态的一种描写。审美价值带来的审美感应，具有与此心理状态相类似的情与景、思与悟相交融的性质。

审美价值的特殊的效用，体现为它能够激发人类主体的美感，使人类主体产生审美的愉悦反应。审美价值的这一特殊的审美快感，对于人类而言，有着特殊的效用。亚伯拉罕·马斯洛指出："从最严格的生物学意义上，人类对于美的需要正像人类需要钙一样，美使得人类更为健康"。布罗日克则认为："对于发达社会中的人来说，对美的需要就如同对饮食和睡眠的需要一样，是十分需要的。"审美价值激发人类的美感，使人们产生审美的愉悦，作为人类心理的快适机制的一个重要方面，它具有心理调适和疏导作用。亚里士多德认为，音乐和悲剧等审美艺术形式，具有某种"净化作用"（Kathasisi，卡塔西斯），这一"净化作用"，实际上是一种审美价值带来的心理调适和疏导作用。

审美价值能够激起人类审美愉悦的特殊效用，从另一个方向上获得了证实，即通过美的剥夺实验，发现美对于人们是不可或缺的。亚伯拉罕·马斯洛曾经指出："对美的剥夺也能引起疾病。审美方面非常敏感的人在丑的环境中会变得抑郁不安。"心理学家曾征召人选进行审美剥夺实验，他们先是布置不同的房间，让人们对不同的房间的美的程度进行打分评级，然后把应征参加实验的人选安排到不同的美的等级的房间，以此来测验在不同的美的程度的房间的测试者，其生理和心理等方面出现的不同的变化。实验表明，审美剥夺的环境会使实验者的生理机能出现不适的反应，并且在心理上出现烦躁的状况，长时间的审美剥夺对人的身体健康会产生影响。

社会学的调查表明，不同的生活环境对人们的生理、心理乃至生活质量产生较大的影响。社会学家通过调查生活在垃圾场周围的人们的身体机能和心理状况，通过排除经济收入、医疗保健等其他因素，调查发现，美缺乏的环境对于人们的生理、心理等各个方面会产生消极的影响。

审美价值将人从常规的经验当中超离出来。人类的价值活动包含经济活动、政治活动、意识形态活动等方面，而对审美价值的欣赏将人们从日常价值活动当中解放出来，使人们获得审美的愉悦。马克思曾经在《1844 年经济学——哲学手稿》中这样描述工人的劳动："……劳动对工人来说是外在的东西，也就是说，不属于他的本质的东西；因此，他在自己的劳动中不是肯定自己，而是否定自己，不是感到幸福，而是感到不幸，不是自由地发挥自己的体力和智力，而是使自己的肉体受折磨，精神遭摧残。……他的劳动不是自愿的劳动，而是被迫的强制劳动。因而，它不是满足劳动需要，而只是满足劳动需要以外的需要的一种手段。"① 从马克思的描写来看，生产劳作使人们的肉体受到折磨精神遭到摧残，劳动不是使人肯定自己，而是否定自己。审美价值使人们从生产劳作中解放出来，从尔虞我诈的政治斗争中解脱出来，从意识形态的争论不休中超脱出来，获得一种在日常经验之外的审美愉悦。

审美价值将人们从日常经验中获得超越。审美价值不同于日常生活中的常规事物，它具有审美的召唤性，它以审美的动人性和动情性使人们从常规的事务中摆脱出来。荷马史诗《伊利亚特》中描写，古希腊的美女海伦引起了长达十年的特洛伊战争，史诗中描写，希腊联军与特洛伊人激战正酣，这时海伦走上特洛伊城头，两军将士远远地望见她，为了一睹海伦的美貌，忍不住停下了战斗，最后双方商定休兵一天，改天再战。海伦的美使两军将士停止了战斗，这一描写有着文学夸张的成分，但是，从中我们可以看到审美价值具有动人心魄、超越凡俗的作用。庄子所谓"与天地精神相往来。"（《庄子·天下》），《宋书·隐逸传》载宗炳"抚琴动操，欲令众山皆响！"这些都体现了审美价值对于

---

① 马克思. 1844 年经济学哲学手稿［A］. 马克思恩格斯全集：第 42 卷. 北京：人民出版社，1986：93 - 94.

现实世界的超越性作用。

审美价值体验可以将人们从日常时间中抽离出来，在时间的序列上形成一个愉快的飞地。审美价值体验使得人们从普通的物理时空世界中另辟心理时空，并在心理时空世界中徜徉玩味。曹雪芹在《红楼梦》中曾描写过香菱与黛玉品诗的情节——

> 香菱道："诗的好处，有口里说不出来的意思，想去却是逼真的。有似乎无理的，想去竟是有理有情的。"黛玉笑道："这话有了些意思，但不知你从何处见得？"香菱接着说道："我看他《塞上》一首，那一联云：'大漠孤烟直，长河落日圆。'想来烟如何直？日自然是圆的。这'直'字似无理，'圆'字似太俗。合上书一想，倒像是见了这景的。若说再找两个字换这两个，竟再找不出两个字来。再还有'日落江湖白，潮来天地青'，这'白'和'青'两个字也似无理。想来，必得这两个字才形容得尽，念在嘴里倒像有几千斤重的一个橄榄……"

"诗的好处，有口里说不出来的意思，想去却是逼真的"，"嘴里像嚼着几千斤重的一个橄榄。"这是对艺术意境的欣赏和玩味。审美价值在情与理之间，兼有感性与理性，而对审美价值的欣赏与玩味，让人在现实世界之外，投入到另一个心理时空之中，沉浸其中，玩味其旨，体验无穷。

国内学者潘知常曾提出，"审美活动不仅是一种认识活动，从更为根本、更为原初的角度讲，它还首先是一种人类自我确证、自我超越、自我发展、自我塑造的自由生命活动。"① 卡里特则认为，哪怕是在想象的意义上，美也具有极大的意义，他说："没有某种来自想象美的刺激或抚慰，人类生活就几乎不可想象的。缺少这样一种盐，人类生活就会变得淡而无味。"英国有一句谚语，叫作"宁失印度，不失莎士比亚。"莎士比亚的价值与意义，被认为比整个印度的国土和资源还重要，之所以这么讲，便是因为审美或艺术价值，有着不可替代的作用。

综上所述，审美价值是事物相对于人类的"需求—偏好"结构所呈现出来的性质。审美价值体现的是一种主体与客体之间的特殊的审美关系，这一审美关系是主体与客体相遇并在长期的主客体实践中建立起来的一种适应和快适机

---

① 潘知常. 没有美万万不可能——美学导论［M］. 北京：人民出版社，2013：192.

制，是作为审美主体的人综合生理与心理、感性与理性、意识与无意识等多方面的心理要素面对自然、社会和艺术时的一种复杂的反应。审美价值既是相对于人类主体建立在适应和快适机制基础之上的审美需要所呈现出来的价值属性，也是相对于人类主体长期的审美活动所表现出来的价值属性，它体现了主体与客体之间的适应关系，更体现了人类全部的生命意识、人类意识、性意识、主体意识等全部的意识和观念。

第六章

艺术的价值与功能

在探讨艺术的价值之前，我们需要先来确认，到底什么是艺术？在了解什么是艺术的基础上，来确定艺术和艺术作品的特征，了解艺术价值的独特意义，进而了解艺术对于整个社会文化系统的功能。

一、艺术及其定义

对于"艺术"的定义，至少有上百种方法。目前，学术界比较常见的方法，就是所谓的维特根斯坦的"家族相似性归纳"的方法，即通过对所有被称之为"艺术"之物的完全或不完全归纳，来总结这些对象所具有的共同特征，再根据这些共同特征，来对艺术进行定义。

在古代希腊，艺术被称为τέχνη，在拉丁语中，则被称作 ARS。在中国，"艺术"一词最早大约见于《后汉书》。在五四运动时期，art 被翻译成"美术"，王国维、鲁迅、蔡元培都曾采用这一译法，例如鲁迅的《拟播布美术意见书》、蔡元培的《美术的起源》等，书中的"美术"实际指"艺术"。其后，西文 art 一词被翻译成"艺术"逐渐确定了下来。

在古代希腊，艺术（τέχνη）被认为包含这样几个层面的含义：

（1）制造，尤其是手工制造和手工工艺。古代希腊的艺术，它首先是一种工匠们的手工制造或手工工艺，它是工匠们凭自身的技艺制造出来的东西，如果要将它加以区别，应该说，这是一种与农耕、游牧生活等不同的手艺类活动。

（2）科学和技艺。另一方面，古代希腊的艺术，当时还与科学、技术等方法大有关系，特别是古希腊的工匠在制造工艺品的时候，还需要用到数学、几何、以及工艺制造方面的诸项技艺，因此，艺术的概念，还带有一定的科学和技艺的含义。

（3）现代意义上的艺术，但仍接近手工工艺。在古代希腊，对手工工艺的制造显然已经不是简单的制造，也不只是一般的技术性手段的运用，它们在某种程度上已经开始接近现代意义上的艺术，虽然它仍然接近于手工工艺。它们的最典型的特点便是通过对比例、和谐的追求来寻找一种美。这种对审美的、以及和谐的追求使得古代希腊的 τέχνη 开始具备现代意义上的艺术的某些特征。据记载，苏格拉底就曾与人探讨过雕刻艺术。苏格拉底年轻时曾当过雕刻艺人，他主张："一个雕像应该通过形式表现心理活动。"① 他认为画家、雕刻家不应只模仿外形，而应"现出生命"，表现出"心灵状态'，使人看到就觉得像是活的。在克莱托的工作室中，苏格拉底曾评价克莱托的作品："你把活人的形象吸收到作品里去，使得作品更逼真。""你模仿活人身体的各部分俯仰、屈伸、紧张、松散这些姿势，才使你所雕刻的形象更真实更生动……""把搏斗者威胁的眼色和胜利者的兴高采烈的面容描绘出来……"，"把人在各种活动中的情感也描绘出来，……引起观众的快感。"苏格拉底在与画家巴拉苏斯、雕刻家克莱托的谈话中，要求绘画和雕刻应描绘"人的心境、最令人感动的、最和蔼可亲的或是引起爱和憎的"精神方面的特质②。从这些记载来看，古希腊对艺术的追求已经相当接近现代意义上的艺术。

在当代社会，艺术门类发展日新月异，被称作艺术的门类或作品变得多种多样，开始呈现出五花八门的特征。克罗奇（Benedetto Croce，1866—1952）和韦兹（M. Weitz）等人认为，艺术是不能被定义的。他们认为，一方面，随着当代艺术纷繁多样的发展变化，被认为是艺术的不同门类、不同作品之间只具有一些交叉重叠而又松散的相似性，要找到下定义所需要的本质特征则很难；另一方面，艺术的本性在于创新，任何艺术的定义一旦被确立，就可能遭到来自艺术实践的颠覆，因此，他们认为，给艺术下定义是不可能的③。

柏拉图曾经在《大希庇阿斯篇》中感叹"美是难的"，对于当代艺术学学

---

① 色诺芬. 回忆录［A］//西方文论选：上卷. 上海：上海译文出版社，1964：10.

② 色诺芬. 回忆录［A］//西方文论选：上卷. 上海：上海译文出版社，1964：9.

③ 1956 年，莫里斯·韦兹发表《理论在美学中的角色》一文，主张"艺术"是不可定义的，认为对艺术的定义是"逻辑上的徒劳努力"。

者来说，他们也同样在感叹："对艺术下定义是难的"。意大利美学家克罗齐曾认为，艺术不能被定义为"艺术是什么"，只能描述"艺术不是什么"，并提出了"艺术不是物理的事实""艺术不是功利活动""艺术不是道德活动""艺术不是概念的或逻辑的活动""艺术不能分类"等一系列观点，他认为定义艺术是什么是徒劳的。尽管如此，在人类的历史上，有很多人曾经试图从不同的角度对艺术进行定义。概括起来，有着这么几个方面的观点——

1. 模仿说：艺术是一种模仿

在对于艺术的本质的理解中，比较典型的是一种模仿说（Mimetic Theory）。模仿说认为，艺术是对外在世界的一种反映和模仿。在古代希腊，模仿说是一种流行的学说。德谟克利特（Demokritos，约公元前460—370）就曾认为模仿（mimesis）是人类的一种基本本能。柏拉图认为，在现实世界之外，存在着一个抽象的永恒不变的"理式"，现实世界是对"理式"世界的模仿，艺术则是对现实世界的模仿，它和"理式"隔着三层，因此，柏拉图认为艺术的模仿制造出的是"和真理相隔甚远的影像"①。

亚里士多德（Aristotle，公元前384—322）同样认为艺术是一种模仿。在《诗学》一书中，亚里士多德提出了这样的观点：

"史诗和悲剧、喜剧和酒神颂以及大部分双管箫乐和竖琴乐——这一切实际上是模仿，只是有三点差别，即模仿所用的媒介不同，所取的对象不同，所采的方式不同。"②

亚里士多德认为史诗、悲剧、喜剧和酒神颂等文艺形态都是模仿，甚至连"双管箫乐"和"竖琴乐"等也是模仿，只不过"模仿所用的媒介不同，所取的对象不同，所采的方式不同"。出于对这种模仿关系的认识，亚里士多德将悲剧定义为"对于一个严肃、完整、有一定长度的行动的模仿"③。应该说，亚里士多德的观点，有一定的机械的成分，但是，另一方面，亚里士多德认为，"诗人的职责不在于描述已发生的事，而在于描述可能发生的事，即按照可然律或

① 柏拉图. 理想国［A］//文艺对话集. 朱光潜，译. 北京：人民文学出版社，1963：84 –85.

② 亚里士多德. 诗学［M］. 北京：人民文学出版社，1997：3.

③ 亚里士多德. 诗学［M］. 北京：人民文学出版社，1997：19.

必然律可能发生的事"，历史与诗的差别在于"一叙述已发生的事，一描述可能发生的事"①。这样，亚里士多德所持的实际上是一种按照"可然律"或"必然律"来进行创作的"创造性模仿说"。艾布拉姆斯在他的《镜与灯》一书中曾这样描述模仿说的深远影响："在亚里士多德之后的很长一段时间里，……'模仿'一直是重要的批评术语。……特别是在《诗学》被重新发现，十六世纪意大利的美学理论有了长足发展以后，批评家们凡是想实事求是地给艺术下一个完整定义的，通常总免不了要用到'模仿'或是某个与此类似的语词，诸如反映、表现、摹写、复制、复写或映现等。"②

在文艺复兴时期，随着当时绘画艺术的发展和古典艺术理论受到新的推崇，模仿说是当时十分常见的说法。例如，意大利文艺复兴重要代表人物达·芬奇（Leonardo da Vinci，1452—1519）曾用镜子来说明绘画，认为"画家的心应该像一面镜子，永远把它所反映事物的色彩摄进来"。当时的许多批判家引用多纳托在公元 4 世纪认为是西塞罗说的话，说喜剧是"生活的摹本、习俗的镜子、真理的反映"，约翰逊则认为莎士比亚的成功在于他的剧本就像一面风俗习惯和生活的镜子。意大利保守派批评家明屠尔诺（Antonio Sebastian Minturno，1500—1574）则主张要"踏着古人的足迹而工作"，诗人则应该"尽一切努力去模仿自然"。在十八世纪，模仿也仍然是一种十分流行的说法。理查德·赫德在他发表于 1751 年的《诗歌模仿论》一文中说，"在亚里士多德和希腊批评家们看来（如果有人觉得论证这么明显的观点还要引证权威的话），一切诗歌都是模仿。诗歌模仿上帝创造的一切，将宇宙万物尽收其中，确实是模仿艺术中最高尚、包罗最广的形式。"③ 1762 年，英国的凯姆斯宣称："在所有艺术中，只有绘画和雕塑才是实实在在的模仿"；音乐和建筑则"是创作而不是自然的摹本"，语言则只在作为"声音或动作的模仿"时，才以自然为模拟对象。在 1776 年发表的《拉奥孔》中，莱辛则认为"模仿是诗人的标志，是诗人艺术的精髓。"莱辛对西摩尼德斯的格言"画是无声诗，诗是有声画"做出自己的阐释，他和巴托一样，认为诗歌如同绘画，也是一种模仿，诗和绘画的区别在于模仿媒介不同，各自所擅长的模仿对象不同。由此可见模仿说在西方艺术观念史上的深

---

① 亚里士多德. 诗学［M］. 北京：人民文学出版社，1997：28－29.

② 艾布拉姆斯. 镜与灯［M］. 北京：北京大学出版社，1992：11－12.

③ 艾布拉姆斯. 镜与灯［M］. 北京：北京大学出版社，1992：12.

远影响。

2. "表现说"：艺术是心灵的表现

和"模仿说"主张艺术是对外在世界的反映和模仿不同，"表现说"主张，艺术是人类主观心灵的一种表现。"表现"（Expression）一词，是指人主观的心灵或情感的"吐露"或"自然流露"。表现说主张，艺术是人类主观的心灵情感的抒发或表露。

表现说在浪漫主义那里便是对主观心灵和激情的强调。1800 年华兹华斯在给约翰·威尔逊的信中说，"我们从哪里寻找最好的标准呢？我回答，从内心去找。"这句话反映了浪漫主义价值取向"向内转"的趋势。在 1800 年的《抒情歌谣集》第二版序言中，华兹华斯认为："一切好诗都是强烈感情的自然流露。"① 这一主张诗歌是强烈情感的自然流露的观点，被认为是浪漫主义诗歌的最基本的理论宣言。主体的心灵以《新爱洛依丝》的"善感性"引起人们的关注，其后在所谓的感伤主义诗歌中得到了发展，最后"激情"被认为是浪漫主义最主要的一个特征：从莱辛的"静穆的反面"，到席勒的"精神自由"，到华兹华斯的"强烈感情的自然流露"，到柯勒律治的"热情指挥形象化的语言"，到雨果的"诗人传达强烈的感情"……浪漫主义的主要代表人物都提到了"激情"或相类似的语汇。在这一时期，文艺或艺术，被认为最主要的功能是对人类情感的表现。

在现代时期，表现说主要表现为象征表现主义和心理表现主义，它们主要在以下三个方面显示了对主体"表现"的理解：一、表现主体的非理性感受。现代表现主义不再像浪漫主义那样崇奉激情理想，而是放诞不拘地表现自己心中的虚无思想和非理性感受，客观上它也是受到这一时期非理性主义和价值虚无主义思想影响的结果，但传统的将文艺视为教益工具的思想已经受到了强烈的冲击，创作主体被允许自由地表达心中非理性非道德非功利的感受。在叔本华的悲观哲学、尼采的虚无主义、存在主义的荒诞主义的冲击之下，现代表现主义也表达了这一感受——荒诞派戏剧、垮掉派文学、黑色幽默，这些都表达

---

① William Wordsworth, *Preface to the Second Edition of Lyrical Ballads* [A], *Critical Theory since Plato*, Edited by Hazard Adams, New York: Harcourt Brace Jovanovich, Inc., 1971: 435.

了这样的意念："从虚无来，到虚无去，这就是文学。"二、心理自然主义倾向。现代表现主义与浪漫主义的抒情想象不同，浪漫主义的抒发和想象还带有主体选择和价值过滤的成分，而现代主义的表现则有着一种心理自然主义的倾向。从直觉表现主义到意识流表现主义，现代主义都强调主体心理甚至是潜意识本能的真实表现，主体的选择和价值的过滤都遭到了淡化，在传统的教益观和浪漫主义的启蒙意识中被否定的一些因素在"心理表现"的名义下得到了认可。三、强调主体的创造性表现。由于主体不再被要求反映现实或承担社会责任，现代主义更多地强调艺术价值意义上的主体的创造性。随着表现本身被视为创作的目的，表现本身的创造性成了衡量艺术价值的重要因素，因此，主体的创造性在现代表现主义那里得到了异乎寻常的重视。

象征表现主义的主要形态为象征主义（Symbolism）和意象主义（Imagism）诗论，它主张从主体的意念出发，通过作为象征符号的客观的对应物来传达主体的内在感受和心理意念。象征表现主义与纯粹作为"吐露"或"抒发"的表现不同，它强调的是通过象征符号，通过客观对应物来表现主体，因此它是通过某种"以象传意"的形式来进行的。尽管象征符号或客观对应物是一种必不可少的中介，但它实际上仍然是一种从意念到符号的活动，因而它在本质上是一种以主体为核心的表现理论。象征主义由波德莱尔在其被誉为"象征主义的宪章"的十四行诗《应和》（1857）中提出了"象征的丛林"一说。波德莱尔（Charles Pierre Baudelaire，1821—1867）是西方象征主义的第一人，他将瑞典哲学家史威顿堡（1688—1772）的"对应论"应用于诗中，把整个大自然描写为一座神殿，它以树木为支柱构成"象征的丛林"，当风吹过发出杂乱无章的"言语"，而诗人借由特殊的禀赋领会其中之意。波德莱尔认为创作就是借助这种"应和"端详尘世，根据作者独特的领会来表现"象征的丛林"，通过心灵与神明的契合，以象征来超越现实。

意象主义与象征主义有着十分密切的渊源关系，可以视为是象征主义在其中一个方向的发展。"意象主义"的正式提出是 20 世纪初叶，当时庞德任《诗刊》海外编辑，他将道利特尔和奥尔丁顿的诗以"意象主义者"的名义发表于该刊 1913 年第 4 期上，并在该刊第 6 期上发表《回顾》一文，提出了"意象是在瞬间呈现的理性和感情的复合体（complex）"的观点，并提出了他与道利特尔、奥尔丁顿三人奉行的诗歌创作三原则："1. 对于所写之'物'，不论是主观的或客观的，要用直接处理的方法。2. 决不使用任何对表达没有作用的字。3.

关于韵律：按照富有音乐性的词句的先后关联，而不是按照一架节拍器的节拍来写诗。"① 这三原则后来被称为"意象主义宣言"。《回顾》一文所主张的"将所写之物直接处理"和"意象是在瞬间呈现的理性和感情的复合体（complex）"的观点是意象主义最核心的观点，这一提法与叶芝感性与理性相结合的象征观点有着某种一致性，应当说，意象主义的诗歌创作原理与象征主义是相通的，其特点便是强调通过象征或意象来表现内在心灵。

现代主义对主体表现的另一种理解是自然主义心理表现主义。这一心理表现主义有着某种自然主义倾向，它主要表现为直觉表现主义和意识流表现主义两种形态。

直觉表现主义的出现既与心理学发展对经验的强调有关，也与当时印象派绘画的创作理论有一定渊源。早在 1821 年，诗人雪莱就有过"诗是最快乐最善良的心灵中最快乐最善良的瞬间之记录"的说法②，这里对"瞬间"的强调就有着对审美体验的体认。唯美主义在英国的重要代表人物佩特（Walter Pater，1839—1894）则以感觉、印象来阐释审美体验和美的产生，强调刹那间的美感。佩特认为现实的实在在刹那间呈现，并这样来描述刹那间的美感："只有在某一顷刻，手和面部的某些形状比较完美，山峰和海面的调子比较可取，某些激情或思想的震撼更加真实动人。"而艺术则"赋予每一刹那以最高的美，而且这样做不是为了别的，只是为了无数刹那本身。"③ 直觉表现主义的最主要的倡导者则是意大利的克罗齐（Benedetto Croce，1866—1952）。克罗齐从心理直觉来阐释表现，提出了"艺术即直觉即表现"的观点。克罗齐从对审美经验的心理分析出发，认为审美即直觉即表现，表现与直觉不可分割。首先，克罗齐强调了直觉的美学意义，认为知识不外乎两种形式，不是直觉的，就是逻辑的；不是从想象得来，便是从理智得来；不是关于个别的，便是关于共相的；其产品不是形象，便是概念。通过这种两分，克罗齐认为审美经验或艺术创作是一种与一般知识不同的直觉的知识。克罗齐认为，科学"是理智的事实"，而艺术是"直觉的事实"④，他认为"纯粹的诗"不同于逻辑，但并非没有灵魂，因此他

① 庞德. 回顾［A］//二十世纪文学评论：上册. 上海：上海译文出版社，107，108.
② 章安祺编订. 缪灵珠美学译文集［C］. 北京：中国人民大学出版社，1990：172.
③ 佩特. 文艺复兴·结论［A］//现代西方文论选. 上海：上海译文出版社，1983.
④ 克罗齐. 美学原理［M］. 朱光潜，译. 北京：商务印书馆，2012：3.

借用"直觉"一词来表示审美经验的特殊性。他并不否认艺术家也使用概念，但他认为艺术之概念与哲学概念有所不同，他认为："混化在直觉品里的概念，就其已混化而言，就已不复是概念，因为它们失去一切独立与自主；它们本是概念，现在已成为直觉品的单纯原素了。"① 出于对艺术直觉而不是理性的强调，克罗齐认为唯有灵感和格律、表现和意象完美结合的诗才是真正的诗，而诗歌理论之所以很少被用于诗歌创作，就是因为理论家们没有认识到诗的真义在于直觉和表现。克罗齐是在审美经验的层面上来探讨直觉和表现问题的，因此，克罗齐坚持直觉和表现不可分割的立场。克罗齐认为直觉并非限于艺术构思，表现也并非限于艺术传达，两者在审美经验的层面上是浑然一体彼此交融的。因此，克罗齐认为，在经验的层面上，直觉或表现，就其形式而言，有别于被感触和忍受的东西，直觉与表现融于一体，直觉的知识就是表现的知识，两者共存于审美经验之中，"直觉即情感的表现"，"直觉的成功表现即是美"②。R. G. 科林伍德（Robin George Collingwood，1889—1943）继承了克罗齐的"艺术即直觉即表现"说，主张"艺术即情感即表现"。R. G. 科林伍德将艺术区分为技艺和艺术两类，他认为"陈旧的艺术"是一种技艺，而真正的艺术是对情感的表现。R. G. 科林伍德又将艺术区分为"再现艺术"和"表现艺术"。他认为，"再现总是达到一定目的的手段，这个目的在于重新唤起某些情感。重新唤起情感如果是为了它们的实用价值，再现就成为巫术；如果是为了它们自身，再现就称为娱乐。"他认为，表现艺术是对人类主体的情感的表现，是一种想象性活动，它与人类主体的感觉、意识、想象、情感、思维和语言等密切相关，只有表现情感的艺术才是"真正的艺术"③，而"艺术家所尝试去做的，是要表达一种他所体会过的感情"。

意识流表现主义主要是指 20 世纪初叶开始出现的根据主体的意识流动来进行创作的一种表现主义流派。它突破其他表现主义根据主体的理性观念和序化结构来进行创作的固有观念，而是根据创作主体心理意识真实的流动过程以及主体自由的联想来进行创作。从广义上来说，它可以上溯到 18 世纪以降欧洲小

---

① 克罗齐. 美学原理［M］. 朱光潜，译. 北京：商务印书馆，2012：2.
② 克罗齐在《美学原理》中认为，美即直觉即表现。他认为，美是一种"成功的表现"，而丑则是一种"不成功的表现"。克罗齐. 美学原理［M］. 朱光潜，译. 北京：商务印书馆，2012：93.
③ 罗宾·乔治·科林伍德. 艺术原理［M］. 北京：中国社会科学出版社，1985：15.

说中的心理描写传统，如从塞缪尔·理查生到亨利·詹姆斯等作家在创作过程中进行的回忆、情感勾画等心理描写技法，但现代意义上的意识流表现主义它不再基于传统的理性观念和序化结构之上的有意识结构，而是关注创作主体心理意识的无意识流动和创作中的自由联想甚至包括作家主体的心理本能等深层无意识心理的表现。威廉·詹姆斯有关意识流的论述、柏格森关于心理时间的绵延说、弗洛伊德的无意识理论，被认为是意识流表现主义的三个主要来源。意识流表现主义的主要代表作家有詹姆斯·乔伊斯、弗吉尼娅·沃尔夫、威廉·福克纳以及普鲁斯特等人，其共同的特征，便是强调艺术是人类主体心灵非理性、无意识、无序化的纯粹自然主义的流动和表现。

3. "才艺说"：艺术是艺术家的一种技艺或才能

"才艺说"主张，艺术既不只是单纯的对外部世界的模仿，也不仅仅是纯粹的创作者的心理表达，它是创作者创造性地运用自己的天赋或才艺来进行创造，是创作者的技艺或才能的体现，它和其他满足于人类的实用需要的创造物不同之处在于，它是创造者技能和才艺的体现，创造者创造这一创造物，它希望能获得人们对其才艺的认可。

"才艺说"的提出，大多有其自身基于特定艺术门类的背景或情境。基于不同的艺术门类背景，学者们对艺术的认知和判断也会发生不同。在诗歌、音乐等领域，对于创作者才艺的认知要更加明显。例如，差不多和克塞诺芬尼同时代的古希腊抒情诗人品达（Pindaros，约前518—前422或438）标举"天才说"，他认为，"诗人的才能是天赋的"①。此外，古希腊哲学家德谟克利特认为，"只有天赋很好的人能够认识并热心追求美的事物"，他称道古希腊吟游诗人荷马"赋有神圣的天才"，"曾作成了惊人的许许多多各色各样的诗"。亚里士多德则将艺术归为"创造性科学"，认为诗是描述"按照可然律和必然律可能发生的事情"，创作者可以按照"人应当有的样子来描写"。亚里士多德大抵持一种客观主义的立场，但他将艺术归为"创造性科学"，并认为艺术与创造者的技艺和才能有关。

早期的绘画与雕塑等造型艺术主要在于逼真地描摹与外在事物尽可能相似

---

① 品达. 奥林匹克颂 [M]. 欧美古典作家论现实主义和浪漫主义（一）. 北京：中国社会科学出版社，1981：8.

的形象，因此，对创作者才艺的认知往往被"是否逼真？"这样的问题所掩盖。尽管如此，论及创造者的才艺的记载也不乏多见。例如，曾经是一位雕刻艺人的苏格拉底，就曾与画家巴拉苏斯、雕刻家克莱托的谈话中论及雕刻的技艺和才能。古代的斐罗斯屈拉图斯（Flavius Philostratus，170—245）认为体现创造者才艺的想象比模仿能力更重要①。在《狄阿那的阿波洛尼阿斯的生平》一书中，斐罗斯屈拉图斯提到模仿有两种："一种是绘画，用心和手来图绘万物；另一种则只是用心来创造形象"②；尽管作者认为"用心和手来图绘万物"比"用心来创造形象"是"更为完备的一种模仿"，但他同时又认为"用心来创造形象"是"用手来图绘"的一个重要过程，这一过程斐罗斯屈拉图斯将它理解为"想象"。在谈到有关诸神的造型时，斐罗斯屈拉图斯借阿波洛尼阿斯之口说道："想象！是想象塑造了这些作品。……它是比模仿更为巧妙的一位艺术家。模仿仅能塑造它所看到过的东西，而想象还能塑造它所没有看到的东西，并把这没有看到过的东西作为现实的标准。模仿常常为恐惧所阻挠，而想象则不为任何东西所阻挠，因为它无所恐惧地上升到它自己理想的高度。"③ 在斐罗斯屈拉图斯看来，艺术固然是一种模仿，但想象在创作中比模仿更能够达到"理想的高度"，而这一创造性的想象能力涉及创造者的才能。

在文艺复兴时期，创作者的天赋或个人技能被提到很高的高度。意大利文艺复兴时期的第一位人文主义者但丁（Algigieri Dante，1265—1321）认为，"最好的思想只能来自天才与知识，所以最好的语言只适合于那些有知识，有天才的人。"（《神曲·天堂》）在但丁的思想中，思想道德和和文辞修饰等是两者并重的，但我们从他对"天才"的论述中，可以看到但丁对创作者的天赋和才艺的认识。在但丁之后，突出强调创作主体的创造性作用的主要是卡斯特尔维屈罗（Lodovico Castevetro，1505—1571）。在对亚里士多德《诗学》的注释中，卡斯特尔维屈罗在解释亚里士多德关于诗史的区别时，他提出"历史家并不凭才

---

① 斐罗斯屈拉图斯的《想象集》，被认为是狄德罗以前欧洲罕见的画论专著，作者论及了艺术的想象问题。在《狄阿那的阿波洛尼阿斯传》（*The Life of Apollonius of Tyana*）中，斐罗斯屈拉图斯提到阿氏对于模仿与想象在艺术中的作用的一些看法，学界一般将阿氏的观点作为斐罗斯屈拉图斯本人的艺术观点。

② 狄阿那的阿波洛尼阿斯传［A］//西方文论选：上卷. 上海：上海译文出版社，1964：133.

③ 狄阿那的阿波洛尼阿斯传：第六卷［A］//西方文论选：上卷. 上海：上海译文出版社，1964：134.

能去创造他的题材"，至于诗的题材虽近似历史但并不相同，他认为，"诗人凭才能去找到或想象出来的"，"在愉快和真实两方面，却并不比历史减色"。卡斯特尔维屈罗认为历史家用推理的语言，诗人则"运用他的才能，按照诗的格律，创造出语言"。卡斯特尔维屈罗由此得出结论："'诗人'这个名词的本义是'创造者'，如果他希望担当这个称号的真正意义，他就应该创造一切，因为从普通材料中都有创造的可能。"① 卡斯特尔维屈罗主张诗人应被称为"创造者"，并且认为艺术的创作与主体的创造性才能大有关系。

在浪漫主义时期，特别是随着抒情诗和浪漫派诗人的涌现，创造者的天赋或主观心灵的作用被突出到前所未有的高度。柯勒律治（Samuel Taylor Cole-ridge，1772—1884）认为，诗的本质是"介乎某一思想和某一事物之间的……是自然事物和纯属人类事物之间的一致与和谐。"在他看来，诗是事物和心灵的结合，而诗歌的创作是创作者天赋和才艺的综合性运用。他认为，"诗是诗的天才的物产，是由诗的天才对诗人心中的形象、思想、感情加以支持、同时加以再建而成的。因此，柯勒律治主张，诗是天才对"诗人心中的形象、思想、感情"等"许多事物在人的思想中的合而为一"（《文学生涯》）。

到了现代时期，随着现代造型艺术的表现主义转向，艺术不再只是逼真地描绘现实，它更是创作者个人的自由想象和主观心灵的表达，在这一时期，现代艺术强调主观、变形、抽象的特点，使得创作不再是机械地对外在世界的描摹，它更多地体现艺术家个人的天赋或才能。埃伦·迪萨纳亚克在《艺术为了什么》和《审美的人——艺术来自何处及原因何在》等书中提出，人类是一种审美的和艺术性的动物，人存在的一个重要的特点是人的自我意识和"使自己与众不同"，艺术的根本的特点在于体现创作者的创造性才能，就像是人们比赛谁能尿得更远那样，艺术是对个人的创造性才能的一种追求和认可。她说："我们对各种艺术的体验，以从简单到复杂的方式，就是感觉良好"，"它们助长了一种心境，在这种心境中，注意力被集中、唤起、移动、控制和满足。无论是作为仪式还是娱乐，艺术都责成人们参与，加入其洪流，进入最佳状态，感觉

---

① 参见《世界文学》1961 年 8、9 月号，朱光潜，译. 另参见：古典文艺理论译丛：第六册 [M]. 吴兴华，译. 人民文学出版社，1963.

良好。"① 埃伦·迪萨纳亚克认为，艺术是对人的创造性才能的体现和认可。

马克思曾论及人的"本质力量的对象化"，认为人与动物的很大的不同，在于人是具有自我意识的动物，人将自身作为对象，人的自由的有意识的活动将人和动物区分开来，而艺术存在的作用，在于它使人类自我意识到自身的技艺和才能，使人的本质力量获得对象化。艺术被认为是人类"掌握世界的方式"之一，也是人类的一种按照美的规律来进行的"艺术生产"活动。应该说，艺术的"才艺说"指出，艺术创作不只是机械地对外部世界的反映或模仿，也不是创作者个人的纯粹的主观情感抒发，它的很重要的一个方面，便是它体现了综合反映与表现等多个方面的创造性的才能。

4. "形式论"或"符号说"：艺术是一种特殊的创造性符号形式

其他几种艺术观点，或者强调艺术和外部世界的联系，或者聚焦于艺术作品与创造者的主观方面的联系，"形式论"或"符号说"则主张切断艺术作品与外部世界或创造者个人的联系，而是单纯从艺术作品本身来探讨艺术之为艺术的答案。"形式论"或"符号说"认为，艺术是一种特殊的创造性的结构形式或符号形式。

"形式论"或"符号说"的倡导者主要是形式主义、结构主义和符号学派。这几个学派主要从艺术作品的结构形式或符号形式来探讨研究艺术问题。从早期的亚里士多德的"四因说"到现代时期的结构主义，它们试图从作品自身内部的结构特点或形式因素来寻找艺术之为艺术的特征。"形式论"或"符号说"采取文本中心主义的立场和策略，它主张，尽管人们可以探讨文本与外部世界、以及与作者本人的关系，但是，艺术研究更重要的是分析艺术文本自身的形式与结构，要从艺术文本自身的形式和构造当中，来探求艺术与非艺术之间的差别。"形式论"或"符号说"试图确立文本中心主义的立场，甚至不惜代价宣告"作者之死"（The Death of the Author）——1976 年，罗兰·巴特（Roland Barthes，1915—1980）在其《作者已死》一书中宣称：作品一旦完成，作者就已经死亡，作者与作品的关系便宣告结束。在拉丁语族的词源学中，作者（author）和权威（authority）有着同一词源。就词源学而言，author 与 auctor 二字

---

① 埃伦·迪萨纳亚克. 审美的人——艺术来自何处及原因何在 [M]. 北京：商务印书馆，2004：50.

关系密切。在中古时期，每一学科（如修辞学、雄辩术、语法）都有其作者（auctor），为这些不同的学科建立基本的原则和规范，将偶然事件组织成一个确定的、能赋予它们意义的语境。作者（auctor）一词自然而然地与权威联系在一起，意味着它对某一领域的支配性地位。罗兰·巴特指出，"作者"的概念是历史和意识形态下的产物，文艺复兴之后，随着私有财产权观念兴起，作者要求保护自己的作品的版权，以期能从发行、买卖中获利，作者的概念被确立强化。罗兰·巴特宣称，在作品完成之后，即使作者本人，也只能是文本的一位客人而非主人，他也无法独占对作品与文本的解释权。罗兰·巴特的"作者已死"的宣告，一方面成就了"读者之生"，另一方面也重申了文本中心主义的立场。

形式主义的思想可以追溯到古希腊时期。古希腊的毕达哥拉斯学派由音程等艺术现象的数的规律，进而认为艺术的特点在于形式上的数的关系与和谐。毕达哥拉斯学派的《论法规》等著作，都是在探讨艺术作品的形式上的特点。亚里士多德则认为一个事物主要取决于四个因素，即质料因（the material cause）、动力因（the efficient cause）、形式因（the formal cause）和目的因（the final cause），而美是事物自身的一种客观的属性，主要体现形式因的要求。受到亚里士多德思想的影响，托马斯·阿奎那也认为"美属于形式因的范畴"，"美即在恰当的比例"。

"形式论"的代表性观点是英国美学家克莱夫·贝尔（Clifve Bell，1881—1964）的"有意味的形式"说。克莱夫·贝尔在其《艺术论》一书中提出了"有意味的形式"一说[1]。他认为艺术作品的基本性质就在于它是"有意味的形式"，"有意味的形式"是"将艺术品与其他一切物品区别开来的性质"[2]。他说："在各个不同的作品中，线条、色彩以某种特殊方式组成某种形式或形式间的关系，激起我们的审美感情。这种线、色的关系和组合，这些审美地感人的形式，我称之为'有意味的形式'。'有意味的形式'，就是一切视觉艺术的共同性质。"[3] 在克莱夫·贝尔的理论中，"意味"不同于对自然物的简单的情感反应和情感判断，而是一种特殊的审美情感和心灵感受，"形式"则是艺术的载

---

[1] 克莱夫·贝尔的"有意味的形式"一说，是对艺术本身的探讨，我们也可以将这一探讨方式移用于美学研究，美的本质可以做这样的理解："美是被赋予了意味的形式"。

[2] 克莱夫·贝尔. 艺术 [M]. 北京：中国文联出版公司，1984：3.

[3] 克莱夫·贝尔. 艺术 [M]. 北京：中国文联出版公司，1984：4.

体，是艺术品各个部分和要素构成的一种特殊关系，一切艺术品便是艺术形式与人的情感意味的结合。一方面，"有意味的形式是对某种特殊的现实之感情的表现"，另一方面，"艺术家的感情只有通过形式来表现，因为唯有形式才能调动审美感情"。克莱夫·贝尔认为，离开了"有意味的形式"，"艺术品就不成其为艺术品。"他说："到画展找表现纯是徒劳，你只能找到有意味的形式……只有当形式令人满意，产生这种形式的思想状态才可能是令人满意的。"应该说，"有意味的形式"在人类符号系统中不乏多见，"有意味的形式"实际也有艺术和非艺术之分，克莱夫·贝尔的"有意味的形式"一说，捕捉到了艺术形式之被赋予了意味的特征，但是，"有意味的形式"构成了被判定为艺术的必要条件，但并没有成为艺术之为艺术的充分条件，这一说法并没有回答到底什么样的"有意味的形式"被认为是艺术。

结构主义（structuralism）起源于出生于瑞士的斐迪南·德·索绪尔的句法结构研究。斐迪南·德·索绪尔区分了"语言"和"言语"，他运用结构主义的方法来分析语言的结构关系和句法功能转换，并倡导研究语言现象中的深层结构关系。1945 年法国人克劳德·列维—斯特劳斯发表了《语言学的结构分析与人类学》，将结构主义语言学的结构分析方法运用到人类学研究，其后，在1949 年出版的《亲属关系的基本结构》和 1958 年出版的《结构人类学》等书中，克劳德·列维—斯特劳斯将结构主义方法运用于人类学、社会学和文化学的分析。结构主义认为，语言，文学，乃至人类社会的方方面面，有着一个内在的结构，任何文本、符号、文化现象都是一个巨大意义网络上的一个联结，它与周围文化有着千丝万缕的联系，结构主义便是要分析符号或文化背后如何被制造与再制造的深层结构。1970 年，德国接受美学康士坦茨学派的创始人之一沃尔夫冈·伊瑟尔（Woirgang Iser）出版了《文本的召唤结构》一书，提出了"召唤结构"一说。沃尔夫冈·伊瑟尔指出，一个文本存在着意义"空白"和"不确定性"，其语义单位之间存在着连接的"空缺"，文本中的"空白"是"一种寻求连接缺失的无言邀请"，一个文本及其不确定的空白，它引导激发接受者进行想象性的连接并进行创造性的填补，最终实现一个作品的意义。沃尔夫冈·伊瑟尔的"召唤结构"的提法，启发了美学和艺术学研究学者，他们认为，一个艺术作品，它实际是一种"召唤结构"，它以其创造性的结构向欣赏者发出邀请，并引导激发人们实现艺术作品的意义。

"符号说"意识到早期语义分析方法和结构主义分析方法的局限，而是主张从"符号"入手来探讨艺术问题。语义分析往往单纯从语言出发来研究美学和艺术问题，这一分析方法过于单一，偏于从工具论意义上的指意系统来进行研究，不太适合对于偏于娱乐、游戏、甚至带有自我娱乐性质的艺术的探讨。结构主义侧重从形式构造来探讨艺术问题的路径固然有其优点，但是，结构主义有着将形式或结构从艺术作品中抽离出来的倾向，从而将艺术对象简单化、单一化，最后造成简化主义的结果。

"符号说"从恩斯特·卡西尔的"人是语言的动物"这一论断中获得启发，进而提出"人是符号的动物"，认为语言固然为人和动物的区分提供了一个非常重要的参考依据，但是语言尚不足以将人类全部的文化内涵加以展示，而主张用更为宽泛、更为显性的"符号"（symbol）作为探讨艺术问题的分析对象。"符号说"通过用于表意或指意的能指系统或符号系统来进行艺术分析的切入点。"符号"不像"语言"那样有着相对清晰明确的指意对象，而是有着多义延异的听觉、视觉、文字、多媒体等全部能指或自指系统，它囊括了自我指涉、无指涉等多种可能的艺术符号形式或艺术创造性形式。符号学主要研究符号本身，即组成符号所依据的符码或符号系统。它研究一个社会或文化如何因应自身的需要，而开拓出符合不同传播途径之需的各类符码。另一方面，它研究符号或符码运作所依托的文化，以及文化如何依赖符号或符码的运用得以维系其存在与形式。

"符号说"的重要代表人物是苏珊·朗格（1895—　）。苏珊·朗格是恩斯特·卡西尔著作的英译者，她将恩斯特·卡西尔的思想介绍到了英语世界，并且在翻译中得到启发，写出了《情感与形式》（1953）、《艺术问题》（1957）、《心灵：论人类情感》（1967）等著作。美国学界常将恩斯特·卡西尔和苏珊·朗格两人的理论合称为"卡西尔—朗格符号学"。苏珊·朗格对符号学的创见不多，她秉承浪漫主义和表现主义的传统对情感的重视，其贡献在于将表现主义和符号学结合起来，发展了符号学理论中的"艺术符号学"理论。苏珊·朗格认为，艺术是一种"有点特殊的符号"，就艺术符号而言，它是一种"表现性形式"，是"人类情感的符号形式的创造"[①]。苏珊·朗格说，"所谓艺术品，说到底也就是情感的表现。"在苏珊·朗格看来，艺术具有一种表现性，艺术符号的

---

① 苏珊·朗格. 情感与形式［M］. 刘大基，傅志强，周发祥，译. 北京：中国社会科学出版社，1986：51.

内涵是情感，艺术是情感与形式的统一。苏珊·朗格的突出贡献在于，她指出，艺术符号并不像语言那样有着明确的指意对象，相反，它有时并不以明确的外在的指意对象为目标，而是以审美或艺术作为自身的价值的依据。她说："艺术符号是一种有点特殊的符号，因为虽然它具有符号的某些功能，但并不具有符号的全部功能，尤其是不能像纯粹的符号那样，去代替另一件事物，也不能与存在于它本身之外的其他事物发生联系。"因此，"艺术符号，也就是表现性形式，它并不完全等同于我们所熟悉的那种符号，因为它并不传达某种超出了它自身的意义，因而我们不能说它包含着某种意义。它所包含的真正的东西是一种意味，因此，仅仅是从一种特殊的和衍化的意义上说来，我们才称它是一种符号。"① 苏珊·朗格也指出，"形式与艺术本性的关联是异常复杂的"，艺术符号是特殊的符号，也是特殊的形式，它是情感与形式的结合。苏珊·朗格的艺术是"人类情感的符号形式的创造"的观点，是从符号论的角度来探讨艺术本性的。

5. "惯例说"：艺术是艺术惯例认可之物

"模仿说"从艺术作品与外部世界的联系来探讨艺术，"表现说"与"才艺说"则从创作者的主观心灵或才艺来研究艺术，"形式论"或"符号说"则从艺术作品的结构功能来寻求艺术的本质，与这些探讨路径不同，"惯例说"从作品被认定为艺术作品的程序上来分析艺术之为艺术的根本依据。"惯例说"认为，特定的作品，被认定为艺术作品，这是在特定的文化群体中，由相应的艺术惯例来认定的，是艺术惯例赋予了一件作品"艺术的身份"。

阿瑟·C·丹托（Arthur C. Danto）较早地从艺术作品被外部认定的角度来探讨艺术问题。丹托认为，一件作品是否被认定为艺术作品，不是由它自身决定，而是由围绕在它周围的艺术界（artworld）决定的，或者说，是由艺术界的"理论氛围"（atmosphere of theory）决定的。这一理论氛围涉及艺术理论、艺术史、艺术批评等领域，唯有艺术界之中的人能够识别并感受到这种理论氛围，而艺术界之外的人是无法识别它的。而一件寻常的事物被判定为艺术，是由艺术界来加以认定的。丹托的观点有着精英主义或者艺术家中心主义或艺术界中

---

① 苏珊·朗格. 艺术问题［M］. 滕守尧，朱疆源，译. 北京：中国社会科学出版社，1983：134.

心主义的色彩，但是，他的观点揭示出，一个艺术品，它从寻常事物嬗变为艺术作品，与它所置身的艺术界或艺术惯例息息相关。

阿瑟·C·丹托从"艺术界"这一外部程序性角度去探讨艺术，扭转了人们从作品的"具体可感特征"去探讨艺术的习惯性路数，人们从探讨艺术的功能主义转向了程序主义①，开始探讨一件作品的外部的艺术文化氛围是如何认定并赋予作品"艺术身份"的。受到丹托的艺术界和"寻常事物的嬗变"理论的启发，乔治·迪基（George Dickie，1936—）提出了他的"惯例论"或"建制论"。在1974年的《艺术与审美》一文中，乔治·迪基提出了他的"艺术惯例论"（the Institutional Theory of Art）。乔治·迪基提出，一件作品被认定为艺术作品，它通常是指——"一件人工制品，它以自身的某些方面，被代表特定的社会惯例来行动的某人或某些人，授予其欣赏候选者的地位"② 乔治·迪基指出，艺术之被称为艺术，或者一个作品获得其艺术品的身份，与其外部的社会惯例和授予的程序有关。后期乔治·迪基对"以艺术的名义创作"和"授予说"做了一点修正，关于艺术的定义有过一些新的表述。他认为艺术品必须包含两个要件："艺术品：（1）它必须是件人工制品；（2）它是为提交给艺术界的公众而创造出来的"③，并且就艺术的定义附加了四个条件："艺术家"是理解一个艺术品被制作出来的参与者；"公众"是一系列的人，这些成员在某种程度上准备去理解要提交给他们的物；"艺术界"是整个艺术界系统的整体；一个"艺术界系统"就是一个艺术家将艺术品提交给艺术界公众的构架④。从附加的四个条件来看，乔治·迪基认为，艺术是特定人类群体基于相应的艺术实践与艺术惯例对人工创作作品的认可。

---

① 戴维斯在《艺术的定义》中指出，人们对于"艺术定义"的争论，实际上体现出了"功能主义"和"程序主义"两种学术路径的差异，乔治·迪基的艺术惯例论正是从程序入手来探讨艺术定义的。

② 乔治·迪基对艺术的定义："A work of art in the classificatory sense is（1）an artifact（2）a set of the aspects of which has had conferred upon it the status of candidate for appreciation by some person acting on behalf of a certain social institution（the artworld）." See George Dickie, *Art and Aesthetic*［M］. Ithaca and London：Cornell University Press，1974：. 34.

③ 后期乔治·迪基关于"艺术"定义的表述为："A work of art is an artifact of a kind created to be presented to an artworld public." See George Dickie, *The Art Circle：A Theory of Art*, New York：Haven Publications，1984：80.

④ George Dickie, *The Art Circle：A Theory of Art*, New York：Haven Publications，1984：80 - 82.

对艺术的定义的方法和思路是多种多样纷繁复杂的，上述几种是艺术定义的最主要的几种学术路径。我们看到，对于"艺术"的定义，它或者从艺术作品与外部世界的关系入手来探讨艺术的本质，或者从创作者的主观心灵或个人才艺来研究艺术作品的个人化意义，或者从艺术作品自身的形式构造或符号特点来探讨与非艺术作品的差别，或者从特定社会群体如何根据艺术惯例来认定并授予一件作品艺术品的身份。应该说，以上各种对艺术定义的探讨涉及了艺术之为艺术的方方面面，而任意一种单一的思路和学术路径，都有可能是"失重"而有失偏颇的。

综合上述几种探讨艺术本质问题的思路和路径，我们试图对"艺术"下一个涉及了艺术之为艺术的多个方面的综合性的定义：所谓的艺术，是在特定的文化艺术惯例中，由特定的创作者创作，体现创作者的创造性才能，具有一定的审美独创性的创造性构造。

二、艺术的特征

这样，我们获得了一个较为全面的、综合了艺术之为艺术的多个方面的"艺术"的定义，它在创作者、作品、艺术惯例等多个方面对艺术之为艺术的"家族相似性"进行了概括和描述。

应该说，艺术是多样而且复杂的，尤其发展到当代，艺术有着比我们以往所理解的更加丰富的多样性和复杂性。一方面，艺术发展日新月异，艺术的门类发展日益多样，出现了数字艺术、新媒体艺术等新兴的艺术门类。另一方面，艺术的发展出现了很多新的潮流，现代艺术、未来主义、达达主义、后现代艺术、流氓艺术、反艺术等等极大地突破了传统对艺术的理解。这些新的发展和变化，使得我们无法对艺术进行简单的、仓促的定义。

尽管如此，我们还是需要对艺术的"家族相似性"进行归纳和总结，以便我们更好地理解艺术及其艺术作品。根据前述对艺术的定义，艺术是在特定的文化艺术惯例中，由特定的创作者创作，体现创作者的创造性才能，具有一定的审美独创性的创造性构造，艺术具有以下几个方面的特征——

1. 由特定的创作者创作，体现创作者的创造性才能

艺术首要的特征，便是它由特定的创作者所创造。乔治·迪基在试图对艺术进行定义时，他提出艺术的首要的特征，便是它是一件"一件人工制品"。应该说，艺术之被认定为艺术，首要的便是它是人的创造物，是人类创造的一件作品。艺术不是天然的物品，不是大自然中未经人工开发或创造的物件。自然世界的美丽的事物，我们可以认为它是大自然的杰作，但是，一般我们把它归为自然美的范畴，而不会认为它是一件艺术作品。对艺术作品的认定，首先它必须是人的创造物，是某一个创作者所创作的作品。

这里我们需要注意的是，这里的"创作者"的概念，它未必是所谓的"艺术家"。我们对创作者的理解，不是一个精英主义的、或艺术家中心论的概念，而是指任意一位创作出作品的人。在人类发展早期，在相当长的一段时间内，并不存在所谓的"艺术家"，也不存在所谓的"艺术家"的概念，而"艺术家"（artist）这一语词，也是到了欧洲文艺复兴之后才出现，但是，在此之前，人类早已创造出了相当杰出的艺术作品，因此，不管"艺术家"存不存在，只要有创作者出现并创造出了作品，我们认为这一作品就有可能被认定为艺术。

另一方面，并不是所有的人类创造物都是艺术作品，艺术必须体现创作者的创造性才能。人类创造出来的事物，纷繁复杂，种类繁多，从食品、衣物、住房、交通工具等等，有着无数的种类，而艺术作品，通常是一种能体现出创作者的创造性才能的人类创造物。

2. 作品是一个具有审美独创性的创造性构造

艺术作品是创作者的创造，体现创作者的艺术才能，而创作者艺术才能的体现，它通过艺术作品及其创造性结构来得以体现。

艺术作品首先和认识论对象相区别。艺术作品和它所描绘或指称的对象不同，它是一种艺术创造物。有这么一件轶事，有人请画家马尔古画一幅画，马尔古画了一年，却交了一张白纸，据说马尔古的深意是：艺术就是艺术，而不是它所要表现的那个对象。1929 年，比利时超现实主义画家雷奈·马格利特（René Magritte）画了一幅名为《形象的叛逆》的画，画面中央是一个巨大的烟斗，而画面下方则写了一行法文："这不是一支烟斗"（Ceci n'est pas une pipe）。雷奈·马格利特的画作《形象的叛逆》提醒我们：艺术作品，作为艺

家的创造物，它跟现实中的事物是两回事——这是一幅画和画中描绘的形象，它跟它所描绘的事物不是同一个对象，艺术作品的形象主要不是为了让人们它所描绘的对象，而是让人们认识画作本身。

图6-1　雷奈·马格利特的画作《形象的叛逆》

德国戏剧家贝托尔特·布莱希特（Bertolt Brecht，1898—1956）从戏剧艺术的角度提出过类似的观点。贝托尔特·布莱希特主张，戏剧艺术应当让观众知道"这是演戏"而不是真的生活。布莱希特强调演员应当时刻记住自己表演者的身份，他在《街头一幕》中说，"演员必须保持一个表演者的身份；他必须把他所要表现的人物作为一个陌生者再现出来，他在表演时不能把这种'他做这个，他说这个'删除掉。绝不能完全融化到被表现的人物中去。"① 法国作家司汤达记录了这样的事情：当莎士比亚的悲剧《奥赛罗》演到奥赛罗掐死心爱的苔斯德蒙娜时，一个剧院的卫兵竟气愤地向扮演奥赛罗的演员开了一枪。中国也发生过类似的事情，抗战时期在延安上演《白毛女》，激动的观众义愤填膺，冲上舞台为喜儿报仇，狠狠揍了一顿扮演恶霸黄世仁的演员。这些轶事揭示出，人们混淆了戏剧艺术和真实的生活之间的区别，没有意识到艺术和现实生活是两回事，它是艺术家的创造。

艺术作品和认识论对象不同，和作品本身描绘的对象不是同一件事物。艺术作品既可能是对现实事物的反映，也体现创作者的创造性想象和加工，也可能包含着创作者的心理情感，它是经过创作者主观心理把握和情感意念赋予的

---

① 布莱希特. 布莱希特论戏剧 [C]. 丁扬忠等，译. 北京：中国戏剧出版社，1990：83.

"审美意象"。艺术作品是被觉知、想象、加工、并意念化、情感化了的一种对象，它不是简单的对外在事物的反映的认识论对象，而是一种经过主观心理审思并创造出来的对象，是一种审美的艺术创造物。英国学者萨缪尔·亚历山大在《艺术、价值与自然》一书中指出，"正是艺术运用其幻想，把物质材料未尝拥有的特征赋予它们，从而保证了艺术作品的艺术实在性，并把艺术的实在性增添到世界的真实的事物之上，我们称之为价值。"① 萨缪尔·亚历山大的话揭示出，艺术不是外部世界的真实的事物，而是创作者运用想象把真实的事物未尝拥有的特征赋予它们，从而获得一种属于艺术所独有的自身的特性。

另一方面，从艺术价值的角度看，艺术作品与功利对象不同，而是一种具有审美价值和艺术价值的审美对象。同样是人工创造物，艺术作品与满足实用功利需要的一块路牌、一张便条、或一张建筑规划蓝图等人工制品不一样，艺术作品是一个服务于审美和艺术需要的作品，它的根本的特点便是它具有审美的艺术价值。

艺术作品的审美艺术价值，首先表现在它是一种比现实世界更高的"艺术世界"。也就是说，艺术作品是一件具有审美艺术价值的人类创造物，它是某种与现实对象不同的创造物，甚至它是某种"更高的现实"。在这一个意义上，艺术作品中的艺术形象并不等于它所描绘的对象，艺术对象或艺术世界不能与外在世界等同，它是一种源于自然又高于自然的"第二自然"，或者说，它是一种源于现实又高于现实的"第二现实"。正因为如此，巴布罗·毕加索（1881—1973）曾经说过这样的话："艺术是谎言，但它却述说真理。"② 可以说，艺术家用创造性想象去创造作品，艺术作品则用"更高的现实"去表现某种真理。雷奈·马格利特在创作了《形象的叛逆》的几年之后，他又画了一幅名为《双重之谜》的画作，画面的左上方是一个悬浮着的烟斗形象，画面的右下方立着一个画架，上面摆着一幅画，就是写着"这不是一支烟斗"（Ceci n'est pas une pipe）的类似于《形象的叛逆》的一幅画。

雷奈·马格利特的《双重之谜》提醒我们，艺术作品与现实中的事物不同，又这样那样地和现实中的事物发生着联系，艺术作品中的形象世界又与现实世

---

① 萨缪尔·亚历山大. 艺术、价值与自然［M］. 北京：华夏出版社，2000：36.
② Robert Cumming. Art Explained—The World's Greatest Paintings Explored and Explained. DK Adult，2007：98.

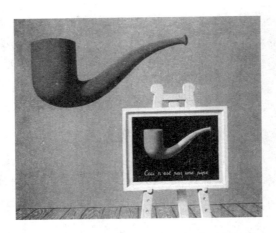

图6－2 雷奈·马格利特的画作《双重之谜》

界完全不同，它是某种源于现实高于现实之物，是某种"更高的现实"，带着艺术世界独有的精神光辉。

对审美艺术价值的判定是一项非常复杂的工作，它既包含人类学意义上的能够给人带来审美愉悦的特征，另一方面，它又需要判断多大程度上体现了创作者的创造性艺术才能，其核心的工作，便是判断一件艺术作品的审美独创性。艺术作品和一般意义上的人类创造物相区别，艺术作品是一个具有审美独创性的创造性构造，一种以审美独创性向欣赏者发出审美召唤的创造性结构，一个综合了内容与形式等诸方面要素的独创性结构体。

艺术作品的独有价值往往来自它的审美独创性，它带着一件艺术作品作为一个"召唤性结构"所独有的"独创的光辉"。埃伦·迪萨纳亚克曾经在《审美的人——艺术来自何处及原因何在》一书中指出，艺术体现人类"使自己与众不同"的创造性才能，而艺术作品的根本的特征在于"使其特殊"[1]。埃伦·迪萨纳亚克对艺术作品的"使其特殊"这一核心的认识，实际上揭示出，艺术作品的审美独创性是区分艺术与非艺术的根本特征。在对艺术作品的认定中，审美独创性往往成为艺术和艺术价值认定的最根本的特征。

---

[1] 埃伦·迪萨纳亚克. 审美的人——艺术来自何处及原因何在 [M]. 北京：商务印书馆，2004：70－102.

3. 为特定的文化艺术惯例所认可

艺术的认定，需要判断人类创造物的审美艺术价值，审美艺术价值包含着一件作品方方面面的要素，它常常是艺术作品内容与形式等多方面要素的总和，而审美艺术价值的核心，便是艺术作品的审美独创性。

对于艺术作品审美独创性的判定，需要通过与其他艺术作品的比较来进行，因此，这需要结合创作者创作作品时的相关情境及其艺术惯例来进行。在理论上，"一个人的艺术"是可能的，即某人将自己创作的作品认定为"艺术品"，但是，这一认定实际上涉及周围群体的艺术观念和对"艺术"概念的公众认知。随着艺术活动的发展，艺术已经不再是单纯的技能的体现，而是根据审美独创性来加以衡量。例如，一件复制品人们只会把它当作复制技术的产品来加以考量，而不会把它当作艺术创作的产物。对艺术作品的认定，人们需要根据其审美独创性的程度来判定它属于艺术还是非艺术。而对审美独创性的认定，需要根据该创造物与艺术史以及周围艺术界的比较来进行，这样，对艺术的定义，离不开艺术作品所处的文化艺术惯例。

艺术惯例是一种公众的约定俗成，或者说，它是特定文化群体通过隐性或显性的、不成文的或成文的方式形成的风俗或制度。在艺术惯例尚未形成的阶段，人们往往不会把某一创造出来的作品当作艺术来看待。人类学家曾举过这样一个例子：一位画家来到某原始部落，他为当地的土著居民画了一幅肖像，当地的土著居民大为紧张，他并没有把绘画这件事情当作艺术来看待，而是误以为画家会把他的灵魂给带走。在艺术惯例尚未形成的群落，艺术作品并不会被当作艺术来看待。

艺术惯例赖以形成的基础，并不是精英主义意义上的艺术界（artworld），而是艺术创作者及其创作情境所处的生活世界。阿瑟·C. 丹托（Arthur C. Danto）认为，一件作品是否被认定为艺术作品，是由围绕在它周围的艺术界的"理论氛围"（atmosphere of theory）决定的。阿瑟·C. 丹托的观点的局限在于，它把对艺术的认定局限于以艺术家为中心的艺术界。实际上，"艺术"是一种对于独创性技能的惊叹，它常常出现于某一生活群体对于某一创作者的创作才能的赞许和褒扬，因此，艺术惯例的形成，不是绝对的以艺术界为基础，在尚未形成艺术界的生活群体之中，人们同样可以形成对独创性作品的赞叹并形成相应的艺术观念和艺术惯例。艺术是否被认定为艺术，是由某一生活世界当中的艺术惯例或艺术观念与艺术氛围决定的。乔治·迪基（George Dickie，1936—）指出，一件作品获得艺术品的身份，与其外部的社会惯例和授予的程序有关，艺术是特定人类群体基于相应的艺术惯例对人工创作作品的认可。艺术之为艺术，它从公众认可的角度来说，它来自特定文化群体根据特定的艺术惯例对艺术作品的认可。

艺术惯例有一个发生、发展和变化的过程。它有这样几种情形：

（1）在自然而然的情况下，在特定的审美实践和艺术创作实践当中，形成了特定的创作者和创作者群体，并在创作者的周围情境当中形成了欣赏这些创作作品的文化和氛围，并由此形成了相应的艺术惯例。

（2）艺术家通过某种操作，即通过某种行为与方式赋予普通物品以艺术的意义，并通过某种传播性的行为将之纳入艺术惯例。例如，被认为是马塞尔·杜尚（Marcel Duchamp，1887—1968）创作的《泉》是其中最为典型的一个例子。1917 年，纽约独立艺术家协会准备举办一次展览，一件署名为"R. Mutt"的陶瓷小便斗被送到了博物馆，这一小便斗被命名为《泉》，这件作品遭到了独立艺术家协会的拒绝。一般认为，这一署名为"R. Mutt"的倒置的小便斗为马塞尔·杜尚所作①。据说最初的原作已经损毁，现在存世总共有 15 件署名为"R. Mutt"、命名为《泉》的小便斗复制品②。后来，这一件作品成为艺术史上非常重要的一件艺术品。2004 年，在英国举行的一项评选中，《泉》打败现代艺术大师毕加索的两件作品成为 20 世纪最富影响力的艺术作品。这一作品只是从商店中购买的一件实用装置，它被认为是艺术作品，取决于两点：它被创作者通过某种操作赋予意义，例如，给予命名，并签上艺术家的名字等等，赋予这一物品以一定的意义；其次它被送到博物馆加以展出，从而引起艺术圈或公众的关注，从而使这一作品进入艺术世界并获得艺术惯例的认可。艺术惯例的这一种情形，其关键在于艺术家通过某一操作将日常物品纳入到艺术惯例之中。

---

① 在 1917 年 4 月 11 日，即纽约独立艺术家协会拒收《泉》的两天之后，马塞尔·杜尚给他的妹妹写了一封信，信中说："我的一位女性好友使用了 R. Mutt 的假名把一个小便斗当作雕塑送去展出。"根据这封信的内容来看，《泉》的创作者另有其人，但是，当时这一作品遭到了纽约独立艺术家协会的嘲讽，也不排除马塞尔·杜尚在受到嘲讽之下杜撰了一位女性友人。

② 威尔·贡培兹. 现代艺术 150 年［M］. 王烁，王同乐，译. 桂林：广西师范大学出版社，2017：22.

马塞尔·杜尚曾经解释说："这件《泉》是否我亲手制成，那无关紧要。是我选择了它，选择了一件普通生活用具，予它以新的标题，使人们从新的角度去看它，这样它原有的实用意义就丧失殆尽，却获得了一个新的内容。"马塞尔·杜尚的话说明了一件日常物品通过某种操作被赋予意义并纳入到艺术惯例之中。马塞尔·杜尚甚至宣称，这一小便斗的外缘曲线和三角形构图与达·芬奇的《蒙娜丽莎》别无二致，而它那柔润、光洁的肌理效果和明暗转换与古希腊的雕刻大师普拉克西特列斯的大理石雕刻完全一样。这些说法冲击了人们对于美的理解，颠覆了人们对于艺术的观点，打破了艺术与非艺术之间的传统分界。

图 6 – 3　R. Mutt 的《泉》

罗伯特·劳申伯格（Robert Rauschenberg）曾经指出，生活现成品转变为艺术作品，它体现的是非艺术的艺术化。非艺术的艺术化的核心，便是创作者通过某种行为或方式赋予非艺术品新的意义，并通过某种方式将之纳入到艺术惯例之中。这一现象比较典型的出现在行为艺术当中。同样是某一类行为，如果出现在通常的场所以及正常的生活轨道之中，人们只认为这是生活当中的一般的现象。但是，如果这一行为，艺术家通过某种方式赋予它新的意义，并通过一定的传播方式，例如公告，开发布会，邀请媒体关注等等，将这一行为及其新赋予的意义纳入到特定的文化艺术惯例当中，这就可能成为一种行为艺术。正如我们曾经举例说明的那样，"在浴室洗澡只是洗澡，把浴缸抬到大街上去洗澡则有可能成为行为艺术"。行为艺术的核心便在于艺术家赋予某一行为新的意义，并通过某种方法把这一行为及其新的意义公之于众，并将之纳入行为艺术的艺术惯例之中。

（3）随着社会生活的发展，艺术惯例发生改变，原先只是一般的生活用品，后来转变成了艺术品。在这一类型中，最典型的是博物馆艺术。排除展品本身是艺术品的情况，博物馆艺术当中有相当一部分，它原先只是一件实用器具，并非是什么艺术品，但是，当它被发掘出来之后，被放置陈列到博物馆之中，被人们当作艺术品来欣赏观摩，这样，这件物品，由原先的实用的情境，进入到艺术的情境和氛围当中，并被纳入到一个新的艺术惯例之中，或者说，原先物品所处的艺术惯例发生了改变，导致本来不是艺术品的物品，在新的艺术惯例中成为一件艺术品。

图6－4 大地湾遗址仰韶文化时期陶器

（4）当然，艺术惯例也会发生另一种变化，那就是原先处于特定艺术惯例当中的艺术品，它被纳入到非艺术的惯例当中，就会产生新的非艺术的意义。有一些艺术作品，被纳入到功利的惯例当中，会产生非艺术的功利的意义。例如，艺术品被用于当作赠品，它常常被认为象征着友谊。此外，艺术品如果超出了自身的艺术惯例，也会产生新的非艺术的意义。例如，某些艺术品最早只是一件纯粹的艺术作品，但在历史的发展的过程中，它超出自身所处的艺术惯例，获得意想不到的新的意义，最后产生新的非艺术的意义，这在艺术实践中也是十分常见的现象。

这样我们看到，艺术具有到这样三个方面的特征：1. 它由特定的创作者创作，体现创作者的创造性才能。2. 创作者创作的作品是一个具有审美独创性的创造性构造。3. 创作者创作的作品为特定的文化艺术惯例所认可。在某种程度上，这三个方面的特征缺一不可。在某些情况下，有的作品可能尚未被艺术惯例所认可，但是，一旦某一作品被认定为艺术品了，那就意味着它已经被艺术惯例所认可并接受了。因此，艺术之为艺术，它必须具有以上三个方面的特征。

应该说，对于艺术与非艺术的认定，很大程度上依赖特定文化群体的艺术惯例的认可。美的价值依托于审美活动惯例，审美价值来源于事物传递给人类主体的结构化信息，艺术价值依托于艺术惯例，艺术是一种创造性活动，艺术价值主要依据创作者创作作品时创造性处理信息的程度。这样，在关于艺术定义的上述三个方面的特征中，艺术作品的审美独创性成为认定艺术与非艺术的根本特征，或者说，艺术作品的独创性程度成为是否能够被特定文化群体的艺术惯例所接受的根本的因素。本雅明曾经提出过艺术的光晕与神性褪去的问题。随着机械印刷和复制技术的发展，艺术以往所具有的光晕和神性正日渐消退。本雅明所谓的艺术的光晕的褪去，便是由于机械复制使得艺术作品的创造变得日益简单，同时，在机械复制时代，流通社会当中的所谓作品其独创性正日益减少。本雅明的说法，从另外一个角度提醒我们，艺术作品的独创性程度对于艺术之为艺术有着核心的意义。

由于独创性成为艺术之为艺术的最根本的特征，因此，艺术创作需要不断地突破固有的对艺术的理解，从而不断地改变以往艺术作品的格局。由于创新性成为艺术的标志性特征，艺术的定义就具有了开放的维度。由于以创新为特点的艺术作品的不断出现，它不断地改变艺术作品的家族相似性。正是由于艺术的独创性和创新性成为艺术标准的一个核心标准，一些新的艺术作品和艺术现象不断出现，甚至出现了"反艺术""反戏剧""反电影"等艺术形态与艺术运动——实际上，"反艺术""反戏剧""反电影"等艺术形态并没有真正突破艺术的定义，而是对以往固有的艺术形态和艺术理解的突破和超越，它们以自身的反叛或突破的形式表述着对艺术创新性的理解。独创性和创新性成为艺术之为艺术的一个核心的标准，从而使艺术的概念成为一个开放的概念，或者说，由于对创新性这一核心特征的确认，艺术的定义本身具有开放的一面。

三、艺术的价值

艺术的门类多种多样，同一门类的艺术也存在着不同类型的艺术作品，不同的艺术作品之间也是千差万别，在讨论艺术的价值之前，我们首先必须认识到艺术的多样性和复杂性。不同门类的艺术，其艺术价值不可等而言之。音乐艺术与绘画艺术，造型艺术与文学艺术，彼此之间存在着较大的差别，它们的艺术价值，实际上并不能简单同化。同一门类的艺术，也存在着不同的风格类型，莫里茨·盖格尔指出，不同风格类型其艺术价值也不一样，不同风格类型"表现了某种统一的价值模式，……它同时也确定了在这种价值模式中，各种各样的价值应当有什么样的比例。……新的艺术风格意味着新的价值模式。"① 同样，不同艺术作品的艺术价值也不相同，不同艺术作品有着各自不同的特色（distinctness），其艺术价值也会因其结构、肌理、色调等多方面的因素表现出极大的不同。莫里茨·盖格尔指出，"在一个艺术作品之中，从审美角度来看具有意味的东西，也就是存在于这个艺术作品之中的个性——它是这个艺术作品所特有的，不属于其他艺术作品的东西。"莫里茨·盖格尔认为，除了探讨一般的审美价值，还需要注意"这个艺术作品所特有的审美价值"。

对于艺术价值而言，具体的审美关系、审美活动不同，艺术价值也表现出相当的差异。对于不同的人而言，同一艺术作品所具有的价值与意义也不相同，甚至，每一个人接受或欣赏艺术作品的每一次，都有可能呈现出不同的价值与意义。因此，艺术的价值是多元而复杂的，不可简单同化，以单一的模式来等而言之。

尽管如此，有必要对艺术的价值与功能进行综合的概括。艺术价值不可以被简单同化，却可以进行综合的概括、归纳与分析。那么，如何来认识艺术价值呢？

1. 艺术价值不同于功利价值

首先，必须认识到艺术价值不同于功利价值。艺术价值，就其本质而言，它不是实用之物，也不是出于单一的功利的需要而制造的产品，艺术价值与功利价值不同。艺术价值只有被置于艺术的惯例和视野中来考量才呈现为艺术价值。我们应当注意到，"这幅画可用于遮风挡雨""这幅画值 200 美元"和"这幅画有点意思"是三个不同的判断。"这幅画可用于遮风挡雨"，艺术作品被置于实用功利的情境，这一判断实际上是一种实用功利判断；"这幅画值 200 美元"，艺术作品被置于商业的情境，这一判断是一种商业价值判断；相比之下，"这幅画有点意思"，它探讨的是艺术作品的特殊的意味，艺术作品被置于艺术

---

① 莫里茨·盖格尔. 艺术的意味 [M]. 北京：华夏出版社，1999：206.

的情境，它就是一个艺术价值的判断。这三类不同的判断揭示出，在不同的价值判断的情境，一件物品所呈现的价值与意义是不同的，艺术价值不同于功利价值。

2. 艺术价值不同于一般意义上的审美价值

其次，必须认识到，艺术价值不同于一般意义上的审美价值。审美价值的发生需要主体、客体、审美文化惯例三方面元素，艺术价值的发生需要创造者、艺术作品、欣赏者、艺术文化惯例四方面元素。艺术文化惯例与审美文化惯例有着一定的不同，在审美文化惯例之中，审美对象呈现的是审美价值，那是一种单纯的美，而在艺术文化惯例之中，艺术对象被考量的依据虽然有着审美的标准，但在艺术文化惯例当中独创性被确立为最核心的标准，因此，在艺术作品中，"生活丑"可以向"艺术美"转化，在艺术作品之中，并不必然地表现为美，生活中丑的东西，在艺术作品中也可以表现为艺术美，因此，在艺术的视野中，艺术价值与一般意义上的审美价值并不等同。

3. 艺术价值具有特殊性和开放性

艺术作品既是艺术符号，又是文化符号，因此，艺术既具有艺术性，又具有文化性。这样，对于一件艺术作品来说，艺术价值既具有自身的特殊性，又具有开放性，艺术价值是审美的特殊价值与开放的文化价值的结合。一方面，艺术价值具有审美的特殊性，艺术的主要价值在于审美，或者说，艺术的最根本的价值是一种审美价值，服务于人类审美的需要。另一方面，艺术价值又具有开放的文化性，它作为文化符号对于人类整个的文化世界产生影响。艺术价值既具有审美性，又具有文化性。艺术价值是一综合了审美的特殊价值与开放的文化价值的开放性复合价值构造。

四、艺术的功能

艺术的功能同样具有多样性和复杂性。根据以上我们对艺术价值的探讨和分析，我们可以发现，艺术的功能主要以审美功能为主，另一方面，它又具有多种其他功能，艺术是以审美功能为主的多种功能的复合体。艺术具有以下几个方面的功能——

1. 审美功能

艺术最根本的功能，便是审美的功能。艺术就其最根本的服务的目的来说，它是服务于人类的审美的需要的。无论是聆听一首音乐，观赏一幅画，还是吟诵一首诗歌，艺术最根本最主要的功能，便是审美功能。审美功能早期被称作娱乐功能，例如，在文艺复兴时期，卡斯特尔维屈罗（Lodovico Castevetro，1505—1571）在对亚里士多德《诗学》的注释中认为，"诗的发明原是专为了娱乐和消遣给一般人民大众的。"① 英国浪漫主义诗人雪莱（Percy Bysshe Shelley，1792 年—1822 年）则认为，"诗与快感是形影不离的"②，诗的作用是一种"最高意义的快感"③。这些关于"娱乐"和"快感"的表述，实际上体现的是艺术的审美功能。阿·布罗夫曾经在《艺术的审美本质》一书中指出，艺术有着特殊的对象、特殊的形式和内容，艺术有着它自身的审美本质，因此，艺术最根本的功能，是审美功能。

2. 认知功能

艺术作为一种符号形式，它还起着信息传递的功能，因此，在符号传播的意义上，艺术具有认知功能。艺术不单是一种艺术符号，同时它还是一种文化符号，具有超越于审美功能之外的认知功能。正因为如此，有很多人都认为，艺术具有认识世界的作用。恩格斯曾经说，他从法国作家巴尔扎克的系列小说《人间喜剧》中所学到的东西，甚至"比从当时所有职业的历史学家、经济学家和统计学家那里学到的全部东西还要多。"梁启超则提到，科学需要养成观察力，养成观察力，美术最直接，可以观察自然之真。1930 年，胡秋原提出，"艺术是生活之认识。"有很多著名艺术家都曾表达过，艺术就是为了"表现真理"，而艺术对真理的表现，并不是简单的所谓的求真意识，而是通过复杂的、变形的、审美的形式对世界和真理的表现，在这个意义上，艺术可以实现某种程度

---

① 参见《世界文学》1961 年 8 月、9 月号，朱光潜，译. 另参见《古典文艺理论译丛》第六册，吴兴华，译. 人民文学出版社，1963 年。

② 同上：502.

③ Percy Bysshe Shelley, *A Deffense of Poetry* ［A］, *Critical Theory since Plato*, Edited by Hazard Adams, New York：Harcourt Brace Jovanovich, Inc. , 1971：510.

的认知功能。

艺术的认知功能的实现，需要通过艺术的方式来实现，而不是简单的对外在世界的一种反映。马克思曾提到艺术是"掌握世界"的一种方式，而艺术"掌握世界"的方式，是一种特殊的、艺术的方式。艺术的认知功能的实现，是以特殊的艺术的方式来实现的。例如，中国古代小说《西游记》，它以唐僧师徒西天取经路上的经历，展现了和妖魔鬼怪的斗争，它以一种特殊的方式，表现了对世界的认识。艺术的认知功能，它是一种特殊的艺术认知方式，它通过隐喻、暗示、变形、夸张等多种形式，来反映世界，认识世界。艺术认知功能的实现，既可以是对外部世界的认识，也可以对人类自我及其内在心灵的体悟；既可以是对实在世界的认知，也可以是对价值属性的认知。

3. 表达功能

艺术是一种符号，它可以被用于信息传递，因此，艺术还具有表达的功能。艺术可被用于情感的表达，也可以被用于自我心灵表现。托尔斯泰曾说过，"艺术是这样的一项人类的活动：一个人用某种外在的符号有意识地把自己体验过的感情传达给别人，而别人为这类感情所感染，也体验到这些感情。"可见，艺术具有自我表现功能。在中国现代文学史上，曾经出现过一种"自我表现说"——1923 年，郭沫若在《批评与梦》中提出，"艺术是自我的表现，是艺术家的一种内在冲动的不得不尔的表现，……自然不过供给艺术家以种种素材，使这种种的素材融合成一种新的生命力，融合成一个完整的新世界，这还是艺术家的高贵的自我！"艾布拉姆斯在《镜与灯》中指出，文学艺术的一种功能，便是作家像"灯"一样发出光亮照亮别人，这是对艺术的表达和自我表现功能的形象的比喻。

4. 教育功能

艺术具有文化符号性，因此，它也具有某种形式的教育功能。艺术的教育功能是认知功能和表达功能派生出来的一种功能。艺术具有认知功能和表达功能，这使得艺术兼具一定程度的教育作用。认知功能偏于求真，表达功能偏于表现主观心灵，艺术的教育功能则包含事物认知和价值传播两个方面。中国古代曾倡导过艺术的教化功能。孔子论《诗》时曾提到《诗经》具有"兴观群怨"的功能①，荀子曾倡导"礼节乐和"，《诗大序》则认为"诗"可以"经夫妇，成孝敬，厚人伦，美教化，移风俗"。法国启蒙主义的重要代表人物、百科全书派的首领狄德罗曾经提出，"真理和美德是艺术的两个密友"②，是"有效的移风易俗的手段"③。这些观点，都主张艺术具有教化功能，是对艺术的教育功能的体认。

另一方面，艺术的教育功能是通过特殊的方式来实现的。艺术的教育功能不可简单工具化和庸俗化，需要运用特殊的认知方式、特殊的情感表达手段、特殊的道德感化等艺术的方式来实现。古罗马诗人贺拉斯（前65—后8）在其《诗艺》中提出著名的"寓教于乐"说。他提出，诗歌应当"寓教于乐，既劝谕读者，又使他喜爱"④。在贺拉斯的"寓教于乐"说中，娱乐价值正是其中的一个方面，因此，贺拉斯非常强调诗的"魅力"，认为"一首诗仅仅具有美是不够的，还必须有魅力，必须按作者的愿望左右读者的心灵"⑤。英国新古典主义的后期代表人物约翰逊（Samuel Johnson，1709—1784）也提倡，"写作的目的在于给人以教益；诗歌的目的则在于通过快感给人以教益。"⑥ "寓教于乐"的说法，是对艺术的特殊的教育功能的一种表述。

5. 心理疏导功能

艺术作为一种特殊的艺术符号和文化符号，它具有一种特殊的心理疏导功能。亚里士多德在论及音乐和悲剧的作用时，曾谈到艺术的"净化作用"（Katharsis）。在《政治学》卷八《论音乐教育》中，亚里士多德认为音乐具有某种"净化作用"："一听到宗教的乐调，让歌曲把心灵卷入迷狂状态，随后就感到安静下来，仿佛受到了一种治疗和净化"，"某些人特别容易受某种情绪的影响，他们也可以在不同程度上受到音乐的激动，受到净化，因而心里感到一种轻松

---

① 《论语·阳货》载孔子曾有"《诗》可以兴，可以观，可以群，可以怨。迩之事父，远之事君，多识于鸟兽草木之名"一说，这里的"兴观群怨"、与"事父事君"的说法，实际上是偏重于伦理教化的。
② 西方文论选：上卷. 上海：上海译文出版社，1964：376.
③ 西方文论选：上卷. 上海：上海译文出版社，1964：369.
④ 贺拉斯. 诗艺［M］. 北京：人民文学出版社，1962：155.
⑤ 贺拉斯. 诗艺［M］. 北京：人民文学出版社，1962：142.
⑥ M. H. 艾布拉姆斯. 镜与灯［M］. 北京：北京大学出版社，1992：22.

舒畅的快感。因此，具有净化作用的歌曲可以产生一种无害的快感。"① 在《诗学》中，亚里士多德在对悲剧进行定义时认为，悲剧的作用是"借引起怜悯恐惧来使这种情感得到陶冶（净化）"②。"净化"原为"Katharsis"，系宗教术语，意思是"净罪礼"，英译"Purify"，中译有"净化""宣泄""陶冶"三种，都是说使感情得到平衡或发泄以有益身心的意思。席勒认为，艺术是剩余精力的释放，弗洛伊德则提出，艺术是人的力比多的释放，这些人的观点，都揭示出艺术具有某种心理上的疏导功能。

在中国古代，据认为是战国时期齐国稷下管仲学派士人所作的《内业》一文中曾提出过"止怒莫若诗，去忧莫若乐"一说③，显然非常接近"净化说"。中国的"教化说"在某种程度上继承了这一思想，如主张"礼节乐和"的荀子认为"乐"可以起到一种"礼"无法起到的"和"的作用，并认为乐"入人也深，其化人也速"④，这里荀子所主张的"化人"作用，在某种程度上近于"净化"的作用。这在后世的教化思想中也可以看出，如中唐符载在主张讽谏时有"导性情之幽滞"⑤ 一说，白居易则有"泄导人情"⑥ 的说法，显然，这些说法与"净化说"也有着某种相通之处。

艺术具有心理疏导功能，"艺术是一种治疗"，这一信念在心理学界被广泛地认知。在心理学和精神病学实践中，艺术被大量地应用于心理治疗。例如，一些心理学家利用音乐来进行心理疏导，有一些心理学家则通过绘画来进行心理治疗，另有一些医学专家则通过舞蹈和戏剧来治疗患有某些心理疾病的人。

艺术功能中的补偿功能，也可是视为是艺术心理疏导功能的一种方式。艺术可能通过幻想的形式来补偿现实世界的缺失。补偿未获得满足的需要常常是

---

① 亚里士多德. 政治学 ［A］//朱光潜，译. 西方文论选：上卷. 上海：上海译文出版社，1964：96.

② 亚里士多德. 诗学 ［M］. 北京：人民文学出版社，1997：19.

③ 管子. 内业 ［A］//戴望，校正. 管子校正：卷十六. 北京：中华书局，2006：272.

④ 荀子. 乐论 ［A］//荀子集解：卷第十四. 沈啸寰，王星贤，点校. 北京：中华书局，2013：449.

⑤ 符载. 送薛评事还晋州序 ［A］//董诰，等. 全唐文：卷690. 北京：中华书局，1983：7069.

⑥ 白居易. 与元九书 ［A］//白居易集：第三册. 顾学颉，校点. 北京：中华书局，1979：960.

艺术家创作的动机之一。莎士比亚失恋于菲东女士，创造了 Ophelia 这一角色，歌德失恋于绿蒂，创作了《少年维特之烦恼》这一作品……心理学家的研究发现，通过艺术的方式来补偿现实世界未获满足的愿望是艺术家创作的常态。弗洛伊德的研究表明，艺术作品常常是人们潜意识的欲望的幻想和补偿。1921 年，胡愈之在《新文学界与创作》中指出，"文学家创造出诗世界，想象的世界，把想象的人物，想象的事情安插进去。这种世界是物质世界的补足（comple-ment），我们对于物质世界有所不满时，可以在想象的世界上，寻得慰安之物。"① 艺术作品常常是人们以幻想的形式来补偿现实世界未尽人意之处的一种方式，并以此来寄托人们的理想和愿望。

6. 其他功能

作为一种复杂的符号形式，艺术既是一种艺术符号，也是一种文化符号，艺术还有着其他多种复杂的功能。例如，艺术还具有文化交流功能。艺术品作为一种文化符号，它是文化信息的重要载体，通过不同地区、不同民族、不同国家之间的相互传播，艺术可以起到一种文化交流的作用。并且，艺术是一种特殊的文化符号——虽然美的观念受到文化的影响，但总体而言，审美价值具有跨肤色、跨种族、跨国籍的特点，艺术价值也具有类似的性质，因此，美和艺术常常被人们称作"和平大使"，来传达友谊的信息，艺术作为特殊的文化符号，可以起到文化交流的作用。

艺术符号是审美符号与文化符号的结合，作为审美特性和文化特性相结合的创造性符号，艺术具有特殊的价值与效用。有很多人曾提到过艺术价值的特殊效用。王国维曾提到过艺术的"无用之用"，认为艺术虽然貌似无用，"实则有大用耶"。鲁迅也提到过艺术的"不用之用"，认为艺术对于"美善吾人之性情，崇大吾人之思想"有一种"不用之用"（《摩罗诗力说》）。丰子恺则认为，就艺术的价值而言，"无用便是大用"，他说，"美术的绘画虽然无用（详之，非实用，或无直接的用处。）但其在人生的效果，比较其有用的（详言之，实用的，或直接有用的）图画来，伟大得多。"② 正因为艺术的特殊的效用，它具有审美功能、认知功能、表达功能、教育功能、心理疏导与补偿功能、文化交流

---

① 愈之. 新文学界与创作 [J]. 小说月报，1921，12（2）：2.

② 胡经之主编. 中国现代美学丛编 [C]. 北京：北京大学出版社，1987：158.

功能等多方面的功能，这些功能共同处于艺术作品的审美创造性结构之中。在对艺术的价值与功能的认识中，需要注意艺术的特殊性在于它的审美价值与审美功能，艺术的其他价值与功能整合在审美价值构造之中，不能以其他价值来取代、庸俗化、工具化艺术的审美价值，如此才能正确地认识艺术的特殊功能与效用。

第七章

审美价值、艺术价值与其他价值的关系

莫里茨·盖格尔曾提到，在探讨审美价值时需要研究审美价值与其他各类价值、审美价值与艺术价值、一般艺术的审美价值，个别艺术所具有的特殊审美价值等等诸多方面。他说："通过比较审美价值与其他各种价值，价值论美学发现了审美价值的本质；它研究存在于艺术的审美价值和自然的审美价值之间的那些区别。它研究一般艺术的审美价值，也研究个别艺术所具有的特殊审美价值。它在艺术作品中找到了审美价值所具有的那些条件。"① 莫里茨·盖格尔的这一段话揭示出，探讨审美价值的特殊性质，需要在与其他各类价值的开放性比较中来完成，不单要探讨审美价值，还要探讨艺术价值，以及各门类艺术的自身的特殊审美价值。

一、审美价值与艺术价值

价值论美学认为，事物是物质与能量的结构体，事物的属性是在特定的时空结构中相对于特定的联系者表现出来的属性，事物是各方面属性的集合，本质是事物在特定的结构关系体中所体现出来的根本性质，而价值则是事物在特定的结构关系体中相对于特定的主体的需要所具有的功能与效用，是事物的各方面属性的一个方面。

英国学者萨缪尔·亚历山大在《艺术、价值与自然》一书中提出，"价值总是令人满足的事物而不是反复无常的东西：它们是人性的满足，而这种本性是在与他人的交往中发现的。因此，价值的标准是独立于任何个体的，正如语言

---

① 莫里茨·盖格尔. 艺术的意味［M］. 北京：北京联合出版公司，2014：31 – 32.

虽然是个体所讲的，但却强迫每个操此种语言的个体遵循它的习惯和传统一样。价值实际上就是人借以相互交流，并形成习惯而达到相互理解的语言，因此是人性和人类习惯中首要的事实。"① 萨缪尔·亚历山大的这一段话揭示出，价值是事物在人类的实践关系中相对于人类所具有的一种属性，同时，鉴于人类的社会实践成为一种既有的客观现实，事物的价值属性便成为一种人类性的事实，成为人类实践与交往关系中的一种联系纽带。

美的属性是事物各方面属性的一种，它是在事物的实体属性的基础之上，在人类的审美关系、审美实践活动中，相对于人类主体所表现出来的一种价值属性，它是事物相对于人类主体的需要表现出来的一种审美价值属性。

从认识论的角度看，美的实质是一种信息的负熵态。信息是事物相对于特定联系者或特定主体传递或被主体捕获的内容，它不是纯粹的本征值或本征态，而是事物相对于特定主体所呈现的测度值或呈现态。从价值的角度看，美的属性是事物相对于审美的人呈现的一种价值属性，它是人类在环境适应和信息处理的过程中，对事物本征态和信息态做出的一种评价，以及人类出于机能调适需要对信息进行的负熵化。审美价值属性一方面出于事物自身的性质，另一方面也是审美主体对审美对象负熵化、组织化、和谐化以及赋予意义化的一种结果。

尽管如此，审美价值并非简单意义上的信息负熵，而是一种带给人们审美愉悦的独特属性。它是一种独特的和谐，也是某种意义上的"最高意义的快感"。不得不承认的是，审美价值是一种最纯粹的价值，它是一种召唤性吸引，它既可以让人屏息凝神，也可以夺人魂魄，更是让人们心向往之。审美价值可以让人们从实用功利价值的羁绊中抽离出来，也可以使人们从尘世的俗务中解脱得到短暂的安宁。图 7 - 1 是在希腊发现的"米洛的阿芙洛狄忒"，它一经面世就被人们尊为是世界上最美的雕塑，18 世纪德国美学家温克尔曼称这一古代希腊的雕塑具有某种"高贵的单纯"和"静穆的伟大"，无数人曾经称赞过看到这一最美的雕塑时内心获得的那种安宁与平静。应该说，古代希腊的"米洛的阿芙洛狄忒"，它给人们带来的审美的感受，正来自于审美价值的独特的作用。

需要注意的是，艺术价值不同于一般意义上的审美价值。在探讨审美价值

---

① 萨缪尔·亚历山大. 艺术、价值与自然 [M]. 北京：华夏出版社，2000：66.

的过程中，需要注意审美价值与艺术价值的区别。审美关系包括艺术关系和非艺术关系，审美价值则包含艺术审美价值与非艺术审美价值。所谓的艺术，是在特定的艺术惯例中，由特定的创作者创作，体现创作者的创造性才能，具有一定的审美独创性的创造性构造。审美价值在审美活动中产生，它遵循的是审美活动惯例，而艺术价值在艺术活动中产生，它遵循的是特殊的艺术惯例。纯粹的审美活动，即在非艺术审美活动中，审美价值依托的要素主要是美的事物、欣赏者和审美文化惯例。而艺术价值依托的要素是创作者、艺术作品、欣赏者和艺术文化惯例，它是一种创作者的创造性活动，它判断其价值的依据不是单纯根据对象是否美或不美，而是依据创作者创造性处理信息的程度，其最主要的判断依据，便是艺术作品所体现的审美独创性的程度。

图 7-1 《米洛的阿芙洛狄忒》，大理石雕像，法国卢浮宫

这样，在艺术活动中，"生活丑"可以向"艺术美"转变，审美反价值在艺术作品中可以成为艺术价值，并在艺术中成为审美价值的一种。列·斯托洛维奇认为，"美"与"艺术"并无本质上的联系，"艺术"不一定就是美的，他以"丑"和"悲"等范畴为例，用"审美反价值也属于审美价值""审美反价值"并不等同于"非审美价值"来解释艺术中的"丑"等问题。列·斯托洛维奇的"审美反价值是审美价值"的这一表述，实际上并没有把问题阐释清楚。应当抓住审美文化惯例和艺术惯例在审美价值生成中的作用，就审美反价值在具体的艺术文化惯例中向审美价值的转化来加以分析。

正如我们前面所阐述的，价值的生成依赖于主客体的活动以及主客体活动建立起来的文化惯例，有必要运用"审美文化惯例"和"艺术惯例"来解释生活丑向艺术价值转变的问题。审美反价值固然是美学研究的对象，但是，审美反价值不是审美价值，或者说，它是一种"丑"而不是"美"，属于非审美价值的类别。在什么情况下审美反价值成为审美价值呢？只有两种情况：第一，审美反价值，例如生活中的"滑稽丑怪"，进入审美文化惯例，成为审美的对象，被主体以审美的态度来观照，审美反价值就成为审美价值。第二，审美反价值进入艺术惯例，成为艺术表现的对象和艺术表现的内容，它就成为审美的对象并转变成艺术中的审美价值。艺术活动是审美价值活动的特殊形式，并且它也是审美活动的高级形式。艺术行业的诞生和艺术学科的确立某种程度上代表着人类审美活动进入了一个相对高级的阶段，价值论美学主张，应根据具体的"开放性复合价值构造"来探讨并研究艺术活动在人类审美活动中的特殊价值和特殊规律。

这样，在审美活动中，自然美主要体现在事物呈现于人类主体的特征信息，而艺术美主要体现在创作者加工信息的创造性程度。"生活丑向艺术美的转化"主要在于两者依托于不同的文化惯例。现代艺术的颓废倾向使得这一"生活丑向艺术美的转化"尤为明显。现代主义所崇奉的"艺术价值"与浪漫主义所追求的"美"或"快感"并不相同，在现代主义者眼中，"生活丑"可以转化为"艺术美"：在雨果的《克伦威尔序》中，"滑稽丑怪"也被赋予了艺术美的价值，而在夏尔·波德莱尔（1821—1867）的《恶之花》以及"丑中美"理论中，"审丑"在艺术作品中也具有了合法的地位。波德莱尔认为，"经过艺术的表现，可怕的东西成为美的东西；痛苦被赋予韵律和节奏，使心灵充满泰然的自若的快感"（波德莱尔，《美学探奇》）。而马拉美将这种美丑对应、美丑混乱之中的美概括为生命的真实，"审丑"在表现生命真实的名义下获得了理所当然的认可，传统意义上主张对象的悦目或给人以快感的美的观念在现代艺术中已经发生了改变。这样，在现代主义的艺术价值观中，艺术价值不再诉诸功利教益或启蒙，表现本身成了艺术的目的，并由对主体表现的强调进而在价值观上推重艺术作品的形式创新性。这样，现代表现主义所强调的价值不是功利、启蒙或愉悦，而是艺术表现本身，它的核心追求，是艺术作品创造性的程度。在文艺复兴时期，安格尔的名作《泉》几乎是追求事物自然美的典范，而到了现代时期，被认为是马塞尔·杜尚（署名 R. Mutt）创作的小便斗也堂而皇之地以"泉"的名义被送到博物馆，并被认为是艺术史上的重大事件。"丑"或"恶"公然地开出了"恶之花"，并成为艺术价值的一种在艺术殿堂中登堂入室。"生活丑"向"艺术美"的转化，可以很好地体现出审美价值与艺术价值的区别。

二、审美价值与功利价值

在价值的谱系中，审美价值是一种有别于功利价值的特殊的价值，它与日常功用意义上的功利价值有很大的区别。从狭义的功利的意义上看，审美价值与功利价值殊为不同。狭义的功利主要指实用功利，包括物质功用、经济功用、政治功用、道德功用、宗教功用，以及其他实用的功用等方面，审美价值不能简单与这些功利价值等同。从广义的功利来看——广义的功利是一个超出一般的实用功利和社会功用的概念，它是指对生命有机体或更高系统的效用（utility）或功能（function），在这一意义上，审美价值也具有对生命有机体的某种功能性效用。

尽管如此，我们仍然需要来探讨审美价值与诸类功利性价值之间的关系。列·斯托洛维奇："不能接受这样的概念：审美价值闭锁于自身。"① 我们需要从两个方面来理解审美价值与功利价值之间的关系。一方面，必须重视审美价值的特殊性，不能将审美价值与其他价值等同起来，从而避免将审美价值庸俗化或工具化；另一方面，不能将审美价值与功利价值完全割裂开来，需要注意审美价值处于与功利价值的客观联系之中，它具有和其他价值的某种开放性联系，处于与其他各类属性之间的文化关联之中，既需要避免审美价值的完全封闭化，也要防止根据其他价值来贬低、否定审美价值的倾向。

审美价值处于与功利价值的开放性联系之中。审美价值的实质是负熵化、组织化、和谐化、被赋予意义化的信息。这些信息可以包括自然信息、实用信息、经济信息、政治信息、道德信息、宗教信息、以及其他各类可能的信息，美的事物常常是一个包含着各类复合信息的信息综合体。审美价值是一个包裹着各类信息的复合价值构造，审美价值信息处于和其他价值信息的开放性联系之中，并且会以各类价值信息的负熵化结构的形式呈现。

另一方面，各类信息之间存在着相互干扰、相互影响的情况。物理学的研究表明，物质普遍以波的形式存在，并且这一波的形式会发生波的衍射等相互作用现象。从人类信息处理的机制上来看，人类感官的信息处理过程，不同的

---

① 列·斯托洛维奇. 审美价值的本质 [M]. 北京：中国社会科学出版社，1984：87.

信息也会以复杂的形式产生干扰和影响，心理学上的晕轮效应即是其一，此外，信息刺激引发的联觉、联想、同情也会使不同的信息对其他类别信息产生影响。

审美价值信息处于与其他各类信息的复杂的联系之中，它们以多种形式和审美价值互相影响。例如，审美价值对其他价值产生影响。例如，网络上有这么一句流行语——"你长得美，你说什么都对。"这是一种夸张的表达，审美价值甚至对认知逻辑和价值判断产生影响。同样，功利价值也会对审美价值产生影响，一个人们道德认知上的好人可能会被赋予美的光晕，一个被污名化的英雄则可能背负恶与丑的晕轮。审美价值与其他价值之间，总是处于开放性的联系和相互影响之中。

审美价值的形成有时候需要排除其他价值信息的干扰或远离干扰信息才能实现。例如，干扰信息的排除或"距离化"，审美价值处于与功利价值的远离或断离。康德在《判断力批判》一书中曾经论及力量的崇高，他指出，力量的崇高是指力量上的巨大，如火山的喷发、海洋风暴的爆发，只有当大自然的巨大的威力不足以对人类自我产生威胁感，人的心中有足够的抵抗力与这种威力相抗争，它才会相对于人成为审美的对象。受到康德的观点的启发，瑞士心理学家、语言学家爱德华·布洛（Edward Bullough，1880—1934）提出了距离说。1912 年，爱德华·布洛在《心理距离》一书中提出，认为审美的判断只有与功利的判断保持距离才会产生。他以海雾为例，指出在海上航行时，人们看到海雾迷迷茫茫影影绰绰，觉得很美，但若想到海雾会影响航程甚至出现海难事故，于是就不觉得美了。爱德华·布洛的"距离说"既适合于朱光潜所谓的"距离产生美"这一心理距离说，同时，它也可以被用来解释审美价值信息与功利价值信息相互干扰的情况，在非耦合情况下，审美价值信息必须与功利价值信息保持距离才能被人们所欣赏。

实际上，审美价值信息与功利价值信息等会出现复杂耦合的情况，这在美学类别中的社会美的领域表现最为明显。例如，高唱着马赛曲的人群，挺身而出的英雄行为，虔诚祈祷着的信徒，这些，从表面形态上，它们是一些政治信息、道德信息或宗教信息，但是，它们也会激发人们强烈的美感。审美价值并不一定出现在与功利价值的"断舍离"的状态，它同样可能出现在与功利价值复杂耦合的情形。审美价值与功利价值既可能出现于彼此之间的间离或断离，也可能产生于彼此之间的复杂性耦合。

功利价值的因素也潜藏于审美观念形成过程中的环境适应、生活实践的习惯性适应以及文化观念的塑造之中。人类审美机制的形成，是一个长期的环境适应的过程，在这一环境适应的过程中，审美价值的确立潜藏着深层的实用的因素。此外，人类长期的生活经验有着习惯性适应的因素，人们觉得美的事物，常常与生活经验中的习惯性认知有关系，例如，不同肤色人种形成了对于颜色之美的不同的观念，生活经验的习惯性适应因素包含着潜在的对实用功利价值的确认。此外，审美价值观念形成过程中，人类文化的塑造作用也起着很重要的作用，文化观念的塑造作用使得审美价值观念处于与功利价值观念的复杂联系之中。

1. 审美价值与实用功利价值

普列汉诺夫在《再论原始民族的艺术》指出，社会人看事物和现象，最初是从功利观点，到后来才转移到审美观点上去。人类认为美的东西，就是对他有用，是为了生存而和自然以及别的社会人生斗争上有意义的东西。列·斯托洛维奇指出，词源学表明，"美"和"艺术"这些词最初是和实用功利融为一体的，只是后来才独立使用。词源学材料同考古学、文化史、人种志学的材料共同表明，人对世界的实践功利掌握——作为审美掌握的基础——在起源过程中具有时间上的第一性①。

从环境适应的角度看，审美价值与实用功利价值不同，另一方面，它常常在深层潜藏着与实用功利的隐秘关联。例如，弯曲而浓密的眉毛常常被认为是美的，这与两边弯曲的眉毛可以把雨水引流到两边、避免雨水或杂物进入人的眼眶的实用需要有一定联系。

同样，从生活经验的习惯性适应来看，这种习惯性适应常常包含着对实用功利价值的确认。例如，苏格拉底曾与人从鼻子的朝向来判断审美的属性。实际上，从纯粹审美的角度看，人的鼻子朝上并不影响对人脸的美的判断，如果把人脸作为一个纯粹的图形，一个鼻子朝上的人脸图形也有可能被认为是美的，但是，在现实生活中，鼻子朝上的人脸并不会被认为是美的，那是人们在长期的生活经验中建立起了习惯性认知，这一习惯性认知告诉人们，一张鼻子朝上的人脸是不美的，这种审美观念实际上潜藏着对基于生活习惯的实用功利价值的确认。

---

① 列·斯托洛维奇. 审美价值的本质 [M]. 北京：中国社会科学出版社，1984：86.

列·斯托洛维奇曾指出过几种现象，认为审美价值观念与实用功利价值并没有必然的联系。例如，蝴蝶不是有益虫，但蝴蝶被认为是美的；矢车菊是麦田里的莠草，但是，矢车菊在麦田中开出紫色的花被认为是美的；再怎么美的蛇，也很难让人们产生美感……等等。这样的例子还可以举很多。

应该说，审美价值属性的形成与呈现，在特定的审美关系和审美情境中产生，这一审美关系和审美情境是复杂的。一方面，审美价值是一种特殊的、与功利价值殊为不同的价值属性，另一方面，在特定的审美情境中，审美价值又处于与实用功利价值的复杂性关系之中。其中一种情形是，审美价值完全剥除实用功利的需要，这种可能是存在的，一件完全不具有实用价值的美的东西是可能的。在实际中，还存在着其他各种情形，例如，审美价值与实用价值完全耦合，或者，实用功利方面的考虑可以被有限度地"隔离"或"距离化"，蝴蝶被认为是美的，矢车菊在麦田中开出紫色的花，之所以被认为是美的，而不会被实用功利的需要排除，原因就在于它们在特定的审美情境中，蝴蝶的害虫性质、矢车菊的莠草性质在一定的限度内被"距离化"或"间离"。而再怎么美的蛇也很难让人产生美感，那是因为蛇的威胁感或威胁联想，对于人类长期以来形成的安全需要来说不足以排除或形成"距离化间离"，排除遗传性观念习得的因素，对于一个完全没有生活经验的婴儿来说，如果蛇的威胁感被排除，彩色的蛇也可能被认为是美的。如此，我们可以看到，由于长期的环境适应、生活经验的习惯性适应、文化观念的塑造性作用、特定审美情境的复杂性关联等因素，审美价值与实用功利价值处于复杂的联系之中。

2. 审美价值与政治功利价值

审美价值的实质是负熵化、组织化、和谐化、被赋予意义化的信息，审美价值是一个包含着各类价值信息的复合价值构造，这其中可能的一种情况，便是审美价值信息包含着一定的政治信息，这在社会美中有着相当多的例子。

审美价值与政治价值绝缘，完全不包含政治信息，这在现实中是可能的，而且，这可能是最纯粹的美的形态。例如，对于自然美的形态来说，它纯粹是对大自然的欣赏，莽莽的群山、奔流的大海，这些大自然的美丽景观，它们激起人的审美反应，就纯粹自然美的形态来说，它是不包含政治信息的。当然，也可能存在另一种情形，如美丽的河川、巍峨的群山，它们可能引发人们的民族自豪感或爱国主义情怀，在这种情况下，审美价值又与政治价值发生关联，两者不是隔绝或断离的关系，而是相互联系的，不是彼此干扰的，在有些情况下，是可能相互促进的。

审美价值是信息的负熵化，其中包含的一种情形，便是政治信息的负熵化。也就是说，一定程度负熵化、组织化、和谐化、被赋予意义化的政治信息，也可能成为一种审美价值信息。例如，1792 年，法国马赛义勇军高唱着《马赛曲》① 走到巴黎，激发了法国人民的自由热情。马赛义勇军高唱《马赛曲》的场面，它是一种政治场面，首要传达的是一种政治信息，而这种昂扬奋进的场面，也可以激发人们的美感。在这种情形下，政治信息以某种激越人心的方式，成为一种审美价值信息。

3. 审美价值与道德价值

审美价值的实质是信息的负熵化、组织化、和谐化和被赋予意义化，审美价值也同样可能包含着道德信息，出现与道德价值复杂耦合的情形。

审美价值与道德价值之间，是一种复杂的关系。道德是人类处理与他者关系的行为观念与准则，它体现人与人之间的交往关系与伦理观念，是人类共同的协作价值的体现。道德是一切政治法律的基础，现代政治文明往往以逼近体现人类协作价值的道德伦理为最高旨归。道德价值既呈现为社会功利价值，又呈现为一定的非功利的精神价值。它相对于个体和社会呈现为一种精神价值，道德的利他的属性又使它呈现为一定程度的社会功利价值。可以说，道德价值既具有社会的功利性，又具有某种精神的超功利性。道德价值是一种具有一定的超功利性的精神价值，审美价值也是一种精神价值，但它不能等同于各类复杂的精神价值，它不能等同于道德价值，但也不能认为审美价值判断与道德价值判断完全无关。分析"崇高""悲剧"等审美范畴，可以发现审美价值与道德价值常常复杂纠结，无法简单地机械分割。

一方面，审美价值是一种特殊的价值，它与道德价值不能等同。列·斯托洛维奇曾经指出过审美价值与道德价值之间的"偏振现象"，即审美价值与道德价值之间存在着某种关联又有着某种不合拍的现象。实际上，审美价值在某些情况下会表现出道德中立的现象，特别在自然美的领域，它具有明显的道德中

---

① 《马赛曲》为鲁日·德·李尔所谱写，最初被称为《莱茵河军团战歌》，后由于马赛义勇军在进军途中的演唱，而被人们称为《马赛曲》，并于 1870 年被确定为法国国歌。

立性。同样，道德的人爱美，不道德的人也爱美。审美价值在某些时候会表现出与道德价值无关的情形。

此外，美的事物，它作为一种特殊的价值，有着某种不一定出于实用功利的倾向，在物资匮乏的年代，由于物质的极度匮乏和人类对物质的迫切需求，容易形成注重实用需要而贬低审美需要的道德观念，在这种情形下，审美价值与道德价值之间的关系表现出某种紧张和撕裂，审美价值与道德价值之间表现出相当大的冲突甚至高度不同。在实践中，常常出现根据道德价值来贬低、否认审美价值的情况。例如，年轻人对时尚的追求，常常招致老一代人类群体的排斥，他们指责年轻人追赶时髦，而忽略了传统价值观中的勤俭持家的传统美德，在年轻人亚文化群体之中觉得美的东西，在上一代人的审美观念中，有时会出现因为道德观念而被排斥的现象。

另一方面，道德信息也会转化为一种美的信息，在特定的情境下，道德价值也可以成为一种审美价值。审美价值是一个包裹着各类信息的价值复合体，道德信息也可以成为审美价值信息中的一个部分。比较典型的是人们的见义勇为的行为，"仗义出手""临危济困""解人于倒悬"等道德行为，也可以成为审美的对象，在这种情境类别中，道德价值也可以转化为审美价值。

人类在环境中的适应与生存，使人类既有生存竞争的一面，也有协作共存的一面，这使得道德成为人类的某种遗传性代码。从生物的基因自我复制本能和生命繁衍的需要来看，人类天然地具有亲属爱的道德观念。另一方面，在长期的社会化生存之中，人类也有着协作化生存的共同价值需要，人际之间的道德观念也成为社会化协作的一个部分，道德成为人类协作的一种黏合剂。孔子所谓"仁者爱人"①，孟子谓"人皆有不忍之心"②，人类的"善"是人社会化生存的一种天然的事实。体现人类生命繁衍需要的亲属爱和人际善，也可以成为某种审美的价值信息。

这样，人类的道德观念和道德行为也可以一种审美的对象，道德价值也可以转化成为审美价值。例如，人类的道德精神，可以成为一种审美的对象。孟

---

① The Confucius states "loving men" to explain the Confucius Humanity in *The Analects of Confucius*. See Confucius, *The Analects of Confucius*, trans. Arthur Waley. New York: Vintage Books, 1989: 131.

② 《孟子·公孙丑上》。

子曾在《公孙丑上》中提到，"我善养吾浩然之气。"这一"浩然之气"，"至大至刚，以直养而无害，则塞于天地之间。"① 孟子所提到的"浩然之气"，它与正义、刚正等道德观念相关，是一种道德的状态，它同时也可以成为审美的对象。同样，陈寅恪提倡"自由之思想，独立之精神"，这是一种人格力量，代表着某种学术探索的独立精神，这一独立的人格，它既是道德范畴，也可以成为一种审美的对象。

人类的道德行为也可以成为审美的对象，这时，道德信息即转化为审美信息，道德价值成为审美价值。人类的"亲属爱"和"人际善"的道德观念，它现诸行动，就成为某种行为上的"爱"与"善"。小到人的一举一动，大到"为国捐躯""为人类谋福利"这样的勇敢担当，都可以成为审美的对象。人类的道德行为，无论是对亲属的孝亲，抑或是在他人危难时候伸出的一只手，抑或是下雨天递过去的一把雨伞，抑或是他人苦难时候一掬同情的泪，这些，都可以成为审美的对象。人类的道德价值与道德信息，也可以成为审美信息。道德价值与审美价值，也会出现彼此耦合关联的情况。

4. 审美价值与宗教价值

审美价值与宗教价值存在着更为复杂的情况。审美价值是负熵化、组织化、和谐化和被赋予意义化的信息复合体，在这一信息复合体中，也会出现包含宗教信息的情况，审美价值会出现与宗教价值的耦合，在特定的情境中，宗教价值可以转化为审美价值，而审美价值有时也会成为宗教价值的一个部分。

宗教是特定的信教者群体根据某种信仰形成的组织、制度和活动，它具有两个方面的基本要素：其一为宗教信仰以及与之相关的意识和观念，其二则为信教者及其相关的组织、制度和活动，宗教信仰则是其最核心的要素。宗教信仰是某种认知和解释体系，具有一定的认识论意义。恩格斯在1876—1878年写的《反杜林论》中曾经指出，"一切宗教都不过是支配着人们日常生活的外部力量在人们头脑中的幻想的反映，在这种反映中，人间的力量采取了超人间的力量的形式。"② 另一方面，宗教信仰也是某种关于价值的阐释体系。根据蒂立希

---

① 孟子. 孟子集注：卷三 [M]. 朱熹，集注. 北京：中华书局，2012：232.
② 恩格斯. 反杜林论 [A] //马克思恩格斯选集：第3卷，北京：人民出版社，1995：354.

的观点，宗教信仰是一种关于终极价值的意义结构（meaningful structure），宗教信仰是某种关于终极价值以及各类价值的观念体系。因此，宗教信仰本身是某种认知结构和价值结构的综合。

宗教有着某种消极的因素，主要的消极因素来源于宗教的神秘主义和神圣价值的约束作用。宗教的神秘主义倾向使得它有着某种不符合科学的消极因素。宗教大多兴起于人类认识世界的原始时期，对于世界的认知和解释有着某种神秘主义倾向，其中相当的部分不符合科学，而宗教信仰认知体系的神圣性限制了它随科学的新发现调整自身。另一方面，宗教信仰提供了一个以终极价值为核心的价值体系，这一价值体系的核心是神圣价值，这一神圣价值有时会出现限制人类价值的多元性和丰富性的情况，从而限制了人类的发展。关于宗教的消极因素的论述很多，马克思在《黑格尔法哲学批判》导言中说：宗教是"人的自我异化的神圣现象"①，"宗教是被压迫生灵的叹息，是无情世界的感情，正像它是没有精神状态的精神一样。宗教是人民的鸦片。"② 弗洛伊德主义则认为，宗教是人类精神病的一个阶段。现代无神论者则认为，宗教是精神残疾者的拐杖。

尽管如此，宗教是一种现实，它也表现出协调社会的某种功能。宗教是从人类的内部产生发展出来的，它的出现包含着对于人类价值的某种形式的肯定，在组织协调社会方面有着一定的积极因素。宗教具有信仰的性质，它是关于终极价值的意义结构，它带有终极关怀性质。人类价值观对终极价值的依赖使得宗教成为人们的一种心理需要。宗教确立的价值体系包含着对人类基本需求和人类善的确认，宗教提供了某种价值结构和价值引导的依据，在这个意义上，宗教为人们现实中的价值行为提供了某种引导性参考，并在一定程度上起着社会的协调器的职能。马克思在《黑格尔法哲学批判》导言中说："宗教的苦难既是现实苦难的表现，又是对这种现实苦难的抗议。"③ 宗教以终极价值为人们的信仰提供了依据，并为其他各类价值提供了一个可供解释的框架，尽管这一框架不那么完美。

宗教以其终极价值为其他各类价值提供了依据，宗教价值体系往往包裹着

---

① 马克思. 马克思恩格斯全集：第一卷［C］. 北京：人民出版社，1956：453.
② 马克思. 马克思恩格斯全集：第一卷［C］. 北京：人民出版社，1956：453.
③ 马克思. 马克思恩格斯全集：第一卷［C］. 北京：人民出版社，1956：453.

其他各类价值。宗教对终极价值的设定为审美价值确定了某种依据，它的价值体系中也会包含审美价值。例如，在希伯来圣经中，其中的《诗篇》有着这样的描述："耶和华我们的主啊，你的名在全地何其美！你将你的荣耀彰显于天。"① 在《诗篇》第34篇则这样写道："你们要尝尝主恩的滋味，便知道他是美善，投靠他的人有福了。"② 可以看到，在圣经的神圣价值结构中，它以"上帝之美"的形式为审美价值留下了位置。当然，在某些情况下，会出现根据神圣价值贬低审美价值的情况。例如，《新约》当中曾有这样的表述："你们要积累财宝在天上"，"所罗门极荣华的时候"，他所穿戴的还不如"野地里的百合花"③，这里就有着贬低世俗审美价值的倾向。

宗教价值与审美价值，在某些情况下也会出现复杂的情况。例如，中国的道家对审美价值采取的是一种消极或朴素主义的态度。《老子》曾经表示："五色令人目盲，五音令人耳聋，五味令人口爽，驰骋田猎令人心发狂，难得之货令人行妨。是以圣人为腹不为目，故去彼取此。"④ "圣人为腹不为目"的观点，就带有对审美价值的消极的态度。《庄子》中则提到"天地有大美而不言"⑤、"朴素则天下莫能与之争美"⑥ 等说法，对于审美价值也有着某种朴素主义的倾向。佛教从其"万法皆空""一切皆为虚幻"的核心价值观出发，主张"色即是空，空即是色"的般若智慧，对于审美价值也有着虚无主义倾向。

不同宗教以终极价值为依归的价值结构，尽管对于审美价值的设定不完全一致，但是，在具体的审美实践中，宗教状况和宗教信息也可以成为人类的审美的对象。在现实实践中，宗教的仪式、宗教行为、宗教文化器物等很多方面都可以成为审美的内容。在很多艺术作品中，常常以宗教题材作为表现的对象。在东方的艺术中，则常常以佛教的空或遁入空门作为主题的归依；在西方艺术中，常常以宗教的皈依作为结题依据，或者以教堂的仪式作为情节的结局……这些都是源于宗教内容与宗教信息，本身可以成为审美的对象，宗教价值信息在审美的情境中，便转化为某种审美的价值信息。

---

① 《圣经》的通用注释方法。
② 《圣经》的通用注释方法。
③ 《圣经》的通用注释方法。
④ 陈鼓应. 老子注译及评介 [M]. 北京：中华书局，2007：106.
⑤ 陈鼓应，注译. 庄子今注今译：下册 [M]. 北京：商务印书馆，2007：650.
⑥ 陈鼓应，注译. 庄子今注今译：下册 [M]. 北京：商务印书馆，2007：393.

列·斯托洛维奇曾经指出，"在文化史上宗教价值有时同审美价值和艺术价值联在一起。这在原则上是可能的，因为存在着价值关系诸形式的结构和功用的某种统一。同一种现象可能既处在审美范围内，又处在宗教范围内，既是审美价值的体现者，又是宗教价值的体现者，这取决于它具有什么样的主客观意义。"① 列·斯托洛维奇举例指出，太阳或月亮，可能是宗教崇拜的对象，同时又是审美观照的对象，有些教堂或修道院，它既能激起审美的感情，也能激起宗教的感情。列·斯托洛维奇揭示的这一现象，实际上指出，宗教信息也可能成为审美的信息，两者之间在不同的情境中，既可以表现为宗教的价值，也可以表现为审美的价值。

审美价值是各类价值信息的负熵化，它本身是一个包含着各方面信息的一个价值复合体，这样，一方面，审美价值具有某种特殊性，它在价值的谱系中与其他各类价值相区别；另一方面，审美价值处于与其他各类价值的开放性联系之中，它具有某种程度的开放性，在现实的审美关系和审美实践中，审美价值与功利价值处于某种复杂的联系之中。正因为如此，在现实的审美实践中，常常出现将审美价值庸俗化或工具化的倾向。

审美价值的庸俗化与工具化，主要表现在根据其他各类功利价值，对美做出庸俗化的解释，将审美价值贬低化、庸俗化，或者将审美价值工具化，将它作为传达功利价值的工具和附庸，甚至根据功利价值将审美价值排斥化。这种倾向主要表现在两个方面，其一是将审美价值与功利价值等同，从而导致审美价值的取消或被取代，其二则是根据功利价值贬低、否定或排斥审美价值。具体来说，有着实用功利主义、道德功利主义、政治功利主义和宗教功利主义等几种庸俗化的倾向。

1. 实用功利主义

实用功利主义的表现，便是根据实用价值来贬低、否定或排斥审美价值。在美学思想史上，将审美价值庸俗化，用其他价值取代审美价值的，比较典型的是"美在有用说"。这种观点实际上主张审美价值与功利价值是一回事。"美在有用"的倡导者主要是古希腊的苏格拉底。在苏格拉底时代，"美"与"善"仍然是混沌不分的。苏格拉底从他的目的论价值观和伦理观出发，第一次建构

---

① 列·斯托洛维奇. 审美价值的本质 [M]. 北京：中国社会科学出版社，1984：106.

起了一个实用功利主义价值体系。苏格拉底主张"美在于有用",进而提出了他的"美善合一"说,他把美和效用联系起来,美的价值被认为在于有用:"我们使用的每一件东西,都是从同一角度,也就是从有用的角度来看,而被认为是善的,又是美的。"① 苏格拉底认为美的必定是有用的,衡量美的标准是效用,有用就美,有害就丑,事物是否美在于"对于它的目的是否服务得好"②。"对饥饿来说是好的东西,对热病来说却常常是坏的东西。在赛跑当中是美的东西,在拳击中却是丑的东西。反过来,也是一样。因为每一件东西对于它的目的服务得很好,就是善的和美的,服务得不好,则是恶的和丑的。"③

苏格拉底从其美善合一的实用功利主义价值观出发,认为同一件东西会因为实用需要的不同而具有不同的价值:"对饥饿来说是好的东西,对热病来说却常常是坏的东西。在赛跑当中是美的东西,在拳击中却是丑的东西。"这样,衡量美的标准便在于它是否有用,在于"对于它的目的是否服务得好"。因此,苏格拉底认为"粪筐"由于"适合它的目的","也是一件美的东西";相反地,如果"另一个不能,那么,金的盾牌也是丑的了"。苏格拉底年轻时曾从其父学习过雕刻,有时对雕刻等艺术略有一些关于艺术价值的说法。此外,他也曾认为,"无论什么东西,只要安放整齐,都能有一种美"④ 但总体上苏格拉底持的是一种实用功利主义审美价值观,美的价值被实用功利化了。

这一思想在柏拉图那里亦有所继承,在《大希庇阿斯篇》中,柏拉图认为:"效能就是美的,无效能就是丑的……","有能力的和有用的,就它们实现某一好目的来说,就是美的。"因此,"有益的就是美的……"在另一方面,柏拉图认为美的也就是善的:"所谓有益的就是产生好结果的","美是好(善)的原因","所以如果美是好(善)的原因,好(善)就是美所产生的。"⑤ 这样,柏拉图得出结论:"我们认为美和益是一回事。"这种观点甚至在亚里士多德的思想中也有着很大的影响,所不同的是亚里士多德把"美"看作是"善"的一种。在《政治学》中,亚里士多德认为"在一切科学和艺术里,其目的都是为

---

① 色诺芬. 回忆录 [A] //西方文论选:上卷. 上海:上海译文出版社,1964:9.

② 色诺芬. 回忆录 [A] //西方文论选:上卷. 上海:上海译文出版社,1964,第9.

③ 色诺芬. 回忆录 [A] //西方文论选:上卷. 上海:上海译文出版社,1964:9.

④ 色诺芬. 经济论 [M]. 北京:商务印书馆,1961:15,27,30.

⑤ 柏拉图. 大希庇阿斯篇 [A] //文艺对话集. 朱光潜,译. 人民文学出版社,1963:195-197.

了善"①，进而在《修辞学》中，亚里士多德把美界定为一种善："美是一种善，其所以引起快感，正因为它善。"②

将审美价值等同于功利价值，最后必然走向审美价值的取消，就像墨子的"非乐"和韩非子的"非饰"所主张的那样，最后走向根据实用功利价值来排除审美价值。

2. 道德功利主义

道德功利主义的特点是将美道德功利化，或是根据道德价值来贬低、否定或排斥审美价值。道德功利主义比较典型的是柏拉图的观点。柏拉图认为在现实世界之上存在着一个理念世界，而正义与美德是理念运行的结果："照真理说……天外境界（按即神、理念）存在着真实体，它是无色无形，不可捉摸的，只有理智——灵魂的舵手，真知的权衡——才能观照到它。""在运行的期间，它很明显地，如其本然地，见到正义，美德，和真行……"③ 作为天外境界的"理念"，唯有"理智"才能观照到它，"理念"的运行表现为"正义，美德，和真行"。在柏拉图看来，人性当中的"理性的部分"是真理的体现，是"人性中最好的部分"，但是专事模仿的诗人为了迎合群众，往往无视理性而模仿情感和变动的人性。他认为，"模仿诗人既然要讨好群众，显然就不会费心思来模仿人性中理性的部分，他的艺术也就不求满足这个理性部分了；他会看重容易激动感情和容易变动的性格，因为它最便于模仿。"④ 在柏拉图看来，一切欲念、情感，"它们都理应枯萎，而诗却灌溉它们，滋养它们"。模仿诗人为了便于模仿和迎合群众，专门模仿"容易激动感情和容易变动的性格"，引发人们的"感伤癖"和"哀怜癖"⑤，这既破坏了希腊宗教的敬神和崇拜英雄的中心信仰，又使人性格中的理智失去控制，让情欲那些"低劣部分"得到不应有的放纵和滋养。柏拉图谴责诗人"种下恶因，逢迎人心的无理性的部分，并且制造出一

---

① 黄药眠. 亚里士多德的美学（续）[J]. 哲学研究，1980（5）：54.

② 朱光潜. 西方美学史：上卷 [M]. 北京：人民文学出版社，1979：84.

③ 柏拉图. 斐德若篇 [A] //文艺对话集. 朱光潜，译. 北京：人民文学出版社，1963：121 – 122.

④ 柏拉图. 理想国 [A] //文艺对话集. 朱光潜，译. 北京：人民文学出版社，1963：56 – 57.

⑤ 柏拉图. 理想国：卷十 [A] //文艺对话集. 朱光潜，译. 北京：人民文学出版社，1963：83 – 84.

些和真理相隔甚远的影像","培养发育人性中低劣的部分，摧残理性的部分"，因而主张"要拒绝他进到一个政治修明的国家里来"①。柏拉图的文艺价值观点有相当部分是从道德功利主义的角度出发的。

3. 政治功利主义

政治功利主义的特点是将审美价值政治功利化，或者根据政治价值的需要来贬低、否定或排斥审美价值。

政治功利主义常常与道德功利主义包裹在一起，它与道德功利主义的明显区别在于是否诉诸政治权力。由于政治功利往往和政治权力相结合，因此，政治功利主义有着某种权力介入的特征，它导致的结果便是政治权力介入到审美的领域，政治权力以"有形之手"来干涉人们的日常审美习惯和审美行为。

柏拉图的"禁诗令"体现了由道德好恶诉诸政治权力的情形。柏拉图认为诗人总是模仿"最便于模仿"的"容易激动的情感和容易变动的性格"，以至于"培养发育人性中低劣的部分，摧残理性的部分"，柏拉图谴责模仿诗人"种下恶因，逢迎人心的无理性的部分，并且制造出一些和真理相隔甚远的影像"②。进而，他由道德好恶开始诉诸政治权力。在《理想国》卷三和卷十中，柏拉图两次向诗人发布了禁令。根据这一禁令，柏拉图主张对诗人加以"监督"，"强迫他们在诗里只描写善的东西和美的东西的影像"，否则"就不准他们在我们的城邦里作诗"③；同时也要求"监督其他艺术家们，不准他们在生物图画、建筑物以及任何制作品之中，模仿罪恶、放荡、卑鄙、和淫秽，如果犯禁，也就不准他们在我们的城邦里行业。"④ 柏拉图从其政治本位价值观出发，主张将诗人驱逐出境。在《理想国》卷十中，他重申了这样的禁令：

---

① 柏拉图. 理想国：卷十 [A] //文艺对话集. 朱光潜，译. 北京：人民文学出版社，1963：34 - 35.

② 柏拉图. 理想国：卷十 [A] //文艺对话集. 朱光潜，译. 北京：人民文学出版社，1963：34 - 35.

③ 柏拉图. 理想图：卷三 [A] //文艺对话集. 朱光潜，译. 北京：人民文学出版社，1963：62.

④ 柏拉图. 理想图：卷三 [A] //文艺对话集. 朱光潜，译. 北京：人民文学出版社，1963：62.

除掉颂神的和赞美好人的诗歌外，不准一切诗歌闯入国境。①

柏拉图通过他假想的理想国的国家权力，通过政治手段做了这样一些规定：一，留在理想国里的只有歌颂神和英雄的诗；二，剧本需经官方审查，不能有伤风败俗的内容；三，喜剧只能由奴隶和雇用的外国人扮演；四，音乐反对哀婉柔弱的调子，提倡激昂战斗的乐曲。到了晚年，柏拉图更是主张建立对诗歌的检查制度，并以法律来"强迫诗人"："真正的立法者，他应当说服诗人，如果说服不了，他应当强迫诗人，用他那优美而高贵的语言，去把善良、勇敢而又在各方面都很好的人，表现在他的诗歌的韵律和曲调当中。"……"只有经过评判，被认为是神圣的诗，献给神的诗，并且是好人的作品，正确地表达了褒或贬的意思的作品，方才被准许"②。显然，这一评判和审查制度，体现了政治权力的强力介入。

在柏拉图的价值思想中，其审美价值思想与其功利主义思想一体的。柏拉图一方面主张美必须和实用相结合，另一方面，则根据道德好恶来评判审美价值，最后则诉诸政治权力来控制审美价值选择，其审美价值观念具有实用功利化、道德功利化、政治功利化等多个方面的倾向。

在人类历史上，曾多次发生以政治权力来倡导或干涉审美行为的情形。《资治通鉴》曾记载了一段关于"胡服骑射"的对话。公元前307年，赵武灵王为了政治军事的需要，推行"胡服骑射"的改革，内中记载赵武灵王与重臣公子成的一段对话。公子成表示："臣闻中国者，圣贤之所教也，礼乐之所用也，远方之所观赴也，蛮夷之所则效也。今王舍此而袭远方之服，变古之道，逆人之心，臣愿王孰图之也！"赵武灵王则陈述说："吾国东有齐、中山，北有燕、东胡，西有楼烦、秦、韩之边。今无骑射之备，则何以守之哉？先时中山负齐之强兵，侵暴吾地，系累吾民，引水围鄗；微社稷之神灵，则鄗几于不守也，先君丑之。故寡人变服骑射，欲以备四境之难，报中山之怨。"两人的对话，一个重政治礼治，一个重政治实用，两者都是从政治功利需要来论述是否应当实行"胡服骑射"。虽然"胡服骑射"不是一个纯粹的审美事件，但是，这是一个典

① 柏拉图. 理想图：卷十［A］//文艺对话集. 朱光潜，译. 北京：人民文学出版社，1963：87.

② 柏拉图. 法律篇：卷二、卷八［A］//西方文论选：上卷. 上海：上海译文出版社，1964：47－48.

型的以政治权力来介入日常衣饰的例子。相对晚近的例子是在中国的"文革"时期，当时很多对审美的追求，都被当作"封""资""修"的名义加以排斥，甚至遭到"抄家""批斗""关牛棚"等政治权力的强力介入。政治功利主义以政治价值论断审美价值，另一方面，以政治权力介入审美价值判断与审美价值选择，这也是政治功利主义的常见形式。

4. 宗教功利主义

宗教功利主义的特点是将审美价值宗教功利化，或者根据宗教价值的需要来贬低、否定或排斥审美价值。宗教功利主义往往将终极价值绝对神圣化，一旦审美价值与某一宗教神圣价值发生冲突，便会遭受来自宗教功利主义的压力。

宗教功利主义的一种表现，便是将审美价值归结为宗教因素。宗教功利主义往往从神圣价值出发，认为一切价值都是神圣价值的体现，审美价值也不例外，它是神圣价值的外显或流溢的一种结果。例如，中世纪神学家托马斯·阿奎那认为，"事物之所以美，是由于神住在它们里面"，它把美的根源归结于上帝，认为事物之所以美，是出于神的原因，上帝是最高的美。这种将审美价值归结于神圣价值的说法，某种程度上贬低了审美价值的自身性质，容易导致审美价值的灭失。

宗教功利主义的另一种情况，便是从神圣价值出发，对人类生活中的审美的或世俗的一些方面做出严苛的规定，从而以神圣价值的形式排斥或剥夺了作为世俗价值的审美价值。例如，在犹太教中，有着女子出入圣所或从事祷告等活动的服装与打扮的规定。曾经是狂热的犹太教徒的保罗在其书信中多次重申犹太教关于女子蒙头的规定。在《哥林多前书》中，保罗讨论了女性在参加宗教活动时要不要蒙头的情况，他表示，女性参加宗教活动时要蒙头，女性故意将头巾拉开是堕落的标志，他责备妇女不该不蒙头就去参加祷告和讲道。他说："凡女人祷告或是讲道，若不蒙着头，就羞辱自己的头，因为这就如同剃了头发一样。女人若不蒙着头，就该剪了头发，女人若以剪发剃发为羞愧，就该蒙着头。"① 保罗受到正统犹太教教义的影响，对女子的长发也会做出歪曲的解释，他说："但女人有长头发，乃是他的荣耀，因为这头发是给他作盖头的。"② 女

---

① 圣经的通用注释方案。
② 圣经的通用注释方案。

子的长发或蒙头与否，它既受到实用因素的制约，也有着宗教的因素，也包含着一定的审美的因素，在宗教价值观中，以神圣价值的名义对世俗领域的审美文化进行这样那样的规定，这是以宗教功利需要贬低审美价值，是宗教功利主义的常见的表现形态。

宗教功利主义有时会表现出某种极端的情况。宗教信仰是关于终极价值的一种意义结构，而这一终极价值有时会被冠以神圣价值的名义出现在宗教价值观念体系中，由于神圣价值的确立，宗教在价值观上有时会表现出极端主义或宗教激进主义的倾向。这一倾向的特点，便是根据神圣价值来排斥世俗价值以及在世俗价值领域的审美价值。这样的例子数不胜数，宗教在出入圣所，进行各种宗教礼仪，参加各类宗教活动的时候，对于人们的穿着、打扮、行动等等很多方面有着各种各样的要求，从而对人的审美价值观产生影响。

关于审美价值与功利价值的关系，还有着另外一种倾向，那便是将审美价值与功利价值之间的关系彻底割裂，认为美与功利价值无关，审美价值与功利价值之间处于断离的状态。这一观点与苏格拉底的"美在有用"的观点相反，认为"无用才美"，主张美之所为成为美，恰恰在于"无用"。

认为审美价值与功利价值无关的观点，主要的是"美的快感说"和"美的超功利说"。持"美的快感说"主张的人可以分成两类，一类认为美是一种快感，但是，并不否认美与功利价值之间的关系。比如，在古代希腊，柏拉图曾表示："美是视觉和听觉引起的快感。"但同时，他主张："美和有益是一回事。"亚里士多德则提出，美是一种"引起快感的善"，美所以引起快感，就在于"美是一种善"①。持"美的快感说"另一类人，则主张美与功利价值无关，认为美的价值在于引起人的快感而不在于它的功利价值。这方面的代表人物主要有哈奇生、博克等人。例如，哈奇生（Francis Hutcheson，1694—1747）曾说过，美是一种快感，它以瞬间性的感性、直觉对人发挥作用②。在艺术和文艺领域，有无数的人主张美的特殊的快感效应。例如，英国浪漫主义诗人雪莱（Percy Bysshe Shelley，1792—1822）曾提到，诗的功用是一种"最高意义的快

---

① 朱光潜. 西方美学史：上卷［M］. 北京：人民文学出版社，1979：84.
② 西方美学家论美和美感［C］. 北京：商务印书馆，1980：27，99.

感"①，认为"诗与快感是形影不离的"②。"美的快感说"在一段时间内是一种流行的说法，持这一观点的人大多主张审美价值与功利价值无关。

将审美价值与功利价值割裂的主张中，比较典型的是"美的超功利说"。托马斯·阿奎那与博克等人曾表达过类似的观点，但没有完全地将美与功利对立起来。托马斯·阿奎那曾经表示，善涉及欲念，而美不涉及欲念。托马斯·阿奎那美不涉及欲念的说法，实际上表示美与实用的欲念无关。博克重复了相类似的观点，认为美的愉快只涉及爱而不涉及欲念。美的超功利说的主要倡导者是伊曼努尔·康德（Immanuel Kant，1724—1804）。康德曾自述休谟让他从"独断论的迷梦"中惊醒过来，休谟的美的快感说在康德那里得到了继承和发展。康德认为美的判断无关实用，它涉及一种特殊的快感，这种快感与感觉上的快感和道德上的快感不同，它与利害无涉，是一种自由的快感，他说，"美的欣赏的愉快是唯一无利害关系的和自由的愉快；因为既没有官能方面的利害感，也没有理性方面的利害感来强迫我们去赞许。"③ 他认为，"一个关于审美的判断，只要夹杂着极少的利害感在里面，就会有偏爱而不是纯粹的欣赏判断了。"④ 但是，康德认为，审美价值判断并不是一般意义上的快感，他在美学史上第一次明确地将美感和快感相区别，他认为，美感，或审美判断，它是不依利害仅凭快感而对对象的判断，它是一种"精神的合目的性"或"形式的合目的性"，这种与利害无涉的合目的性，康德把它称为"无目的的合目的性"。康德表示："美，它的判定只以一单纯形式的合目的性，即一无目的的合目的性为根据的；那就是说，是完全不系于善的概念，因为后者是以客观的合目的性，即一对象对于一目的的关系为前提。""无目的的合目的性"，这是康德对美的超功利性的一种描述，也是康德对审美价值的一种界定。大致从康德开始，审美价值属性尽管被认为是事物"合目的性"的一种，但是，认为美与利害无涉的超功利观，开始将审美价值与功利价值分割开来，并开始了一种追求纯审美价值的倾向，并对西方的唯美主义产生重大影响。

这种将审美价值和功利价值割裂开来对立起来的做法，在今道友信那里则

---

① Percy Bysshe Shelley, *A Deffense of Poetry* ［A］, *Critical Theory since Plato*, Edited by Hazard Adams, New York: Harcourt Brace Jovanovich, Inc., 1971: 510.

② 同上: 502.

③ 康德. 判断力批判: 上 ［M］. 北京: 商务印书馆, 1965: 4.

④ 康德. 判断力批判: 上 ［M］. 北京: 商务印书馆, 1965: 41.

成了"美的相位说"。今道友信认为审美意识与功利意识处于相位的两极，审美价值的生成源于功利价值意识的中断。今道友信用物理学中波的相位理论来描述审美意识。他认为，美在意识中的"相位"是不断变化的，审美意识的构造与日常生活中的意识构造大不相同，审美意识是日常意识的中断，只有垂直切断日常意识，主体才能转向审美意识的方位。审美意识与功利意识处于波的相位的两极，审美意识处于远离功利意识的位置，只有远离功利意识才会产生审美意识，审美价值是功利价值的远离和中断。今道友信的"美的相位说"将审美价值与功利价值完全对立起来并且是彼此割裂的。

关于审美价值与功利价值的关系，需要认识到，审美价值是一种非常特殊的价值，必须充分认识审美价值的特殊性。审美价值是人类获得的关于外在事物的信息的负熵化、组织化、和谐化与被赋予意义化的结果，它是事物相对于人类环境适应和社会实践建立起来的自我调适机制所呈现出来的引发审美快感性质，其特点是外在事物信息的负熵化、组织化、和谐化和被赋予意义化，不能与功利价值相等同。另一方面，审美价值作为负熵化、组织化、和谐化与被赋予意义化的复合性信息构造，它是一个包裹着实用信息、道德信息、政治信息、宗教信息等各类价值信息的复合性价值构造，它不能与功利价值完全割裂，功利价值信息的负熵化、组织化、和谐化与被赋予意义化也可以成为某种形式的审美价值，其复合性价值构造中，尤其在社会美的领域，例如在对自由、爱情、终极和谐等方面的社会表达中，往往在审美价值构造中包裹着体现永恒人性的功利价值信息。审美价值相对于人类信息处理的自我调适机制和审美快适机能，表现出某种特殊的效用；相对于人类现实生活的价值需求，则由其包裹的多样化信息而表现出价值的多方面性。

三、艺术价值的特殊性与开放性

艺术价值与审美价值不完全相同，艺术价值可以视为是一种特殊的审美价值。艺术价值与功利价值的关系，相比审美价值与功利价值的关系，具有相当的不同的性质。这是因为，审美价值的承载物，有相当一部分来自于自然美或人类的一般性社会实践及其所产生的文化器物。而艺术则是在特定的文化艺术惯例中，由特定的创作者创作、体现创作者的创造性才能、具有一定的审美独创性的创造性构造。纯粹审美价值主要体现在自然美，而艺术价值主要体现在艺术美，它是以艺术符号为载体的。

艺术作品既是艺术符号，又是文化符号，因此，艺术既具有艺术性，又具有文化性。作为艺术符号，它以创造者创造性地处理、组织、重构、创造信息材料为主要特征，审美独创性程度往往成为衡量艺术价值的最主要的依据。作为文化符号，艺术作品又常常承载着各种其他类别的价值信息，有时，人们也会以艺术符号所承载的其他价值信息来评价某一件艺术作品。这样，对于一件艺术作品来说，艺术价值既具有自身的特殊性，又具有开放性，艺术价值是审美的特殊价值与开放的文化价值的结合。

艺术价值处于与其他各类价值的开放性联系之中。莫里茨·盖格尔表示："任何一种艺术作品都不会只实现一种单一的价值：一首诗歌包含了一种本身就具有价值的情感内容；它是由语言构成的，这些语言的语音和节奏韵律都表现了属于它们自己的价值；这首诗歌用来适应它的内容的方式，以及各种意义相互交织的方式，也都是某种价值——因此，这里存在着许多种价值，它们都相互协调地共处在一起。"① 不得不承认，艺术作品是承载了多种价值信息的复合性价值构造。

这样，对于艺术来说，它实际上具有双重性——艺术既具有艺术性，又具有文化性。艺术价值既具有特殊性，又具有开放性。艺术既具有特殊的审美价值，又具有开放的文化价值。艺术处于与其他各类价值的开放性联系之中。例如，一切艺术中，音乐被认为是最接近美的艺术，一切艺术以逼近音乐为最高的旨归。尽管如此，在音乐作品中，有时还包裹着其他价值信息。例如，贝多芬的《英雄交响曲》，作品深沉、博大、昂扬的旋律，引发人们英雄人格的联想，它还具有一定的精神价值。又如，《马赛曲》《义勇军进行曲》等作品，一方面，其昂扬、奋进的进行曲节奏给人们以自由、昂扬、进取的精神鼓励，另一方面，由于它被定为国歌，又被赋予了爱国主义的价值信息。这些例子表明，艺术价值处于与其他价值信息的开放性联系之中。

艺术符号作为一个信息与价值的复合体，它与其他各类信息及其相应的价值之间的关系，通过图 7-2 可以得到展示。作为艺术符号和文化符号，一件艺术作品可能承载着实用信息、政治信息、道德信息、宗教信息以及其他各类信

---

① 莫里茨·盖格尔. 艺术的意味 [M]. 北京：北京联合出版公司. 2014：205.

息等多方面的信息，艺术作品常常有着与实用价值、政治价值、道德价值、宗教价值以及其他各类价值的开放性联系。

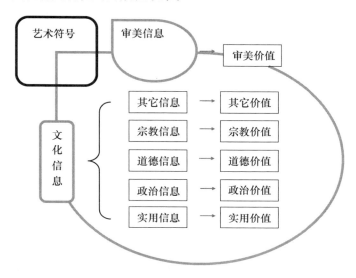

图7-2　艺术符号的复合价值构造

作为艺术性与文化性相结合的艺术符号，艺术兼具艺术价值和文化价值的双重特性。这样，艺术有时会表现出与其他各类价值、包括功利价值的复杂纠结和联系之中。克莱夫·贝尔就曾经说过："艺术是表达善的直接手段。"① 艺术作品常常被人们认为是表达独立的审美价值的手段，但是，又总是有很多的人把它和服务于人类之善的理念联系起来，其原因在于，艺术以其审美创造性结构包裹着各类信息，艺术符号有时还包含着其他价值信息，作为文化符号，它还传递着审美价值之外的价值信息。

1. 艺术与实用价值

艺术与实用价值之间，有着千丝万缕的联系。人类早期的艺术，往往都与实用需要联系在一起。古代希腊的"艺术"（τέχνη）最早起源于实用的需要，它有着制造、技艺、工艺等方面的含义，其次才是现代意义上的艺术的含义。

生物学家和人类学家的研究表明，人类最原始的艺术形态，常常与两性繁

---

① 克莱夫·贝尔. 艺术［M］. 北京：中国文联出版公司，1984：12.

殖等实用的需要有关。通过动物的鸣叫和游戏行为的研究发现，这些活动往往与动物的繁衍和求偶有关系。人类学的调查则表明，音乐和舞蹈等早期的艺术形态，常常与部落群体中两性的择偶与繁衍有一定的联系。弗洛伊德等人的研究也发现，人类的艺术活动往往潜含着深层的性本能释放的因素。这些表明，艺术在深层次上，往往与两性繁衍的实用需要之间有着隐秘的关联。

普列汉诺夫等人的研究发现，艺术的起源与发展，常常与生产劳动等实用的需要联系在一起。中国古代《淮南子·道应训》和《吕氏春秋·淫辞》有所谓"举重劝力之歌"一说，认为民间歌谣跟生产劳动有着密切关系："今夫举大木者，前呼'邪许'，后亦应之，此举重劝力之歌也"鲁迅在《且介亭杂文·门外文谈》对此观点进行了进一步生发：

> 人类在未有文字之前就有了创作的，可惜没有人记下，也没有法子记下。我们的祖先的原始人原是连话也不会说的，为了共同劳作，必须发表意见，才渐渐练出复杂的声音来。假如那时大家抬木头，都觉得吃力了，却想不到发表。其中有一个叫道'杭育杭育'，那么这就是创作，大家也要佩服、应用的，这就等于出版；倘若用什么记号留存下来，这就是文学；他当然就是作家，也就是文学家，是"杭育杭育派"。①

《淮南子·道应训》《吕氏春秋·淫辞》和鲁迅的观点，作为文学起源于生产劳动的解释虽然有些牵强，但不可否认，艺术与生产劳动等实用生活之间有着密切的联系。

同样，在艺术作品中，在其审美的表层结构中，常常潜藏着实用的价值信息。一幅画，除了审美的艺术信息之外，可能包含着丰富的实用信息。法国画家让·弗朗索瓦·米勒的《拾穗者》，表现了人们在麦田里劳作的场景，俄罗斯画家伊利亚·叶菲莫维奇·列宾的《伏尔加河上的纤夫》表现了纤夫们在伏尔加河上拉纤的情景，荷兰印象派画家文森特·凡·高《吃马铃薯的人》则表现了吃马铃薯的生活场景……艺术表现的场景之中，往往包含着丰富的实用信息。在文学作品中，由于语言文字的丰富的表现力，往往表现出丰富的实用内容和生活信息。例如，在东汉赵晔编写的《吴越春秋》中，引述了这样一首《弹歌》——

---

① 鲁迅. 门外文谈 [A] //鲁迅全集：第6卷. 北京：人民文学出版社，1982：93 - 94.

断竹，续竹；飞土，逐宾①。

这一首古代民谣，以质朴无华的文字，反映了原始人们制作弹弓，用土石击打兽类的情形，包含着丰富的生活和实用信息。以上例子表明，在艺术的表层结构中，常常包含着丰富的实用信息。

2. 艺术与道德价值

艺术与道德之间也有着复杂的联系。一方面，艺术与道德说教不同，不可将艺术价值与道德价值等同，另一方面，艺术与道德有着复杂纠结的关系，艺术作品的精神价值，常常以道德价值的形式来体现。《礼记·乐记》曾论述音乐与伦理之间的关系："乐者，通伦理者也。"② 它认为音乐与伦理是相通的，并认为"知乐则几至于礼矣"③。这些表述，虽然有着儒家以道德教化来比附音乐艺术的倾向，但是"乐通伦理"的观点，它捕捉到了艺术和道德伦理之间的某种关联。

艺术虽然承载着丰富的道德信息，但是，艺术价值与道德价值不同，不可将艺术沦为道德说教的工具。艺术往往通过创作者的创造性的想象，体现着人们对道德的自由思索和不断追问，而道德作为协调人与人关系的一种规范性伦理，它具有某种约束性特征，它的自由探索与道德的规范性约束构成事物的两极，在某些情况下，往往离道德越近，离艺术就越远。需要时刻留意艺术价值不同于道德价值，不可让艺术沦为道德说教的工具。

另一方面，艺术作品中也蕴含着丰富的道德信息。艺术作品常常反映了这样那样的道德信息：永恒之爱，人性之善，英雄之气节……这些无不成为艺术作品表现的对象。艺术作品常常承载着各种各样道德价值的符号与象征，无论是《被缚的普罗米修斯》，还是《赵氏孤儿》，还是《死无葬身之地》，都以这样那样的情节表达了对道德伦理的想象与思索。艺术作品中的人物，从英雄的担当，到中间人物的悲剧，到小人物的坚持，这些都以不同的人物形象，表达着人类对道德价值的理解与追问。

---

① "宾"为古"肉"字，此处指用弹弓投出土石击打的禽类或兽类。
② 孔颖达正义. 礼记正义·乐记：第四十七卷［M］. 郑玄，注. 上海：上海古籍出版社，2008：1458.
③ 同上。

艺术中的道德与单纯审美领域的道德不一样。纯粹审美领域的道德往往遵循典范模式，人们欣赏的往往是挺身而出、大义灭亲、舍身救美等明显的道德价值，其道德信息遵循的是明晰性原则。在艺术中，道德信息遵循的是探索模式。艺术中的道德虽然也表现典范类型，但是，它往往体现创作者对道德的追问，表现的是在道德的边缘地带的摸索，彰显的是人们在伦理上的困境，因此，艺术中的道德除了明晰的典范模式之外，它更多地表现出伦理的暧昧性。艺术是在道德的复杂纠结地带游走，在不确定之处探问，在某些未知的领域触摸道德的边际，它就像是一只柔软的手掌，在某个半梦半醒的深夜，触摸着人们某一根脆弱的道德的神经。可以说，艺术追求的一种最高意义的道德。

3. 艺术与政治价值

艺术作为艺术符号和文化符号的结合体，它也传达着政治信息和政治价值。审美价值是信息的负熵化，艺术符号体现创作者创造性地处理信息的才能，作为创造性处理信息的一种表现形式，艺术常常综合包含政治信息等各类信息在内。《论语·八佾》载，孔子评论季氏"八佾舞于庭"的情况，称："是可忍也，孰不可忍也！"。八佾，是周朝的宫廷乐舞制，八人一行为一佾，八佾是八八六十四人，六佾是四十八人，四佾是三十二人。按照周礼的礼制，天子八佾，诸侯六佾，卿大夫四佾，士二佾。季氏，一般认为指季孙氏，是春秋战国时期鲁国三桓之首，当时季孙氏、叔孙氏、孟孙氏三桓控制鲁国政权，权势很大，按照周朝礼制，鲁昭公可采用六佾乐舞，季氏可用四佾乐舞，季氏违反礼制"八佾舞于庭"，所以孔子说："八佾舞于庭，是可忍也，孰不可忍也！"从这一记载来看，乐舞制度与政治制度密切相关，艺术中有时包含着复杂的政治信息。

在艺术作品中，实际上也蕴含反映着丰富的政治信息。在政治价值中，"自由""平等""正义"等范畴，由于体现人类普遍的公共价值，常常表现为某种激动人心的精神价值，常常成为艺术表现的内容。例如，法国画家欧仁·德拉克洛瓦（Eugène Delacroix）创作的《自由引导人民》（La Liberté guidant le peuple）这一幅油画，即包含着丰富的政治价值信息。该油画又名"1830 年 7 月 27 日"，是用来纪念 1830 年 7 月 27 日法国的七月革命的油画作品。1815 年拿破仑下台后，路易十八重返法国当国王，波旁王朝复辟。1830 年 7 月 26 日，路易十八的继承人查理十世企图进一步限制人民的选举权和出版自由，宣布解散议会。巴黎市民闻讯纷纷起义，于 7 月 27 至月 29 日三天走上街头，推翻了波旁王朝。

《自由引导人民》取材于法国七月革命，画中的自由女神戴着象征自由的弗里吉亚帽，胸部裸露，右手挥舞象征法国大革命的红白蓝三色旗，左手拿着带刺刀的火枪，号召身后的人民为了自由起来革命。画家以奔放的热情表现了这一工人、小资产阶级和知识分子参加的革命运动，高举三色旗的自由女神形象成了自由的象征，表现了热情奔放的浪漫主义精神。

图 7 - 3 《自由引导人民》，
欧仁·德拉克洛瓦作，1930 年，油画

艺术作品有时蕴含着丰富的政治价值与政治信息，但是，需要防止艺术价值的政治工具化，使艺术作品沦为政治价值的简单传声筒或政治宣传工具。不可否认的是，有很多艺术作品包含着复杂而丰富的政治价值，政治价值与艺术价值体现出了完美的融合，或者政治价值与艺术价值得到了合乎艺术规律的表现，或者艺术价值与政治价值得到了平衡的表现，没有使艺术作品的艺术价值遭受损害。像《马赛曲》《义勇军进行曲》这样的歌曲，它们既是鼓舞人心的进行曲，同时也是代表着爱国主义情怀的国歌，艺术价值与爱国主义的政治价值同时得到了体现。尽管如此，在艺术实践中，需要防止艺术价值的政治庸俗化，防止艺术作品沦为政治价值的工具或附庸。

4. 艺术与宗教价值

艺术作为一种符号形式，它是一种人工创造物，它体现的是经过人类主体把握的世界。艺术既反映外在的大宇宙，也体现人类自我内在的小宇宙。艺术作为人工创造物与人类的精神世界密切相关。人类是苍莽宇宙中有限的生物，人不是像机器那样完全按照理性行动的，而是在现实中劳作、经历着种种苦难、在实践中前行的生物，作为"自由的有意识的"动物，人是有着意识与无意识、理智与情感、理性与非理性的生物。人类的精神世界的一个不可忽视的方面便是宗教信仰，人类对终极价值的追索更使宗教成为人们的心理需要。艺术与人类的精神世界纠缠互连，它也反映出人类的宗教生活的方面。

宗教是一种现实，体现人们对终极价值的心理需要。宗教是特定的信教者群体根据某种信仰形成的组织、制度和活动，宗教信仰是关于终极价值的意义结构（meaningful structure），它是宗教的核心要素。纯粹审美价值往往以单纯的自然为审美的对象，与纯审美价值之面向自然与外在世界不同，艺术作为人类的符号形式它反映人类生活和精神世界。宗教常常成为艺术反映的内容。人类历史上有着大量以宗教为题材的作品，艺术家也创作了大量以宗教价值为主题的艺术作品。人类历史上，有着大量以宗教内容为题材和主题的艺术作品，这使得艺术作品中有着复杂多样的宗教信息，这些信息会表现出一定的宗教价值。

在人类历史上，宗教因素可能是艺术发生发展的起源因素之一。关于艺术的起源，有着模仿说、游戏说、巫术说、劳动说、性本能说等几种解释，其中的巫术说即认为，宗教是艺术的起源。英国人类学家爱德华·B.泰勒在他的《原始文化》一书中提出，艺术的起源与宗教性的巫术有关。按照这种理论，原始人所描绘的史前洞穴壁画有许多在我们今天看来是美丽的动物形象，但当初原始人绘画时却是出于一种与审美无关的动机，即巫术的动机。其后弗雷泽和弗罗姆等人都倡导艺术起源的"巫术说"，这是西方关于艺术起源的理论中最有影响的一种观点。据这些观点来看，艺术与宗教无疑有着十分密切的联系。

纯粹审美价值在某种程度上具有一定的超越性别、种族、国籍、宗教的特性，相比之下，艺术作为人类创造的符号形式，它具有更为复杂的情况。艺术与宗教的复杂关联性，也体现在不合乎宗教神圣价值的作品遭到宗教的排斥。在人类历史上，出现过不少艺术作品因为触犯宗教的神圣禁忌而遭到禁止，被禁止出版，限制传诵，乃至当众焚毁，创作者因此而遭受刑罚、流放、甚至追杀……这样的例子不胜枚举。

当然，艺术也表现出了某种超越宗教的性质，一些反映了永恒艺术价值的艺术作品为信仰不同宗教的人们所喜爱，某些艺术作品也表现出了包容不同宗教的倾向而具有超越宗教差别的价值意义，艺术作品对永恒人性的反映以及对人类普遍艺术价值的追求而成为不同宗教之间共同喜爱的对象。艺术有时表现出化解宗教矛盾和宗教分歧的作用。绝大多数艺术表现出了超越宗教差别的审美价值和艺术价值，艺术因此而被人们称为"和平大使"。现代宗教也表现出了开放、对话、革新的一面，表现单一宗教观念或宗教主题的艺术作品也被不同宗教派别接受或收藏。在梵蒂冈，作为天主教教宗所在地的博物馆也收藏了大量非天主教的艺术品。在这个意义上，艺术的超越宗教特性得到了部分实现。

艺术与宗教的关系虽然复杂纠结，但是，在某些情况下，艺术与宗教又有着某种共通性。蔡元培主张"以美育代宗教"①、列宁曾经表示"戏剧要取宗教而代之"②，里奥波德·弗拉姆则认为"艺术是现代人的宗教"③，这些观点从某种角度提醒我们，艺术与宗教也有着某种共通之处，那就是人类共同的对精神、价值与意义的追求。

如上所述，艺术价值与实用价值、道德价值、政治价值、宗教价值等诸种价值形态之间有着复杂纠缠的关系。俄罗斯美学家 M. C. 卡冈指出，美学研究需要"研究和再现作为审美价值和非审美价值——功利价值、道德价值、宗教价值、政治价值以至经济价值——的复杂交织的世界。"④ 显然，美学家们注意到，艺术价值与其他类别的价值之间，并不是机械分割没有联系的，相反，它们处于某种交叠状态。

尽管如此，我们仍然需要实事求是，根据艺术作品的具体情况具体分析，而不是机械地比附艺术作品的各类价值信息。对于艺术符号的价值信息，不同的艺术门类，同一门类不同的艺术类别、甚至不同的艺术作品之间，其价值信息是殊为不同的，不可一概而论。以绘画艺术为例，同样是绘画作品，有的可能是纯形式作品，它主要体现的是某种纯粹形式的创新，承载其他的价值信息

---

① 蔡元培在《赖斐尔》《对于教育方针之意见》《教育独立议》《以美育代宗教》《美育代宗教》《以美育代宗教说》等文章中曾论述过"以美育代宗教"的思想，其观点主要见于 1917 年他在北京神州学会的演讲词《以美育代宗教说》，后发表于 1917 年 8 月 1 日出版的《新青年》第 3 卷第 6 号。
② 列·斯托洛维奇. 审美价值的本质［M］. 北京：中国社会科学出版社，1984：113.
③ 列·斯托洛维奇. 审美价值的本质［M］. 北京：中国社会科学出版社，1984：113.
④ M. C. 卡冈. 马克思列宁主义美学讲义［A］//列·斯托洛维奇. 审美价值的本质. 北京：中国社会科学出版社，1984.166.

相对较少。图7-4是未来主义①画家波丘尼的创作的三联画《内心状态》中的一幅画《告别》，在画面中几乎是纯形式的交叠：曲线和直线穿插交错，线条和色彩交相重叠，块面与块面碰撞变位，形成分散与聚合、断裂与延续的形式组合，带给人们急促而紧张不安的压抑感。波丘尼创作的这一幅《内心状态：告别》受到立体主义的影响，据画家自述，画面描绘了拥挤不堪的车站、冒着烟的奔驰的火车和拥抱告别的人群。但是，画面描绘的车站场景，实际上已经在画家交叠错乱的形式处理中被隐去，让人无法认出这是一幅车站的场景，最后几乎只剩下纯形式，唯有几个非常规整的数字被仔细地描绘在画面的中央，在嘈杂动乱的画面中显示出一份意外的冷静和理智。这一幅画虽然也有场景的描绘，但在画面之中几乎只剩下了纯形式，它带给人们的信息，主要的是一种"形式意味"。

图7-4　《内心状态：告别》，
波丘尼作，1911年，油画

① 1909年2月20日意大利诗人马里内蒂在巴黎《费加罗报》上发表《未来主义的创立和宣言》，1910年3月8日画家波丘尼、卡拉、巴拉等发表《未来主义画家宣言》，4月初发表《未来主义绘画技巧宣言》，波丘尼于1912年4月11日发表《未来主义雕塑宣言》，1914年7月11日圣特利亚发表《未来主义建筑宣言》，他们提出了未来主义（Futurism）创作的一些理论宣言，主张未来主义反映现代机器文明的速度、时间、力量和竞争。

在绘画中的另外一类，则是纯形象作品。这一类作品，我们可以体会到形象自身的美，或者创造者表现形象的创造性设计，有时我们也可以将形象与一些社会功用价值联系起来。例如，图7-5是伊利亚·叶菲莫维奇·列宾的《伏尔加河上的纤夫》（Бурлаки на Волге），画面展示了这样的场景：在烈日之下，荒凉漫长的河滩，一队衣衫褴褛的纤夫拉着货船，步履沉重地沿着河滩前进着。画面背景昏暗迷蒙，空间空旷奇特，给人以怅惘孤苦、沉重无助之感。画面展示的是对现实生活的形象描绘，它传达着对劳动生活的认知、劳动的方式与技能、生活的苦难，以及面对现实的不屈的精神等种种信息，我们可以通过画面形象来获得丰富的信息。

图7-5　《伏尔加河上的纤夫》，
伊利亚·叶菲莫维奇·列宾作，1870—1873年，油画

在绘画艺术中，还有一类作品则属于理念艺术。理念艺术作品既可以是纯粹形式的处理，也可以是赋予寓意的形象，也可以是实用装置的创造性加工与展示。图7-6是保罗·高更在麻袋布上创作的名作《我们从哪里来？我们是谁？我们往哪里去？》。在画面中，画家通过简单原始的生活、带有神秘感的庄严氛围、超越过去现在未来的时空布局，为我们展示了一种返璞归真、包容万物、无限延展的体察与关怀。画面通过一组人物，画家表达了一个深邃而充满宗教感的哲理——画面中的婴儿指人类的诞生；中间摘果的男人暗示亚当采摘智慧果寓意人类的生存发展；最后是老人，象征着生命的衰老与死亡。这幅画通过一组形象展示了人类从出生到死亡的命运，以平面化的时间形式发出了一个关于生命的永恒追问："我们从哪里来？我们是谁？我们往哪里去？"保罗·

高更在一封写给评论家丰泰纳（André Fontainas，1899年）的信里说：他的这幅画表达的是"原始的心灵"，认为"就我们的起源和那神秘的未来而言，它包含着模糊的和不可理解的因素。"这幅画保罗·高更通过含混模糊、不易理解的画面语言，表达了一个充满神秘感和宗教感的哲学理念。在这样的理念艺术作品中，显然在形式、形象之外，还传达着更为深邃复杂的信息。

图7－6　《我们从哪里来？我们是谁？我们往哪里去？》
保罗·高更作，1897—1898年，油画

　　艺术是创作者对各种信息的创造性加工与处理，它是一个复合性的价值构造，在特定的艺术作品中，它可能包含着实用信息、道德信息、政治信息、宗教信息以及其他各类信息等多个方面。列·斯托洛维奇认为，"艺术价值不是独特的自身闭锁的世界。艺术可以具有许多意义：功利意义（特别是实用艺术、工业品艺术设计和建筑）和科学认识意义、政治意义和伦理意义。"① 列·斯托洛维奇指出，不能把艺术归结为价值的单一的某个方面，"艺术是各种成分——方面——构成的完整体系。由于具有这些方面，艺术有一系列主要功用，这些功用的结构符合艺术活动的结构，而且这些功用既形成个人对于社会有意义的审美价值的定向，又发展了人的创造能力。不能把艺术的实质归结为某一个方面或某一种功用。"② 一个艺术作品往往体现出多种信息并存的创造性的信息处理和创造性的信息表达方式。艺术的各方面的价值信息，对于艺术符号来说，有着特殊的作用。多方面信息的在场，才构成一个艺术作品的丰富性和多种信息复杂交织所形成的立体结构。

---

　　① 列·斯托洛维奇. 审美价值的本质［M］. 北京：中国社会科学出版社，1984：167.
　　② 列·斯托洛维奇. 审美价值的本质［M］. 北京：中国社会科学出版社，1984：178 － 179.

另一方面，艺术作品的各方面信息共同处于一个艺术的创造性结构之中，必须通过符合艺术创作规律的艺术性处理方式，才能使各方面信息组织成为一个有机统一的和谐整体。这一艺术性的处理方式，是创作者创造性的信息加工和创造性想象的一个结果。如果艺术作品中各方面信息只是机械并置或简单罗列，缺少了以审美独创性为最高要求的艺术性处理，这一作品就成为功利信息传达的简单工具。列·斯托洛维奇指出，在艺术作品的多元价值共存的结构当中，"如果这些意义不交融在艺术的审美冶炉中，如果它们同艺术的审美意义折中地共存并处而不有机地纳入其中，那么作品可能是不坏的直观教具，或者是有用的物品，但是永远不能上升到真正艺术的高度。"① 他主张，"艺术价值把审美和非审美交融在一起，因而是审美价值的特殊形式。"② "艺术在本质上是审美的，在特征上是艺术的。同时，正是艺术的艺术价值形成它的各方面和各种功用的统一和完整。"③ 唯有通过艺术性的处理，以审美原则对艺术作品的各方面信息进行创造性整合和独创性的加工，艺术作品才能形成一个完满和谐的整体，从而赋予作品审美的独特价值。

四、功利主义与唯美主义之争："为人生"与"为艺术"

艺术作品既是艺术符号，又是文化符号，因此，艺术往往兼具审美价值和其他方面的各类价值，它是一个包裹着功利价值与艺术价值的复合价值构造。艺术本质上是审美的，同时，它也有着某种开放的文化性，兼含其他方面的多种信息。艺术的这一特点，使得艺术具有双重性——它本质上是审美的符号，同时，它又包含着功利价值等各类复杂的文化信息，艺术体现出审美和功利等多方面价值的综合。正因为艺术具有如此的双重性，在人类思想史上，出现了功利主义和唯美主义两种截然对立的观点。

美国新批评的重要代表人物沃伦在他与韦勒克合著的《文学原理》中指出：

---

① 列·斯托洛维奇. 审美价值的本质 [M]. 北京：中国社会科学出版社，1984：167.
② 列·斯托洛维奇. 审美价值的本质 [M]. 北京：中国社会科学出版社，1984：167.
③ 列·斯托洛维奇. 审美价值的本质 [M]. 北京：中国社会科学出版社，1984：178 – 179.

"整个美学史几乎可以概括为一个辩证法：其正题和反题就是贺拉斯（Horace）所说的'甜美'（dulce）'有用'（utile）。"① 沃伦的话准确地概括了美学史上关于艺术价值的两类不同看法，同时他也敏锐地把握到了艺术在实用功利和审美两个方面的价值向度。

应该说，把艺术价值归结为某一单一价值的做法，有着将艺术简化、矮化的倾向。将艺术价值单一化的做法之一，是功利主义艺术观。由于艺术脱胎于实用艺术，并且艺术现实地包裹着各类其他信息，很多人表达了关于艺术价值的功利主义观点。例如，克莱夫·贝尔就曾说过"艺术是表达善的直接手段"②。功利价值似乎是无法逃脱的阴影一般紧跟着艺术，原因就在于艺术符号本身包裹着其他各类价值信息。

功利主义往往强调艺术的功利价值，从而将艺术价值庸俗化、工具化。功利主义有着实用功利主义、道德功利主义、政治功利主义、宗教功利主义等多种形式。这几种形式，常常因为对功利价值的强调而交叠在一起。强调实用功利价值的，往往同时强调道德功利价值，强调道德功利价值的又往往主张政治功利价值，宗教功利主义往往有着一个综合了实用、道德、政治、宗教等多方面的价值体系，它也常常会突出强调这些方面的功利价值，从而导致对审美价值的忽视。

艺术价值的功利主义化，常常表现为对道德等功利价值的重视。审美价值观的道德功利主义倾向，在文艺复兴之后的新古典主义及启蒙主义思想中亦有着较大的表现，尤其是在法国的古典主义和大陆理性主义思想中表现得尤为明显。这一道德功利主义倾向在布瓦洛那里表现为对"理性"的崇拜。在《诗的艺术》第一章中，布瓦洛开宗明义宣称：

"首先须爱理性：愿你的一切文章
永远只凭着理性获得价值和光芒。"③

在布瓦洛的古典主义思想中，理性被奉为至上的法则，一切都必须服从理性的规范，虽然布瓦洛也主张"艺术地布置着剧情的发展"，但这些都被要求

---

① 韦勒克，沃伦. 文学原理［M］. 北京：三联书店，1984：19.
② 克莱夫·贝尔. 艺术［M］. 北京：中国文联出版公司，1984：12.
③ 布瓦洛. 诗的艺术［A］//西方文论选：上卷. 上海：上海译文出版社，1964：290.

"服从理性规范"①，甚至"在理性的控制下低头听命"②。这位法兰西学院院士，似乎受到了笛卡尔理性主义的影响，一切戏剧创作的原则、规范、经验，都被他要求纳入"理性"的规范之中。道德功利主义的特点是将道德理想化，最后用道德的标准来衡量艺术作品的价值，从而使艺术价值庸俗化和工具化。

在有些情况下，道德功利主义的观点常常与政治功利主义的观点融合在一起。在极端的情况下，对艺术的道德理想化要求，也常常会诉诸政治权力，从而使道德功利主义走向政治功利主义。政治功利主义以功利价值否定审美价值的做法，在孔子的"放郑声"和柏拉图的"禁诗令"等主张中有集中的体现。

在《论语·卫灵公》中，有关于孔子主张"放郑声"的记载。《论语·卫灵公》载颜渊问为邦之道，孔子答曰："行夏之时，乘殷之辂，服周之冕，乐则韶武，放郑声，远佞人。郑声淫，佞人殆。"③"郑声"，是产于郑国地区的民间新乐，对于"郑声淫"这一情况，孔子提出要"放郑声"。"放"，朱熹《集注》谓"禁绝之"。"放郑声"一说是颜渊问为邦之道时孔子的主张，因而它不仅仅代表着孔子的个人好恶，而是有着一定的政治性意涵。孔子身处"礼崩乐坏"之世，他耳闻目睹弑乱篡夺等种种僭越之事，加上他的贵族出身以及以儒为业这两方面背景性影响，他的学说带有极力维护政治礼制的特征。《论语·八佾》提到孔子对季氏在自己的厅堂上演八佾之舞发表看法，认为"八佾舞于庭，是可忍也，孰不可忍"，可见孔子对这一政治违礼之事是持激烈批评态度的。《论语》还提到孔子对"紫之夺朱"的不容，《乡党》中提到孔子对礼仪之遵守，这些都可以看出孔子对政治礼制的维护。"放郑声"的主张，与孔子维护政治礼制的意识是深刻关联的。

与孔子的"放郑声"一说相类似，柏拉图则提出过"禁诗令"。柏拉图认为诗人模仿"容易激动情感的和容易变动的性格"，"激发人的感伤癖和哀怜癖"，以至于"培养发育人性中低劣的部分，摧残理性的部分"，在《理想国》卷三和卷十中，柏拉图两次向诗人发布禁令。根据这一禁令，柏拉图主张对诗人加以"监督"，"强迫他们在诗里只描写善的东西和美的东西的影像"，否则

---

① 布瓦洛. 诗的艺术［A］//西方文论选：上卷. 上海：上海译文出版社，1964：297.
② 布瓦洛. 诗的艺术［A］//西方文论选：上卷. 上海：上海译文出版社，1964：290.
③ 《论语·卫灵公》。

"就不准他们在我们的城邦里作诗"①；同时也要求"监督其他艺术家们，不准他们在生物图画，建筑物以及任何制作品之中，模仿罪恶，放荡，卑鄙，和淫秽，如果犯禁，也就不准他们在我们的城邦里行业。"② 柏拉图还主张对诗歌建立评判和审查制度，以政治权力强力干预诗歌和艺术的创作。

在柏拉图的艺术价值体系中，艺术的价值和他的"理念"本体论以及他的政治本位观相结合的。他认为，艺术制造的是"影子的影子"，"和真理隔着三层"，不具有认识真理的作用。他主张美必须有用，艺术必须为社会功利服务。并且，在西方文艺理论史上，柏拉图第一个要求通过政治权力手段来控制诗歌创作，由此确立起了西方第一个政治本位的功利主义艺术价值体系。柏拉图是西方理性主义艺术价值观的奠基人，也开创了用政治功利标准论断艺术价值并将艺术问题诉诸政治权力的先河。

无论是《论语·卫灵公》记载的孔子主张"放郑声"，还是古希腊柏拉图在《理想国》中两次发出"禁诗令"，两者都是根据政治功利价值和道德功利价值的需要来否定排斥审美价值，是一种功利主义的艺术价值观。

与功利主义的艺术价值观相反，唯美主义则主张"为艺术而艺术"（Art for art's sake）。在"为艺术而艺术"的口号提出之前，唯美主义的艺术价值现在济慈（John Keats，1795—1821）那里已现端倪。济慈主张一种不含理念意图的"纯美"理论。华兹华斯主张，"诗人绝不是单单为诗人而写诗，他是为大众而写诗"，并声称他的每一首诗"都有一个价值的目的"。济慈则毫不客气地说："我生平作的诗，没有一行带有公众思想的阴影。"在他给华兹华斯等人的信中，他声称："我宁可要充满感受的生活，而不要充满思索的生活。"（《致柏莱，1817，11，22》）"人们憎恨的是，诗含有明显的意图"，"我们不要为某种哲学所吓倒。"（《致华兹华斯，1818，2，13》）主张"诗中不要掺杂甚至最为微薄的群众思想、社会思想，哪怕只写了一行也不行。"（《1818，4，9》）他批评雪莱的诗宣传鼓动太多了，因而必须"抑制着雄心壮志，……用矿砂杜塞思想主

---

① 柏拉图. 理想图：卷三［A］//文艺对话集. 朱光潜，译. 北京：人民文学出版社，1963：62.

② 柏拉图. 理想图：卷三［A］//文艺对话集. 朱光潜，译. 北京：人民文学出版社，1963：62.

题的每一空隙，才能比较地像一位艺术家"（《致雪莱，1820，8，9》）①。

美国诗人埃德加·爱伦·坡则有过"为诗而写诗"②的主张。埃德加·爱伦·坡认为，"一切艺术的目的是娱乐，不是真理"，"诗与真理像油和水一样无法调和"③。他认为艺术要使读者获得刺激而达到灵魂的升华。埃德加·爱伦·坡被认为是美国最具有唯美主义倾向的诗人和作家。

在美国诗人埃德加·爱伦·坡的"为诗而写诗"的主张之后，法国的戈蒂耶（Theophile Cautier，1811—1872）首次提出了"为艺术而艺术"的口号，后来这一口号成了巴那司派的美学纲领，也成了西方唯美主义的基本理论主张。"为艺术而艺术"从它所追求的纯艺术出发，彻底否定传统价值观中的实用功利。在1832年戈蒂耶就声称："艺术意味着自由、享乐、放浪——它是灵魂处于逍遥闲逸的状态时开出的花朵。"在为波德莱尔的诗集《恶之花》作的序言中戈蒂耶用"颓废者"和"颓废主义"来表示对传统功利主义价值观的不屑。这种重审美而弃功用的艺术价值观，戈蒂耶在他的小说《莫般小姐·序言》中加以了阐释："没有任何美的东西是生活中所必需的。——人们尽可以取消鲜花，世界并不因此而受到物质上的损失；但是谁又愿意没有鲜花呢？我宁可不要土豆也不放弃玫瑰花，我认为世界上只有功利主义者才会拔掉一花坛的郁金香去改种白菜。""只有毫无用处的东西才是真正美的；所有有用的东西都是丑的，因为它们反映了某种需要，而人的需要就像他那可怜的、残缺不全的本性一样，是卑鄙的，令人可厌的。"（《莫般小姐》）法国象征派诗人波德莱尔（1821—1867）尽管不完全赞同"为艺术而艺术"主张，但他也曾经声称："诗的目的不是'真理'，而只是它自己。"④

"为艺术而艺术"的观点导致了唯美主义的产生。唯美主义最主要的代表人物王尔德（1856—1900）进一步发展了济慈（1795—1821）的"纯美"学说、爱伦·坡的"为诗而写诗"和戈蒂耶的"为艺术而艺术"的主张，认为"艺术

---

① 济慈对于诗歌创作的看法，散见于他的《书信集》。See *Critical Theory since Plato* ［A］，Edited by Hazard Adams，New York：Harcourt Brace Jovanovich，Inc.，1971：472－474 及西方文论选：下卷. 上海：上海译文出版社，1964：60－66.

② 西方文论选：下卷. 上海：上海译文出版社，1964：498.

③ Edgar Allen Poe，*The Complete Poems and Stories of Edgar Allen Poe：with Selections from his Critical Writings*，New York：A. A. Knopf，1964：141.

④ 西方文论选：下卷. 上海：上海译文出版社，1964：226.

除了表现它自己之外，不表现任何东西"，"'谎言'，即关于美而不真的事物的讲述，乃是艺术的本来的目的。"① 关于艺术的价值，王尔德认为："艺术就是美而无用之物"，他认为"一位真正的艺术家丝毫不去理睬群众"，并重申了戈蒂耶美与实用无关的主张："唯一美的事物，……是使我们毫不关心的事物。如果一个事物对我们有用或不可缺少，使我们感到苦痛和快乐，那么它就不属于艺术的正当范围了。因为我们对艺术主题应该漠不关心。"王尔德声称："一切艺术都无关实用。"（《格雷画像·序言》）

唯美主义重视艺术审美价值的观点对文艺价值观产生了较大的影响，如英国的布拉德雷（A. KC. Bradley，1851—1935）在若干年之后还以宣扬"为诗而诗"而闻名。托·斯·艾略特尽管在后期颇为看重诗的道德理性，但他亦曾有过"论诗，就必须在根本上把它看作诗，而不是别的东西"的主张，而麦克利什的韵文名言"诗就是诗，别无他意。"更是被奉为"新批评"派关于艺术价值的一个经典注解。英美新批评派的观点表面上对唯美主义未持直接支持的态度，但很多重视审美价值的观点都可以追溯到唯美主义。新批评派南方集团（The Southern Critics）的重要成员阿伦·退特（Allen·Tate，1888—1979）专门写了《诗人对谁负责》一文来反对 T·S·艾略特的关于诗歌责任的观点。阿伦·退特问道："诗人对谁负责？对什么负责？"回答是："责任是不存在的"，尽管阿伦·退特有时也承认诗歌"对我们的行为、甚至政治行为产生某种深远的影响"是文学史上存在的事实，但阿伦·退特还是坚持诗人"不得对国事说三道四"，并认为对于诗歌的道德责任，"即使我有那个能力，我也不劳神去解决那个老掉牙的问题"②。显然，阿伦·退特不主张艺术担当自己的社会责任，反对强调艺术的社会功利价值。

唯美主义主张"艺术要表现它自己"，是出于对艺术审美价值的重视。另一方面，它又有着将艺术与社会功利价值完全割裂的倾向，它与功利主义的艺术价值观走的是截然相反的道路。

在中国，也曾发生过一场"为人生"还是"为艺术"的艺术价值观之争。这一争论主要发生在文学艺术领域，但对整个艺术界产生了重大影响。主张文

---

① Oscar Wilde，*The Decay of Lying*，*Critical Theory since Plato*［C］，Edited by Hazard Adams，New York：Harcourt Brace Jovanovich，Inc.，1971：686.

② 新批评文集［C］. 北京：中国社会科学出版社，1988：456－461.

学"为人生"的文学家将文学视为一种宣传工具，认为文学应当为人生服务，要求文学为了一定的社会理想和价值目标承担其社会职能，积极发挥为社会人生服务的功利价值。主张文学"为艺术"的文学家则认为文学是一种艺术形态，文学应当遵循特殊的艺术规律，文学应为了自身的艺术的目标，发挥文学作为艺术的审美价值，而不主张文学承担过多的社会职责。"为人生"的文学价值观与"为艺术"的文学价值观在历史上聚讼纷纭，双方互相诘难，莫衷一是。

"为人生"的艺术价值观源起于近代对文学之革命功用的倡导。早在近代民族民主革命初期，章炳麟（1869—1936）在为邹容《革命军》所写的序言中强调，革命文学应摒弃传统的"务为蕴藉""主文讽切"的价值观念，而应该"叫跳瓷言""动之以雷霆""为义师先声"①。以柳亚子（1887—1958）为首的南社亦倡导戏剧革命，力主借"梨园革命军"之手，"招还祖国之魂"，通过戏剧"运动社会，鼓吹风潮之大方针"，"建自由之阁，撞自由之钟"，达到实现"共和"之目的②。陈独秀（1880—1942）早年创办《新青年》，亦在 1917 年 2 月的《新青年》上发表《文学革命论》一文，提出了"文学革命"的口号，认为"一切艺术，都是宣传。普遍地，而且不可避免地是宣传；有时无意识地，然而时常故意地是宣传"③，这里陈独秀的观点实际上是后来视文学为宣传工具的"革命文学"价值观的源头。

"为人生"的文学价值观是由文学研究会提出的。文学研究会于 1921 年成立，起初主张的是一种基于人道主义的文学价值观。郑振铎（1898—1958）在《文学的使命》一文中主张一种人道主义的"爱"，认为文学"须有改造时代精神的思想"④，是一种"要求解放，征服暴力，创造爱的世界的工具"⑤。在 1925 年成为马克思主义者之前的茅盾（1896—1981）则主张一种较为明确的"为人生"的文学价值观。他强调文学的价值改造功能，要求文学通过对社会进行批判性改造，通过对"时代的缺陷与腐败的抗议或纠正"，以"改造人们使他们像个人"⑥；进而他主张文学应为人们提供一定的价值理想，"把新理想新信

---

① 邹容. 序（革命军）[J]. 苏报，1903 – 06 – 10.

② 柳亚子. 二十世纪大舞台发刊词 [J]. 二十世纪大舞台，第 1 号.

③ 李初梨. 怎样地建设革命文学 [J]. 文化批判，第 2 号.

④ 郑振铎. 文学的使命 [J]. 文学旬刊，1921 – 06 – 27.

⑤ 郑振铎. 文学与革命 [J]. 文学旬刊，1921 – 07 – 30.

⑥ 茅盾. 介绍外国文学作品的目的 [J]. 文学旬刊，1922 – 08 – 01.

仰灌到人心中"，"把光明的路指导给烦恼者"①，从而实现对人生的价值引导。文学研究会的成员从其"为人生"的文学价值观出发，对当时主张"为艺术而艺术"的文学价值观进行了尖锐的批评。

至毛泽东《在延安文艺座谈会上的讲话》在1942年发表，明确提出文艺"为政治服务"和"为工农兵服务"的原则，"为人生"的文学价值观逐渐凝定为以社会政治为本位的功利主义文艺价值观，并和政治意识形态相结合，获得了政治意识形态的认可。尽管毛泽东《在延安文艺座谈会上的讲话》主张"政治并不等于艺术"，认为"缺乏艺术性的作品，无论政治上怎样进步，也是没有力量的"，因此，"既反对政治观点错误的艺术品，也反对只有正确的政治观点而没有艺术力量的所谓'标语口号式'的倾向。"但是，毛泽东《在延安文艺座谈会上的讲话》以政治介入的方式，明确提出"文学为政治服务""文学为工农兵服务"，反对"为艺术的艺术"和"超阶级的艺术"，进一步将文学政治功利化，从而确立起了以社会政治为本位的政治功利主义文学价值观。

"为艺术"的文学价值观则是围绕在创造社周围的一些诗人作家的观点。"为艺术"的文学价值观主张追求"纯粹的艺术"，重视文学的消闲娱乐和审美功能，反对将文学视为一般的宣传工具。与"为艺术"的文学价值观相关的则是主张诗歌的"自我表现"功能。主倡文学之"自我表现"价值观的主要有郭沫若、田汉、宗白华等诗人。郭沫若（1892—1978）曾针对胡适的"诗的经验主义"②，提出"诗底主要成分总要算是'自我表现'了"③，强调诗歌应当表现自我，抒发个人情感，这对于主张文学为社会人生进行呼号宣传的工具论而言，应当是一种完全不同的价值观，在五四时期曾经产生过不小的影响。

"为人生"的文学价值观与"为艺术"的文学价值观之间的分歧与争论，正是由文学作为艺术符号和文化符号的双重特性所引起的。"为人生"与"为艺术"之间的分裂与歧变亦体现在个人文学价值观上的矛盾。如郭沫若一方面曾主张"诗的主要成分"是"自我表现"（《致白华》），另一方面又认为"和人生无关的艺术不是艺术"，艺术的根本特征乃在于"有益于人生"（《论国内的评坛及我对于创作的态度》），尽管他所主张的"艺术的功利性"有时指"统一

---

① 茅盾. 创作的前途［J］. 小说月报，第12卷第7号.
② 胡适.《梦与诗》自跋［A］//尝试集. 合肥：安徽教育出版社，1999.
③ 郭沫若. 致白华［A］//三叶集. 亚东图书馆，1920：133，46.

人类的感情和提高个人的精神"，"使生活美化"①，但显然郭沫若在文学价值观上是前后不太一致的。

对文学之价值理解比较全面的是鲁迅（1881—1936）。作为激进的革命民主主义者，鲁迅亦强调文学的革命功利价值。鲁迅认为：新文学的作者有"共同前进的趋向""都是'有所为'而发"（《中国新文学大系·小说二集导论》），主张将文学作为"改革社会的器械"，起到"疗救社会"的作用，坚持一种功利主义的文学价值观。不过鲁迅对文学的功利价值理解较为全面，他主张文学的功利价值在于"立人"，认为"其首在立人，人立而后凡事举"（《坟·文化偏执论》），并要求打破儒家礼教的束缚，造就"立意在反抗，指归在动作"的"精神界之战士"，"以破中国之萧条"（《集外集拾遗·破恶声论》）。鲁迅主张文学要"立人"并造就"精神界之战士"（《坟·摩罗诗力说》），显然他对文学"为人生"的实用功利价值这一面，是有所识见的。

另一方面，尽管鲁迅认为文学具有为社会所"用"的一面，同时他又认为文学不同于科学与宣传，有着它"特殊之用"。他认为："盖世界大文，无不能启人生之闷机，而直语其事实法则，为科学所不能言者。"（《摩罗诗力说》）文学能告诉人们真理法则，但它又能"为科学所不能言者"，正是注意到了"文学"不同于"科学"之处。正是出于对文学独特价值的认识，鲁迅专门写了一篇《诗歌之敌》来批评对诗歌的庸俗化理解。他认为："诗歌是不能凭仗了哲学和智力来认识"（《集外集拾遗·诗歌之敌》），文学艺术的功用不仅是"助成奋斗，向上"，同时还有"美化的诸种行动"（《鲁迅书信集·致唐英伟》）。鲁迅并不像其他革命文学家那样，普遍把文学视为宣传工具，他认为，"一切文艺固定是宣传，而一切宣传并非全是文艺。……革命之所以于口号，标语，布告，电报，教科书……之外，要用文艺者，就因为它是文艺"（《三闲集·文艺与革命》）。出于对文学特殊性的理解，鲁迅告诫青年在注重文艺的革命功用时，"万不要忘记它是艺术"（《鲁迅书信集·致李桦》）。可见鲁迅在强调文学的功利价值时，还是比较重视文学特殊的审美价值的。

这样我们看到，在艺术和文艺的价值观上，历来存在着功利主义与唯美主义、"为人生"与"为艺术"之间的争论。一种观点是"为人生"的功利价值论。持这一观点的人把艺术视为一种传播工具，强调艺术对社会历史的功利作

---

① 郭沫若. 文艺之社会的使命［J］. 民国日报（副刊《觉悟》），1925－05－18.

用，艺术在某些情况下以狭隘的工具的形式存在着。关于艺术价值的另一种观点则是"为艺术"的审美价值论。审美价值论持有者认为艺术的本质是其审美特性，艺术的价值在于能给人审美愉悦，不应当以社会功利价值掩盖艺术的审美价值。功利主义与唯美主义的龃龉让人们看到了这样一个事实：艺术一方面以审美的形态存在着，另一方面又总是表现为文化形态，艺术以审美为本质，同时又兼具文化性，艺术是审美属性和文化属性的结合。

五、"美学的标准"和"人类学的标准"的统一

艺术作品既是审美符号，同时，它又是文化符号。路易·阿尔都塞曾经指出："每一件艺术作品，都是一种既是美学的又是意识形态的意图产生出来的。"① 路易·阿尔都塞的观点，实际上揭示了艺术具有审美性和文化性双重性质。艺术在本质上是审美的，同时，它又具有文化性，艺术具有某种双重性质。这样，艺术作品可能会出现兼具审美价值和其他功利价值的情况，它是一个包裹着功利价值与审美价值的复合价值构造，兼含多方面的价值信息。艺术在价值与功能上也会出现审美价值与功利价值二元并存的情形。"审美"与"功利"这两个方面不是"一加一等于二"的简单相加，也不是二元必存的机械分割，在不同的艺术的领域，根据不同的艺术形态，在具体的艺术作品中会出现各种可能的耦合的情况。

艺术价值的双重性，在文学艺术中表现最为明显。一方面，作为语言艺术，文学具有某种"言说性"，它是一种话语形态。另一方面，文学的本质是一种艺术形态，它以审美的艺术结构为根本特征。审美价值与功利价值两个方面，共同统合于文学这一语言符号艺术形态之中。

这样，我们不能将艺术的审美价值与其他各类价值割裂开来，也不能将审美价值孤立起来。列·斯托洛维奇就曾经表示，艺术价值不是独特的自身闭锁的世界②。艺术的审美价值不是孤立的、与外界隔绝的，艺术价值实际上综合了实用价值、道德价值、政治价值、宗教价值等多方面的价值元素。莫里茨·

---

① 陆梅林选编. 西方马克思主义美学文选 [C]. 漓江出版社，1988：537.
② 列·斯托洛维奇. 审美价值的本质 [M]. 北京：中国社会科学出版社，1984：167.

盖格尔认为，审美价值之外的功利价值的介入，并不一定损害一个艺术作品的审美价值，他说："宗教方面和审美方面都结合成了一个统一体——但是，即使一个艺术作品所具有的最自觉的审美之外的目标，也不一定必然损害这个作品的审美价值。"①

需要特别注意的是，艺术的根本性质是审美的。所谓本质，是事物在特定的结构关系体中，相对于某一联系者所具有的根本性质。艺术相对于人类的社会意识和社会实践来说，其根本性质是审美的。苏联美学家阿·布罗夫在他的《艺术的审美本质》一书中指出，艺术体现人类特殊的对象性活动，它在本质上是审美的。冈察洛夫则指出，美是艺术的目的和推动力。离开了审美价值，艺术就会被扭曲，其审美价值便会遭到损坏，使艺术作品沦落为功利价值的拙劣的传声工具。莫里茨·盖格尔指出，对艺术作品的审美价值构成威胁的是"更加深刻的人类价值的外来价值的介入"，其他各类价值的介入虽然不一定损害艺术的审美价值，但是，"一旦这种审美之外的价值取代了审美价值，这个艺术作品就会受到损害。"② 在一个艺术作品中，需要注意其特殊的审美价值本质不遭到损害。

在艺术作品中，会出现审美价值与功利价值两者并存的情况，处理好两者关系的关键在于审美的、艺术的处理方式。审美价值主要在于信息的组织化、和谐化的程度相对于人类的审美机能所具有的价值与意义。在艺术作品中，其审美价值主要体现在创作者以审美感知能力创造性地处理各方面信息的巧妙的程度。因此，道德价值、政治价值、宗教价值等多类非审美价值存在于艺术作品之中，其关键在于审美的、艺术的处理方式。英美新批评派的重要代表人物 I. A. 瑞恰兹认为，艺术价值体现在多种价值的协调有序。从语义学研究出发，I. A. 瑞恰兹认为艺术的价值与社会生活不可分离，例如一首诗的价值有赖于它与文化、宗教、情感的抚慰等外在价值，诗歌并不一定有特殊的艺术价值，却可以通过文化、宗教、情感等社会性因素获得一种社会价值。另一方面，I. A. 瑞恰兹认为艺术的价值就在于冲动的满足，这种冲动是生理需要和心理需要的综合，包含着复杂的心理反应和情感状态，在大多数人的心理世界中，冲动往往是混乱的，甚至是互相对立的，艺术使混乱的冲动变得协调有序。I. A. 瑞恰

---

① 莫里茨·盖格尔. 艺术的意味 [M]. 北京：北京联合出版公司，2014：49.
② 莫里茨·盖格尔. 艺术的意味 [M]. 北京：北京联合出版公司，2014：49.

兹认为这正是艺术的价值所在。I. A. 瑞恰兹的观点，表明审美价值与功利价值不可机械分割，但是，艺术的价值在于其对材料和信息的审美的、艺术化的处理方式。

韦勒克和沃伦在他们合著的《文学理论》一书中指出："在标准和价值之外任何结构都不存在。不谈价值，我们就不能理解并分析任何艺术品。"① 根据这一观点，对艺术作品的价值的分析，是十分重要的。那么，应当如何来评判一件艺术作品的价值呢？评判一件艺术作品的艺术价值，我们需要从以下三个方面来展开。

1. 艺术价值是一个以审美价值为根本性质的"开放性复合价值构造"

价值论美学主张，审美价值是一个"开放性复合价值构造"，认为审美价值不是孤立的、与外界隔绝的，它实际上综合了功利价值、道德价值、宗教价值等多方面的价值要素，审美价值是一个开放的、融合了多方面要素的综合性价值构造。审美价值与功利价值之间，实际上并不是机械分割彼此孤立的。审美价值作为一种精神价值，它也有着复杂的净化功能、补偿功能，它与精神价值领域的诸多复杂因素，如心理本能、宗教关怀等因素有着复杂的关系。这些均表明，审美价值系统是一个综合了多方面价值要素的开放性价值构造。

同样，艺术价值与功利价值等非审美价值之间，也有着不可分割的联系。艺术表现审美价值，艺术亦表现非审美价值。艺术表现审美价值，艺术亦表现审美反价值。艺术创造审美价值，艺术也创造实用功利价值、政治价值、道德价值、宗教价值等诸种非审美价值。因此，审美价值与艺术价值，均是一种综合了其他价值的开放性价值构造。

尽管如此，需要特别注意审美价值乃是一种特殊的价值属性，它合乎的是康德所谓"无目的的合目的性"，是一种"无用之用"而又"实则有大用"的特殊价值属性，需要避免将审美价值实用化庸俗化，也不能将它机械地政治工具化。

在探讨审美价值和艺术价值自身的特殊性质之时，需要防止两种倾向。一种倾向是将审美价值和艺术价值工具化、庸俗化。在美学和艺术实践中，很容易将审美价值道德化、政治化或宗教化，因此，需要特别注意审美价值的自身

---

① 韦勒克，沃伦. 文学理论 [M]. 北京：三联书店，1984，164.

性质和独立价值，才能避免将审美价值实用化、功利化，从而避免将审美价值机械化和庸俗化。在美学实践中，道德功利主义和道德理想主义常常使审美价值道德工具化，政治权威主义则常常使审美价值政治工具化，宗教神秘主义更是会将审美价值走向极端——将审美价值神圣工具化。有必要对这些抹杀审美独特价值的功利主义倾向保持警惕。

需要避免的另一种倾向则是将审美价值与功利价值等其他价值属性割裂开来。审美价值超越功利又不离功利价值。审美价值具有超实用功利性，但并不能完全脱离实用功利，从价值实践的角度来说，审美价值是人类适应环境这一功利需要确立起来的一种特殊的价值。亚里士多德把审美价值作为"善"的一种，康德认为审美价值符合"无目的的合目的性""精神的合目的性""形式的合目的性"，实际上符合人类目的性的总体框架。审美价值并非与功利价值完全无涉，它合乎的是康德所谓"无目的的合目的性"，是一种"无用之用"而又"实则有大用"（王国维语）的特殊功用，是一种鲁迅所谓可以"美善吾人之性情，崇大吾人之思想"的"不用之用"（《摩罗诗力说》）。

2. "美学的标准"和"人类学的标准"的统一

艺术作品是一个包含着各方面信息的创造性结构，在一个艺术文本之中，包含着方方面面的信息，艺术作品的价值既呈现出审美价值和文化价值的双重特性，同时它又是多种多样的，对于艺术的价值的评价必须以艺术作品的全部的丰富性为前提，因此，对艺术价值的评价往往可以有多种角度、多种方法和多种标准，概括起来说，对艺术价值的评价需要遵循"美学的标准"和"人类学的标准"的统一。

对艺术价值的评价，首先必须遵循美学的标准。事物的本质是事物在特定的时空结构和相互作用中相对于特定的联系者所具有的根本性质。对艺术价值的评价首先必须从艺术的根本性质入手。艺术的根本性质是审美的，因此，对艺术价值的评价首先必须根据美学的标准来入手。丹纳曾经对艺术作品的评价的标准提出看法。他指出，艺术评价的标准首先要根据艺术作品特征的重要性的程度。他结合生物学的"原素"与"从属"的概念，指出艺术作品的特征会表现出这样两个方面："一种是深刻的、内在的、先天的、基本的，就是属于原素或材料的特征；另外一种是浮表的、外部的、派生的，交叉在别的特征上面的，就是配合或安排的特征。"丹纳的观点揭示出，对艺术作品的评价，必须从基本的、显著的、最根本的特征入手。艺术作品的根本特征是审美的创造物，对艺术价值的评价首先要从艺术的本质入手，根据美学的标准来进行评价。

评价艺术价值的第二个层面的标准是人类学的标准。一件艺术作品有着多方面的丰富性，相对于人类主体的价值需求呈现出价值的多方面性，因此，需要根据人类价值的全部方面来探讨艺术的价值。价值的出发点是人，人类根据主体的需要为万物设定价值，在这个意义上，人是万物的尺度。人类学的标准就是根据人类主体的价值需求，包括物质的和精神的价值需求等多个方面，从人类主体的"需求—偏好"结构的多方面性出发来评价艺术作品的价值。

对艺术价值的评价需要坚持美学的标准和人类学标准的统一。一方面，我们需要根据艺术作品的审美本性来进行美学的评价，另一方面，又需要根据艺术作品作为文化符号所呈现出来的多方面价值信息来进行人类学意义上的评判。

从某种意义上说，美学的标准和人类学标准的统一是美学的标准和历史的标准的统一。恩格斯曾就艺术的批评提出过美学的和历史的标准。在《诗歌和散文中的德国社会主义》一文中，恩格斯曾经就格律恩对歌德的党派化的批评提出不同意见，他说："我们绝不是从道德的党派的观点来责备歌德，而是从美学的和历史的观点来责备他。"① 他还在《致斐·拉萨尔》的信中，对拉萨尔的剧本《格兰茨·冯·济金根》作了评论，他解释自己是运用美学的和历史的标准来进行评判的："我是从美学观点和历史观点，以非常高的、即最高的标准来衡量您的作品的，而且我必须这样做才能提出一些反对意见。"② 历史的标准是指人类历史发展的客观规律和价值需要的标准，恩格斯的美学的标准和历史的标准相结合的观点，实际上体现了美学的标准和人类学标准相统一的观点。

美学的标准和人类学标准的统一也是美学的标准与文化学标准的统一。对于什么是"文化"，英国人类学家爱德华·B. 泰勒（Edward Bernatt Tylor）在《原始文化》"关于文化的科学"一章中曾对"文化"下过这样一个定义："文化或文明，就其广泛的民族学意义来讲，是一复合整体，包括知识、信仰、艺

---

① 恩格斯. 诗歌和散文中的德国社会主义［A］//马克思恩格斯全集. 人民出版社，1980：257.
② 恩格斯. 致斐·拉萨尔（1859 年 5 月 18 日）［A］//马克思恩格斯全集. 北京：人民出版社，1980：347.

术、道德、法律、习俗以及作为一个社会成员的人所习得的其他一切能力和习惯。"① 目前学术界对文化的定义采取区分广义和狭义的方法②。广义的文化是指人类所创造的一切物质和精神的产物的总和，被认为是人类与自然相区别的全部的内容与属性；狭义的文化一般指特定文化群体的思维方式和观念，被人们称为"思维的语法"。对艺术价值评判的文化学的标准，是指根据人类创造的器物、制度、观念、行为等文化的多个层面，就艺术作品的价值来进行评判。关于艺术评价的标准，学界曾提出过政治标准和艺术标准相统一、思想性与艺术性相统一的说法，这些主张反映了艺术的评价标准不能拘泥于单一的艺术标准，同时还需要根据艺术对于人类社会、人类文化的综合价值来进行评判。但是，这两种说法有着将人类社会多方面的文化需求简化为政治需求和理性需求的危险，因此，有必要根据器物、制度、观念、行为等人类文化的多个方面来进行综合的评判。美学的标准与文化学标准的统一，相比政治标准和艺术标准相统一、思想性与艺术性相统一的说法，更能够体现人类文化和需求的多方面性③。

3. 对艺术作品的价值评价需要具体作品具体分析

对艺术作品的艺术价值的评价，需要从具体的审美实践和艺术实践出发综合各方面要素来探讨艺术作品的价值。对于艺术活动来说，不同门类的艺术，

---

①　爱德华·B·泰勒（Edward Bernatt Tylor）是这样定义"文化"的："Culture, or civilization, taken in its broad, ethnographic sense, is that complex whole which includes knowledge, belief, art, morals, law, custom, and any other capabilities and habits acquired by man as a member of society." see Tylor, Edward Bernatt. *Primitive Culture*. New York：J. P. Putnam's Sons. 1920：1.

②　日本社会学家富永健一对广义文化和狭义文化做出过这样的区分："正如我们将社会区分为广义的社会和狭义的社会那样，有必要将文化也分为广义的文化和狭义的文化。广义的社会是与自然相对应的范畴；同样，广义的文化也是作为与自然相对应的范畴来使用的。在这种情况下，技术、经济、政治、法律、宗教等等都可以认为是属于文化的领域。也就是说，广义的文化与广义的社会的含意是相同的。但另一方面，狭义的文化与狭义的社会却有不同的内容。后者是通过持续的相互关系而形成的社会关系系统；而前者如我们上文中提出的定义那样，是产生于人类行动但又独立于这些的客观存在的符号系统。"

③　"美学的标准与文化学标准的统一"，可以看作是"美学的标准和人类学的标准的统一"的另一种表达。由于"文化"概念的模糊和歧义性质，我们采用"美学的标准和人类学的标准的统一"这一说法。

不同的艺术类型，不同的艺术作品，都有着基于具体的艺术作品的特殊性，因此，对艺术作品的价值评价，需要从具体的创作实践出发，根据该艺术作品的自身特点，具体问题具体分析，来进行客观的合乎事实的评价。

东汉班固在《汉书·河间献王传》中曾提到河间献王研治学问"实事求是"①，意思是指研究学问从实际情况出发，得出合乎事实的结论。毛泽东在《改造我们的学习》一文中，赋予"实事求是"这一命题以新的含义："'实事'就是客观存在着的一切事物，'是'就是客观事物的内部联系，即规律性，'求'就是我们去研究。我们要从……实际情况出发，从中引出固有的而不是臆造的规律性，即找出周围事变的内部联系，作为我们行动的向导。"② 对艺术作品的价值评价也需要根据实事求是的原则，具体作品具体分析。英国文学家华尔特·佩特（Walter Pater, 1839—1894）曾就艺术作品的评价发表过这样的看法，他说："美存在于多种形式中"③，而"各门艺术的感性因素原不相同，……各门艺术的感性材料带来各个具有独特性质的美，并且不可能为其他任何的形式美所代替，——一切真正的审美批评应从这里入手。"他特别指出："一位真正的美学研究者的目的，不是抽象地而是用最为具体的措辞来解释美，在讨论美的时候不要凭一般化的准则，却必须最最恰当地揭示出美的这一或那一特殊现象。"④ 华尔特·佩特关于艺术作品评价的这一段论述，正是体现了对艺术作品评价的实事求是、具体作品具体分析的思想。

应该说，每一部不同的艺术作品，它都有着它自身的特色（distinctness），其艺术价值会因其自身承载的信息、结构、肌理、色调等多方面的因素表现出极大的不同。对于艺术作品的艺术价值的考察，需要杜绝功利主义和唯美主义将艺术价值简单化、单一化的做法，根据每一部作品的实际情况，具体作品具体分析，以美学的标准和人类学标准相统一的原则，对其艺术价值进行既合乎事实、又合乎艺术规律的评判。

① 班固. 汉书·河间献王传.
② 毛泽东. 改造我们的学习［A］//毛泽东选集：第3卷，北京：人民出版社，1991：801.
③ 华尔特·佩特. 文艺复兴·序言［A］//现代西方文论选. 上海：上海译文出版社，1983.
④ 华尔特·佩特. 文艺复兴·乔尔乔尼画派［A］//现代西方文论选. 上海：上海译文出版社，1983.

价值是人类共同的语言。正是价值的创造、传递和消费，人类社会实现了彼此之间的交流与互动。今天，人类的一切价值观念和价值体系面临着"人类中心主义"的诟病，尽管如此，人类不得不依赖价值得以生存和延续。

人本主义因为其人类中心论色彩遭受了各方面的批评。对于价值论来说，人是价值的出发点。人类面对的全部的价值，以"人的全面和谐发展"为根本依归。我们对于价值的理解，不得不以"人的全面和谐发展"作为价值体系的根本参照，并且以"人的全面和谐发展"的需要作为价值评判的依据。

对于审美价值和艺术价值的评价，需要回到具体的审美实践和艺术实践这一"实事"。对于审美价值和艺术价值的了解和评判，需要从具体的审美活动和艺术实践出发，根据审美和艺术活动中的"这一个"和"这一次"来进行客观的评价和分析。审美价值和艺术价值处于"人的全面和谐发展"这一价值框架之中，并且和其他价值发生着这样那样的联系。我们既要认识审美价值的特殊性质，同时不能将审美价值与其他价值割裂开来，而是要将两者共同纳入人类全面和谐发展的价值系统之中。

"价值的出发点是人，终极目标却是人与自然的和谐。"① 实际上，美，正是人类与自然的和谐的需要中产生的。当人类与世界相遇，基于人与世界的环境适应的需要，人类产生了某种信息处理的调适机制，这一调适机制将外在的事物与作为主体的人联系起来，审美价值则相对于人类的审美快适机制呈现为意义。

---

① 舒也. 中西文化与审美价值诠释［M］. 上海：上海三联书店，2008，1.

第八章

现代性与审美自觉

当人们面对"现代性"这一语词的时候，总是会联想起众多的纷争。"现代性"本身是一个模糊的、多义的范畴，以至于有多少"现代性"学者，就会有多少种"现代性理论"。如果我们暂时将关于"现代性"的争论"悬置存疑"，对"现代性"的不同方面加以分析，我们会发现，审美自觉是现代性进程中不可忽视的一个方面。

一、"现代性"与"审美自觉"

尽管对于"现代性"的探讨总是聚讼纷纭，但学术界一般认为，所谓的"现代性"，它是基于特定时间段的一系列特征的集合，它大致是指自后封建时期以来一系列社会变革特征的总的描绘①。应该说，现代性本身是模糊的，多义的，并且也是开放的。在不同的领域，"现代性"有着不同的特征和表现：在科技领域主要表现为从日心说开始的一系列科学技术革命；在经济领域主要表现为工业革命和资本主义的兴起；在政治领域主要表现为民主国家的建立和社会主义国家革命；在文化领域主要表现为大众媒体的出现以及大众教育的实施；此外，城市化和世界的一体化亦推进着社会的现代化进程……这样的表述或许有些简单化，但可以看出，在不同的领域现代性的表现是多样的，不同的。

现在我们需要面对的一个问题是，在现代性的视野中，美学、艺术和文学领域有着哪些表现？或者说，在现代化的进程中，美学、艺术和文学领域表现出了什么样的现代性特征？关于这一问题，我们需要考察两个方面：一个方面

---

① 吉登斯. 现代性与自我认同 [M]. 北京：三联书店出版社，1998：1.

是，究竟什么是美学的现代性或艺术的现代性？另一个方面是，现代美学或现代艺术究竟如何推进了整个社会的现代性变革，从而拓展了人们对于"现代性"的理解？显然，这两个方面不能分开来理解，二者虽有差别，但在"现代性"这一点上又有着基本的相通之处。将这两个方面综合的结果，我们或许可以用"审美自觉"来描述美学、艺术领域的现代性进程。

现代性过程尽管常常被描述为工业革命、民主制度的建立等宏观社会性变革，但学术界亦多有学者认为，在这些宏大的描述之外，还有着一个更为核心的主题，即人类的自我解放。在人类的自我解放这一理念的麾引下，现代性进程不是松散的，而是有着共同价值指向的：资本主义帮助人类从农奴制中获得解放，民主制度使人们从封建专制制度中解放，科学技术和工业革命推动了人类自我能力的解放……审美自觉推动着人们感性精神的解放！从这个意义上来说，"审美自觉"是整个人类现代性进程中的一个非常重要的一个方面，并且文学艺术的"审美自觉"从一个侧面推进了整个社会的现代性进程。

当然，"现代性"本身意味着一系列问题。"现代性"在自我扩张的同时，其一系列问题亦日渐暴露出来：对科学和理性的过度崇拜使人成为了技术的附庸；资本主义在推动经济发展的同时却使人们日益沦为资本的奴隶；政治国家革命锻造了强大的国家机器却使个人价值遭到践踏；工业革命、城市化、全球一体化等等使人类在进入现代文明的同时亦步入了"主体性的黄昏"；人类自我膨胀式的现代性扩张带来了对自然的严重破坏……正是在这个意义上，很多人从不同的角度对现代性提出了批评：马克思认为资本主义导致"物质世界的增殖同人的世界的贬值成正比"；卢卡奇认为资本主义现代社会造成了人的普遍"物化"；霍克海默则批判资本主义社会日益成为一个压抑人性的"管制社会"；马尔库塞认为现代社会使人沦为"单向度的人"；海德格尔认为现代技术社会导致了人"家园的失却"和"诗意的丧失"……出于对"现代性"的警惕，不少的理论家提出需要对"现代性"进行反思和重构，如哈贝马斯主张"重建现代性"，吉登斯主张需要"反思现代性"，利奥塔和德里达等人甚至提出了解构现代性的主张。

但是，尽管如此，很多学者认为，现在还未到彻底埋葬"现代性"的时候。"现代性"与人文主义运动同时兴起，在"现代性"的背后是一个全新的价值体系，这一价值体系显然无法将它彻底否定。即使是在激进地批判"异化劳动"的马克思那里，他仍然坚持"人的本质力量的全面发展"这一现代性理想。现

223

代性进程固然有其人类中心主义、科学主义崇拜等问题，但是，它的"平等""民主""博爱"等人文价值理念并不应该被这些问题所遮蔽。在中国，"德先生""赛先生"等两面大旗显然是现代时期介绍引进的极为重要的价值，这些价值不应该被轻易抹杀。以"现代"和"现代性"为标识的知识和价值体系，它在"人的自我解放"和"人的本质力量全面发展"等方面有着不可忽视的核心价值，正是这些核心价值的存在，"现代性"开始成为开放的"现代性"，甚至它孕育了"自反的现代性"的可能——正如我们看到的，现代性初期启蒙视野中的理性崇拜，在浪漫主义审美自觉时期它开始被"感性解放"所取代，而这一自我否定正是基于"人的自我解放"和"人的本质力量全面发展"这一核心理念。

从现代性的核心价值理念出发，我们来探讨文学艺术"审美自觉"的感性解放和精神解放意义。我们可以看到，对审美艺术价值的探求，在漫长的历史长河中经过了一个审美自觉的过程。浪漫主义被认为是开始探求审美价值的一个重要阶段，它的出现代表了从"理性"到"感性"的审美价值转向，它所倡扬的核心审美范畴便是主体的"感性"与"情感"。现代唯美主义对文学艺术价值的探寻则被表达为"为艺术而艺术"，它所追求的便是所谓的"纯艺术"。与现代性启蒙思潮的"理性崇拜"不同，"审美自觉"将"现代性"推进到了一个"感性解放"的阶段。现代唯美主义所主张的"为艺术而艺术"，它推进了现代性视域中对于人类自由和艺术自由的理解。以"感性解放"为特征的"感性学"的建立是一种美学自觉，以"为艺术而艺术"为旗帜的现代主义则是一种艺术自觉。

二、审美自觉：从理性到感性？

作为文学艺术视域中的浪漫主义的出现，被认为是文学从功利主义走向审美自觉的一个重要阶段。"浪漫主义运动的特征总的说来是用审美的标准代替功利的标准。"① 罗素的这句话概括出了浪漫主义在文艺价值观上的审美取向，同时也敏锐地把握到了浪漫主义在文学艺术审美自觉过程中的作用。浪漫主义的

---

① 罗素. 西方哲学史［M］. 北京：商务印书馆，1991：216.

出现代表着文学审美价值的重要转向，它本身有着多种意涵，其中最主要的一个特征，便是作为创作意义上的"主体的浮现"：主体感性和情感的凸显和张扬。

西方的文学审美价值观，长期以来赖以支撑的，便是理性主义。这在柏拉图那里尤为明显。柏拉图认为在现实的世界之上，存在着一个属神的"理式"世界，现实世界是"理式"世界的模仿，是"理式"世界的影子，而文艺作为现实世界的模仿，则是"影子的影子"，和理式"隔着三层"。在柏拉图的思想体系中，他的"理性"二字既体现了"理式"之真理要求，同时亦蕴含着人类道德理性和实用理性的要求。在他看来，人性当中的"理性的部分"是真理的体现，是"人性中最好的部分"，但是专事模仿的诗人为了迎合群众，往往无视理性而模仿情感和变动的人性，以至于"培养发育人性中低劣的部分，摧残理性的部分"，柏拉图谴责模仿诗人"种下恶因，逢迎人心的无理性的部分，并且制造出一些和真理相隔甚远的影像"①。显然，在柏拉图的文艺价值体系中，"理性"是其本然的基础，而"无理性"则是被排除在其价值体系之外的。

在现代启蒙哲学那里，"理性"也被奉为至上。在美学和艺术领域，与启蒙主义差不多同时出现的法国新古典主义，对于"理性"亦颇为推崇。法国新古典主义的代表人物布瓦洛在《诗的艺术》中开宗明义就宣称："首先须爱理性：愿你的一切文章，永远只凭着理性获得价值和光芒。"理性在布瓦洛的古典主义思想中，被奉为至上的法则，一切都必须服从理性的规范，在理性的控制下"低头听命"②，这位法兰西学院院士，很显然受到了笛卡尔理性主义的影响，因而一切戏剧创作的原则、规范、经验，都被概括为"理性"二字。在启蒙主义者的文艺价值观中，理性高踞其位，甚至有着过于理性的嫌疑。启蒙主义反对宗教蒙昧主义，提倡科学和理性，从近代实验科学的创始人弗兰西斯·培根"知识就是力量"这一句话中我们可以看到人类理性的自信，笛卡尔的"良知"更是可以看出它对理性的倚重。法国作家左拉曾指出："从亚里士多德到布瓦洛的全部文学批评都在阐述一个原则，即一部作品应以真理为基础。"他的话正揭示了在浪漫主义运动之前，"理性"构成了支撑起文艺审美价值观的一块重要

① 柏拉图. 文艺对话集 [C]. 北京：人民文学出版社，1980：34 - 35.
② 布瓦洛. 诗的艺术 [A] //伍蠡甫，蒋孔阳. 西方文论选（上）[C]. 上海：上海译文出版社，1979：289 - 303.

基石。

到了浪漫主义，这种强烈的理性主义精神开始逐渐被"感性"和"情感"所取代。应该说，一开始"理性"在浪漫主义那里并没有完全废止，但"理性"在浪漫主义那里却遭到了一种强烈的"炽情"的冲击。到了浪漫主义阶段，主体心灵世界的情感特征开始得到肯定，即使"激情"有违理性要求。在启蒙哲学中被奉若神明的"理性"，开始逐渐让位于人的"感性"激情。

浪漫主义最初浮现于人们的视野，是由于它的这一特征——"善感性"（la sensibilite）。浪漫主义引起人们的重视正是由于它与古典主义大相径庭的"感性"特征。1760 年，卢梭出版了他的小说《新爱洛绮丝》（La nouvelle Heloise，1760），卢梭特有的生活体验和他的作品《新爱洛绮丝》所体现的"善感性"特征，引起了法国上流社会的广泛注意，而这一"善感性"特征则被认为是浪漫主义的主要情感特征。

"善感性"之浮出人们的视域，它表明与古典主义的理性主义价值观完全不同的审美风尚正出现在历史的舞台上。十八世纪六十年代莱辛和高特舍特的一场论战常常被认为是古典主义和浪漫主义之间的论战。十八世纪六十年代德国的批评界古典主义有着相当的势力，高特舍特将法国布瓦洛的《诗的艺术》奉为经典，文克尔曼推崇"高贵的单纯、静穆的伟大"。莱辛在他的《关于当代文学的通讯》（1759—1765）中则认为法国的古典主义悲剧有其局限，而主张把莎士比亚的杰作"略加某些小小的改变"将它介绍给德国人。1766 年莱辛发表《拉奥孔》，这一副标题为《论绘画和诗的界限》的著作主要探讨了诗画艺术的区别，在文中他对文克尔曼推崇的"高贵的单纯""静穆的伟大"表示了异议，认为诗能够表现一种"动态中的美"[1]，诗人要求的"不是静穆而是静穆的反面"[2]，尽管莱辛似乎略乏浪漫主义者所具有的那种才性，但他的观点却代表了德国审美风尚的改变。莱辛和高特舍特的论战并没有直接涉及"感性"和"理性"之争，但我们完全可以感觉到浪漫主义和古典主义在理性和感性问题上不同的价值取向。

浪漫主义对感性的重视不是偶然的。几乎与浪漫主义出现同时代，德国的鲍姆加登已经用"感性学"（Aesthetica）这一称谓建立了一门新的学科，这一

---

① 莱辛. 拉奥孔 [M]. 北京：人民文学出版社，1997：121.
② 莱辛. 拉奥孔 [M]. 北京：人民文学出版社，1997：204.

学科后来成了专门探讨审美与艺术理论的"美学"。1750 年，鲍姆加登出版了 *Aesthetica*（汉语译为《美学》）一书，书中提出要建立一门 *Aesthetica* 之学。*Aesthetica* 直译是"感性学"的意思，但鲍姆加登声称，"*Aesthetica* 的目的是感性认识本身的完善（完善的感性认识），而这完善就是美"，因而他主张将 *Aesthetica* "作为自由艺术的理论、低级认识论、美的思维的艺术和与理性类似的思维的艺术是感性认识的科学"，根据鲍姆加登的解释，这一 *Aesthetica* 之学实际上是一门关心"美"的理论，它成了美的理论和美的哲学的代名词，后人就用 *Aesthetica* 来专指作为"关于美的学问"的"美学"。尽管 *Aesthetica* 汉译为"美学"，但它首先是感性的解放和感性认识的完善，代表着一种感性的自觉。

与对"感性"的重视相对应的，则是浪漫主义对"情感"的重视。在浪漫主义那里，"情感"开始成为一种新的价值取向。抒情诗在这一时期开始成为一种新的文艺风尚引起人们的广泛关注，尽管这一文艺体裁在此之前早已存在。柯勒律治和华兹华斯联合发表他们的诗集的时候，其名称理所当然地成了《抒情歌谣集》。这一诗集被认为是英国浪漫主义诗歌的代表作品。"情感"在威廉·华兹华斯（William Wordsworth，1770—1850）的浪漫主义诗歌理论中被赋予了本源的意义。1798 年他曾结合自己的创作宣称："所有的好诗，都是从强烈的感情中自然而然地溢出的。"在 1800 年的《抒情歌谣集》第二版序言中，华兹华斯认为："一切好诗都是强烈感情的自然流露。"他觉得这种提法很好，在同一篇文章中用了两次，并以此为基础建立起了关于诗的主题、语言、效果、价值的理论[1]。这一"一切好诗都是强烈感情的自然流露"的观点，被认为是浪漫主义诗歌的最基本的理论宣言。

实际上"理性"在浪漫主义那里遭到了更为强烈的挑战。柯勒律治认为诗与科学不同，"它建议将快感而不是真理作为自己的直接目的"[2]；雪莱则认为诗歌应当寻求"最高意义的快感"[3]；被认为是浪漫主义最后一位代表人物的济慈则认为，美被哲学一触即全部消失；爱伦·坡则认为"诗与真理像油和水一

---

① William Wordsworth，"Preface to the Second Edition of Lyrical Ballads"，*Critical Theory since Plato*，ed. Hazard Adams，New York：Harcourt Brace Jovanovich，1971：435.

② Allen Tate，*The Man of Letters in Modern World*，New York：Meridian，1955：53.

③ Percy Bysshe Shelley，"A Defense of Poetry"，*Critical Theory since Plato*，Ed. Hazard Adams，New York：Harcourt Brace Jovanovich，1971：510.

样无法调和"①。显然，"理性"在浪漫主义那里遭到了前所未有的挑战。

这样我们看到，到了浪漫主义阶段，主体心灵世界的感性和情感开始得到了肯定。文艺最初遭到否定就因为被认为它表现的情感是有害的，在柏拉图的《理想国》中，文艺因为被认定引起人们的"感伤癖"和"哀怜癖"而遭到否定，并面临被驱逐出理想国的命运。亚里士多德为情感作的辩护则是认为它无害，认为它可以起到一种"净化"作用，这实际上也是从实用理性的角度来评价文学的，它是以情感不突越道德理性为前提的。而在浪漫主义者那里，则以"炽情"来代替了"理性"。罗素认为浪漫主义的一个重要特征就在于它的"炽情"，并认为这一"炽情"某种程度上与理性相违。他说，"可怪罪的倒不是浪漫主义者的心理，而是他们的价值标准。他们赞赏强烈的炽情，不管是哪一类的，也不问它的社会后果如何。"② 罗素认为"浪漫主义者并不是没有道德；他们的道德见识反倒锐利而激烈。但是这种道德见识依据的原则却和前人向来以为良好的那些原则完全不同。"③ 应当说，浪漫主义表现出来的道德观与它自身的"炽情"是联系在一起的。

当情感获得了合法性地位之后，文学艺术的审美价值开始以"精神的愉悦""最高意义的快感"等形式受到人们所崇尚。通过与"理性"相对的"感性"和"情感"，浪漫主义表达了它对精神自由、人性解放等主体的心灵世界的关注，它彰显的是以情感为表征的主体心灵。

浪漫主义对感性和情感的强调对后世的文学理论有着重要影响。在浪漫主义的理论视域中，文学话语应该被视为是一种"感情性"话语，它与实用话语的差别在于它被认为有着特殊的动情性，"情感"常常被认为是文学话语"艺术结构"中的审美要素，因此文学话语被认为在信息结构之外包裹着一个"情感结构"。自从英国浪漫主义文学的代表人物威廉·华兹华斯宣称"一切好诗都是强烈感情的自然流露"，"情感"二字便成了浪漫主义文学的独特注脚，自此文学情感也被认为是文学艺术特性的重要成分，常常被用来阐释文学的艺术特性。西方艺术符号学的重要代表人物苏珊·朗格专门写了《情感与形式》（1953）、

---

① Edgar Allen Poe, *The Complete Poems and Stories of Edgar Allen Poe: with Selections from his Critical Writings*, New York: A. A. Knopf, 1964: 141.

② 罗素. 西方哲学史［M］. 北京：商务印书馆，1991：221.

③ 同上，215。

《艺术问题》（1957）、《心灵：论人类情感》（1967）等著作来阐述艺术符号中的情感特征，她认为"艺术符号是一种有点特殊的符号"，这一特殊性在于艺术符号特殊的动情特征，因此，苏珊·朗格把艺术界定为"人类情感的符号形式的创造"①。

　　浪漫主义对于文学艺术本体价值探寻的意义，在于它突破了以往文学价值观强烈的功利主义价值范式，试图代之以审美的标准和范式，尽管浪漫主义本身并没有完全摒弃功利主义。值得我们注意的是，浪漫主义的这一努力并没有鲜明地打出"审美"的旗帜，而是以"感性"或"情感"来代替以往文学价值观中如影随形不可分离的"理性"范畴，或者说，它主要的是以一种情感主义的标准来取代理性主义的文学价值观。在贺拉斯和古典主义那里，"理性"曾经是不可逾越的至上范畴，而浪漫主义崇尚"感性"和"情感"，可见它对以往理性主义价值观的挑战，同时也可以看到，一种审美主义的文学价值观正在浪漫主义的价值主张中昂然而起。

　　我们看到，在现代性的初期，科学技术发展等一系列冲击，使得人类产生了一种过分自信的"理性崇拜"。但是，所谓的"现代性"并不是一成不变的，它本身是开放的，发展的，甚至是可以自我否定的。正如很多"现代性"研究学者所主张的，现代进程不只是启蒙主义，它同时包含着浪漫主义运动，因此，现代性进程，实际上经历了从启蒙哲学中的"理性崇拜"到浪漫主义时期的"感性解放"的历程。在现代性的视野中，"启蒙""理性"等范畴是现代性视野中非常重要的两面旗帜。但是，正如"启蒙"这一范畴它内在地涵括了"自我否定"和"再启蒙"一样，现代性本身并不是机械的，它允许在人类自我解放自我发展的价值体系下实现自身的突破。如利奥塔所说，"现代性"自身"包含着自我超越、改变自己的冲动力"②，"启蒙"可以在求真的终极目标下实现自我否定走向再启蒙，而"审美自觉"则可以在人类本质力量全面发展这一价值目标下，将"理性"推进到"感性解放"这样一个全新的位置。

---

① 苏珊·朗格. 情感与形式［M］. 北京：中国社会科学出版社，1986：51.

② 利奥塔. 非人［M］. 北京：商务印书馆，2001：26.

三、"现代主义"：一种现代性艺术？

在浪漫主义时期，实际上已经开始孕育了另一个范畴——"纯审美"。浪漫主义思潮崛起之后，文学的艺术价值开始走上了审美自觉的道路，但对"艺术价值"的突出强调，则始自康德（1724—1804）超功利的"纯审美"理论。康德认为美的判断不存私心也无关实用，它涉及一种特殊的快感，这种快感与感觉上的快感和道德上的快感不同，它与利害无涉，是一种自由的快感，他认为"一个关于审美的判断，只要夹杂着极少的利害感在里面，就会有偏爱而不是纯粹的欣赏判断了。"① 因而康德主张艺术的审美价值是一种"无目的的合目的性"，或者说，它是一种"精神的合目的性"或"形式的合目的性"。

康德主张"无目的的合目的性"的"纯审美"理论，对席勒"无所为而为"的"精神自由"理论产生了重要影响，并由此导致了席勒的"纯美的理想"一说。席勒对"精神自由"的强调，集中地反映在他的《审美教育书简》之中。《审美教育书简》是1794年席勒写给丹麦王子克利斯廉的信，1795年经修改后发表。其时康德的《判断力批判》已于1790年发表，可以看出席勒比歌德更多地受康德美学思想的影响。在信中，席勒提出了他的"审美自由"说。席勒将"精神自由"视为至上的境界，而通过对精神自由的追求人类可以实现政治上的自由——"人们为了在经验界解决那政治问题，就必须假道于美学问题，正是因为通过美，人们才可以走到自由。"这样，席勒推崇一种"审美的精神自由"，认为它是一种"纯美的理想"，是一种"无目的"的、"无所为而为的"自由境界。这样，他把审美自由看成是"自由的欣赏"的"游戏冲动"，认为这种游戏境界是人类"最广义的美"，是"人道的开始"——"只有当人充分是人的时候，他才游戏；只有当人游戏的时候，他才完全是人"。这样，席勒提出了他称之为"审美的王国"的自由境界：一个"欢乐的游戏和形象的显现的王国"，在那里"人类摆脱关系网的一切束缚，从一切物质和精神的强迫中解放出来"。

被认为是浪漫主义最后一位代表人物的济慈（John Keats，1795—1821），

---

① 康德. 判断力批判：上［M］. 北京：商务印书馆，1965：41.

则提出了诗歌的"纯诗"理论。济慈主张诗歌创作应当追求一种不含理念意图的"纯美"境界，他毫不客气地说："我生平作的诗，没有一行带有公众思想的阴影。"在他给华兹华斯等人的信中，他声称："我宁可要充满感受的生活，而不要充满思索的生活。""人们憎恨的是，诗含有明显的意图"，"我们不要为某种哲学所吓倒。"主张"诗中不要掺杂甚至最为微薄的群众思想、社会思想，哪怕只写了一行也不行。"他批评雪莱的诗宣传鼓动太多了，因而必须"抑制着雄心壮志，……用矿砂杜塞思想主题的每一空隙，才能比较地像一位艺术家"①。正是源于济慈对"纯美"的强调，他被人们认为是现代主义的先驱性人物。

艺术价值真正浮出人们的视野是"为艺术而艺术"（Art for art's sake）这一口号的提出。早在美国诗人爱伦·坡那里，就有过"为诗而写诗"的论述②，而法国的戈蒂耶（Theophile Cautier，1811—1872）则首次提出了"为艺术而艺术"的口号，后来这一口号成了巴那司派的美学纲领，也成了唯美主义的一个基本主张。"为艺术而艺术"所追求的文学的审美价值，便是"纯艺术"。"为艺术而艺术"从它所追求的纯艺术出发，彻底否定了传统价值观中的实用功利。在1832年戈蒂耶声称："艺术意味着自由、享乐、放浪——它是灵魂处于逍遥闲逸的状态时开出的花朵。"在为波德莱尔的诗集《恶之花》作的序言中戈蒂耶用"颓废者"和"颓废主义"来表示对传统功利主义价值观的不屑。对这种重审美而弃功用的艺术价值观戈蒂耶在他的小说《莫般小姐·序言》中做了阐释："没有任何美的东西是生活中所必需的。——人们尽可以取消鲜花，世界并不因此而受到物质上的损失；但是谁又愿意没有鲜花呢？我宁可不要土豆也不放弃玫瑰花，我认为世界上只有功利主义者才会拔掉一花坛的郁金香去改种白菜。""只有毫无用处的东西才是真正美的；所有有用的东西都是丑的，因为它们反映了某种需要，而人的需要就像他那可怜的、残缺不全的本性一样，是卑鄙的，令人可厌的。"法国象征派诗人波德莱尔（1821—1867）尽管不完全赞同"为艺术而艺术"的主张，但他也曾经声称："诗的目的不是'真理'，而只是它

---

① John Keats，"Letters"，*Critical Theory since Plato*，ed. Hazard Adams，New York：Harcourt Brace Jovanovich，1971：472－74.

② 爱伦·坡. 诗的原理［A］//伍蠡甫，蒋孔阳，宓燕生. 西方文论选：下［C］. 上海：上海译文出版社，1979：496－502.

自己。"①

　　"为艺术而艺术"的观点导致了唯美主义的产生。文学的艺术价值也随着唯美主义文学的流行而得到了彰显。唯美主义最主要的代表人物王尔德（1856—1900）进一步发展了济慈（1795—1821）的"纯美"学说、爱伦·坡的"为诗而写诗"和戈蒂耶的"为艺术而艺术"的主张，认为"艺术除了表现它自己之外，不表现任何东西"，"'谎言'，即关于美而不真的事物的讲述，乃是艺术的本来的目的。"② 王尔德认为，"一位真正的艺术家丝毫不去理睬群众"，"一切艺术都无关实用"，他认为，"唯一美的事物，……是使我们毫不关心的事物。如果一个事物对我们有用或不可缺少，使我们感到苦痛和快乐，那么它就不属于艺术的正当范围了。因为我们对艺术主题应该漠不关心。"唯美主义重视艺术审美价值的观点对文艺价值观产生了较大的影响，如英国的布拉德雷（1851—1935）在若干年之后还在宣扬"为诗而诗"，此外英美新批评派表面上对唯美主义并未直接支持，但他们的很多重视审美价值的观点都可以追溯到唯美主义。

　　与这种"为艺术而艺术"的观点相对应的，是现代主义的现代表现主义理论。现代表现主义不再在以往教益、启蒙的意义上来探讨文艺价值，而是从文艺的特殊性的角度来探求文艺的艺术价值，这一艺术价值同样注重文艺的审美特性，但它和浪漫主义时期的审美价值观不同，它具有超功利、超启蒙、超快感的特点。现代时期继续发展了浪漫主义对社会功利的超越，同时它又淡化了浪漫主义的人性启蒙色彩，具有超越启蒙的特征。这一对启蒙的超越，主要地表现在它对价值和理性的颠覆。文艺的启蒙意义主要表现在它所提供的价值观，但现代主义在价值观上并未提供任何承诺，相反，它却表现出了虚无的倾向。从被称为颓废派作品的波德莱尔的《恶之花》，到存在主义思潮影响下的荒诞派文学和垮掉派文学，现代主义对传统价值观中的真理、道德、理想等表现出了一种无谓的态度，浪漫主义所倡扬的人性启蒙色彩在此被消融一空。尽管这一时期对人性的理解，更为接近人类的本然状态因而也具有人性解放的意义，但总体上探索人性不是它的目的，它主要地关注文学作品作为艺术存在的艺术价

---

① 波德莱尔. 随笔 [A] //伍蠡甫，蒋孔阳，宓燕生. 西方文论选：下 [C]. 上海：上海译文出版社，1979：225–226.

② Oscar Wilde, "The Decay of Lying," *Critical Theory since Plato*, ed. Hazard Adams, New York：Harcourt Brace Jovanovich, 1971：686.

值，在价值取向上更多地倾向于"为艺术而艺术"。现代主义所崇奉的"艺术价值"与浪漫主义所追求的"美"或"快感"并不相同，在现代主义者眼中，丑也可以转化为"艺术美"：在雨果的《克伦威尔序》中，"滑稽丑怪"也被赋予了艺术美的价值，因而雨果有时被部分评论家认为是现代主义的先声；在波德莱尔的"丑中美"理论中，"审丑"在艺术作品中也具有了合法的地位。波德莱尔认为，"经过艺术的表现，可怕的东西成为美的东西；痛苦被赋予韵律和节奏，使心灵充满泰然的自若的快感"。"艺术的陶醉掩蔽了恐怖的深渊：因为天才能在坟墓旁边演出喜剧。"马拉美则将这种美丑对应、美丑混乱之中的美概括为生命的真实，"审丑"在表现生命真实的名义下获得了理所当然的认可，传统意义上主张对象的悦目或给人以快感的美的观念在现代时期已经发生了改变。这样，在现代主义的艺术价值观中，文艺价值不再诉诸功利教益或启蒙，表现本身成了艺术的目的。现代主义的文艺价值观没有完全否弃理性和心理启蒙，但这一时期的文艺价值观强调的主要是主体的表现而不像浪漫主义那样还或多或少地主张主体的责任。这样，这一时期的文艺观点可以概括为"现代表现主义"——表现所强调的价值不是功利、启蒙或愉悦，而是艺术表现本身，从而超越以往的审美娱乐观念，走向一种艺术价值理论。

如上所述，现代主义"为艺术而艺术"的唯美主义主张，实际上是试图在现代艺术的内部，建立一种关于现代艺术的规制。当唯美主义提出"纯艺术"理论的时候，一种真正意义上的"现代艺术"得以诞生了。现代主义是真正被打上"现代"标签的艺术，其现代性特征，不只是浪漫主义的感性解放，而是一种全新的艺术解放——艺术不再是附着于某一功利目的，它开始超越功利、启蒙、快感等浪漫主义表述，而是去寻求一种纯粹的"艺术"。如果说，浪漫主义对情感的强调以及"感性学"的建立是一种美学自觉的话，以"为艺术而艺术"为旗帜的现代主义则是一种艺术自觉。现代主义的艺术自觉本身无意于描述"艺术的现代性"，但是，现代艺术却在不经意中描述着"艺术的现代性"，这一"艺术的现代性"既是艺术自身的，同时它也是对"现代性"理念的拓展和深化——艺术的自由解放是现代性视域中人类自我解放的一个必不可少的方面。

"现代性"本身是一个非常含混的词，它不像"人本主义""民主""科学"那样具有相对清晰地描述对象。"现代性"作为一个基于时间层面的分析性范畴，需要从"前现代"和"后现代"等方面来加以比较分析，但是，学术界对于"前现代""现代""后现代"等时间区隔，却难以给出一个合理的方案，更谈不上对这几个阶段特征的清晰的概括了。此外，"现代性"是一个基于时间层面的分析范畴，但在学术领域它常常被赋予了一定的价值评判的意义，倡导"现代性"的人将它作为大棒，否定"现代性"的人则将它作为批判的标靶。

应该说，"现代性"范畴本身尚需要证明自身的学术合法性。尽管没有严格界定的范畴在模糊语言的意义上有其存在的价值，但当我们试图用"现代性"来分析描述学术问题的时候，我们常常感到这样那样的困惑。或许值得欣慰的是，我们至少能够得出这样的结论：在"现代性"视域中，审美自觉是人类现代性进程中不可忽视的一个方面，它推进了现代性进程中人类的感性解放和艺术解放。

参考文献

价值哲学原理著作

[1] A. H. 马斯洛等. 人的潜能和价值——人本主义心理学译文集 [C]. 林方. 北京：华夏出版社，1987.

[2] A. H. 马斯洛. 动机与人格 [M]. 西安：陕西师范大学出版社，2010.

[3] A. H. 马斯洛. 人类价值新论 [C]. 石家庄：河北人民出版社，1988.

[4] P. B. 培里等. 价值和评价——现代英美价值论集粹 [C]. 刘继 编. 北京：中国人民大学出版社，1989.

[5] 希拉里·普特南. 事实与价值二分法的崩溃 [M]. 北京：东方出版社，2006.

[6] 普特南. 理性、真理与历史 [M]. 沈阳：辽宁教育出版社，1988.

[7] 弗·布罗日克. 价值与评价 [M]. 北京：知识出版社，1988.

[8] W. D. 拉蒙特. 价值判断 [M]. 北京：中国人民大学出版社，1992.

[9] 雷蒙德·瓦克斯. 法哲学：价值与事实 [M]. 谭宇生，译. 南京：译林出版社，2013.

[10] H. 维坦依. 文化学与价值学导论 [M]. 徐志宠，译. 北京：中国人民大学出版社，1992.

[11] 牧口常三郎. 价值哲学 [M]. 马俊峰，江畅，译. 北京：中国人民大学出版社，1989.

[12] 马克斯·舍勒. 伦理学中的形式主义与质料的价值伦理学 [M]. 北京：商务印书馆 2011.

[13] 埃德蒙德·胡塞尔. 伦理学与价值论的基本问题 [M]. 北京：中国城市出版社，2002.

［14］J. N. 芬德莱. 价值论伦理学：从布伦坦诺到哈特曼［M］. 北京：中国人民大学出版社，1989.

［15］图加林诺夫. 马克思主义中的价值论［M］. 北京：中国人民大学出版社，1989.

［16］乔治·摩尔. 伦理学原理［M］. 上海：上海人民出版社，2005.

［17］威廉·詹姆斯. 心理学原理［M］. 北京：中国城市出版社，2003.

［18］威廉·詹姆斯. 实用主义［M］. 重庆：重庆出版社，2006.

［19］阿马蒂亚·森. 伦理学与经济学［M］. 王宇，王文玉，译. 北京：商务印书馆，2000.

［20］阿伦·布洛克. 西方人文主义传统［M］. 董乐山，译. 北京：三联书店，1997.

［21］大卫·戈伊科奇等 编. 人道主义问题［C］. 杜丽燕，等译. 北京：东方出版社，1997.

［22］保罗·库尔兹 编. 21 世纪的人道主义［C］. 肖峰，等译. 北京：东方出版社，1998.

［23］埃德加·莫兰. 迷失的范式：人性研究［M］. 陈一壮，译. 北京：北京大学出版社，1999.

［24］凯蒂·索珀. 人道主义与反人道主义［M］. 廖申白，杨清荣，译. 北京：华夏出版社，1999.

［25］米夏埃尔·兰德曼. 哲学人类学［M］. 张乐天，译. 上海：上海译文出版社，1988.

［26］冯平. 现代西方价值哲学经典［C］. 北京：北京师范大学出版社，2009.

［27］李连科. 世界的意义——价值论［M］. 北京：人民出版社，1985.

［28］李连科. 价值哲学引论［M］. 北京：中国人民大学出版社，1991.

［29］方迪启. 价值是什么——价值学导论［M］. 台北：台北联经出版事业公司，1986.

［30］李德顺. 价值论——一种主体性的研究［M］. 北京：中国人民大学出版社，2007.

［31］王玉樑. 价值哲学［M］. 西安：陕西人民出版社，1989.

［32］王玉樑. 价值哲学新探［M］. 西安：陕西人民教育出版社，1993.

［33］王玉樑. 当代中国价值哲学［M］. 北京：人民出版社，2004.

［34］王玉樑. 21 世纪价值哲学：从自发到自觉［M］. 北京：人民出版社，2006.

［35］袁贵仁. 价值学引论［M］. 北京：北京师范大学出版社，1991.

［36］孙伟平. 事实与价值：休谟问题及其解决尝试［M］. 北京：中国社会科学出版社，2000.

［37］孙伟平. 价值论转向：现代哲学的困境与出路［M］. 合肥：安徽人民出版社出版，2008.

［38］孙伟平. 价值哲学方法论［M］. 北京：中国社会科学出版社，2008.

［39］杨国荣. 理性与价值［M］. 上海：上海三联书店，1998.

［40］刘永富. 价值哲学的新视野［M］. 北京：中国社会科学出版社，2002.

［41］邬焜，李建群. 价值哲学问题研究［M］. 北京：中国社会科学出版社，2002.

［42］江畅. 现代西方价值理论研究［M］. 西安：陕西师范大学出版社，1992.

［43］江畅主编. 现代西方价值哲学［M］. 武汉：湖北人民出版社，2003.

［44］许为勤. 布伦塔诺价值哲学［M］. 贵阳：贵州人民出版社，2004.

［45］徐贵权. 价值世界的哲学追问与沉思［M］. 北京：中国社会科学出版社，2012.

［46］邓安庆. 正义伦理与价值秩序［M］. 上海：复旦大学出版社，2013.

［47］韩东屏. 人是元价值——人本价值哲学［M］. 武汉：华中科技大学出版社，2013.

［48］赵馥洁. 中国传统哲学价值论［M］. 西安：陕西人民出版社，1991.

［49］赵馥洁. 价值的历程［M］. 北京：中国社会科学出版社，2006.

价值论美学著作

［1］盖格尔. 艺术的意味［M］. 艾彦，译. 北京：华夏出版社，1999.

［2］列·斯托洛维奇. 审美价值的本质［M］. 凌继尧，译. 北京：中国社会科学出版社，1984.

［3］H. A. 梅内尔. 审美价值的本性［M］. 刘敏，译. 北京：商务印书

馆，2001.

　　[4] 杨曾宪. 审美价值系统［M］. 北京：人民文学出版社，1993.

　　[5] 黄海澄. 艺术价值论［M］. 北京：人民文学出版社，1993.

　　[6] 黄凯锋. 价值论视野中的美学［M］. 上海：学林出版社，2001.

　　[7] 黄凯锋. 审美价值论［M］. 昆明：云南人民出版社，2005.

　　[8] 赵建军. 知识论与价值论美学［M］. 苏州：苏州大学出版社，2003.

　　[9] 朱怡渊. 价值论美学论稿［M］. 北京：首都师范大学出版社，2005.

　　[10] 吴建国. 价值论角度元美学论纲［M］. 哈尔滨：黑龙江教育出版社，2005.

　　[11] 陈明. 审美意识价值论［M］. 合肥：安徽大学出版社，2006（9）.

　　[12] 舒也. 美的批判：以价值为基础的美学研究［M］. 上海：上海人民出版社，2007.

　　[13] 杜书瀛. 价值美学［M］. 北京：中国社会科学出版社，2008.

　　[14] 李咏吟. 价值论美学［M］. 杭州：浙江大学出版社，2008.

　　[15] 程麻. 文学价值论［M］. 北京：人民文学出版社，1991.

　　[16] 黄海澄的. 艺术价值学［M］. 北京：人民文学出版社，1993.

　　[17] 纪众. 文学价值与艺术选择［M］. 天津：百花文艺出版社，1994.

　　[18] 李春青. 文学价值学引论［M］. 昆明：云南人民出版社，1994.

　　[19] 敏泽，党圣元. 文学价值论［M］. 北京：中国社会科学文献出版社，1997.

美学原理与艺术学著作

　　[1] 鲍姆嘉通. 诗的哲学默想录［M］. 王旭晓，译. 北京：中国社会科学出版社，2014.

　　[2] 鲍姆嘉滕. 美学［M］. 北京：文化艺术出版社，1987.

　　[3] 波斯彼洛夫. 论美和艺术［M］. 刘宾雁，译. 上海：上海译文出版社，1981.

　　[4] 克罗齐. 美学原理［M］. 朱光潜，译. 北京：人民文学出版社，1983.

　　[5] 乔治·桑塔耶纳. 美感［M］. 缪灵珠，译. 北京：中国社会科学出版社，1982.

［6］莫伊谢依·萨莫伊洛维奇·卡冈．美学和系统方法［M］．北京：中国文联出版公司，1985．

［7］阿·布罗夫．美学：问题和争论［M］．凌继尧，译．上海：上海译文出版社，1987．

［8］H．布洛克．美学新解［M］．滕守尧，译．沈阳：辽宁人民出版社，1987．

［9］达布尼·汤森德．美学导论［M］．王柯平，等译．北京：高等教育出版社，2005．

［10］阿诺德 柏林特．美学再思考［M］．武汉：武汉大学出版社，2010．

［11］吕澂．美学浅论［M］．北京：商务印书馆，1931．

［12］朱光潜．谈美［M］．北京：开明书店．1932．

［13］吕澂．现代美学思翻［M］．北京：商务印书馆，1934．

［14］朱光潜．文艺心理学［M］．北京：开明书局．1936．

［15］朱先潜．我与文学及其他［M］．重庆：开明书店．1943．

［16］蔡仪．新美学［M］．重庆：群益出版社，1946．

［17］傅统先．美学纲要［M］．北京：中华书局．1948．

［18］蔡仪．唯心主义美学批判集［C］．北京：人民文学出版社，1958．

［19］吕荧．美学书怀［M］．北京：作家出版社，1959．

［20］朱光潜．谈美书简［M］．上海：上海文艺出版社，1980．

［21］朱光潜．朱光潜美学文学论文选集［C］．长沙：湖南人民出版社。1980．

［22］朱光潜．美学拾稳集［C］．天津：百花文艺出版社，1980．

［23］朱光潜．朱光潜美学文集［C］．上海：上海文艺出版社，1983．

［24］宗白华．美学散步［M］．上海：上海人民出版社，1981．

［25］王朝闻．王朝闻文艺论集［C］．上海文艺出版社，1979—1980．

［26］王朝闻．开心钥匙［C］．成都：四川人民出版社，1981．

［27］王朝闻．美学概论［M］．北京：人民出版社，1981．

［28］蒋孔阳．美和美的创造［M］．南京：江苏人民出版社，1981．

［29］蔡仪．探讨集［C］．北京：人民文学出版社，1981．

［30］洪毅然．大众美学［M］．西安：陕西人民出版社，1981．

［31］李泽厚．美学论集［C］．上海：上海文艺出版社，1980．

［32］李泽厚. 美的历程［M］. 北京：文物出版社，1981.

［33］李泽厚. 李泽厚哲学美学文选［C］. 长沙：湖南人民出版社，1985.

［34］李泽厚. 走我自己的路［M］. 北京：三联书店，1986.

［35］李泽厚. 华夏美学［M］. 北京：中外文化出版公司，1989.

［36］李泽厚. 美学四讲［M］. 北京：三联书店，1989.

［37］蔡元培. 蔡元培选集［C］. 北京：中华书局，1959.

［38］胡适. 中国新文学大系·建设理论集［C］. 上海：上海文艺出版社，2011.

［39］凌继尧. 美学十五讲［M］. 北京：北京大学出版社，2005.

［40］张法. 美学导论［M］. 北京：中国人民大学出版社，2004.

［41］曹俊峰. 元美学导论［M］. 上海：上海人民出版社，2001.

［42］牛宏宝. 美学概论［M］. 北京：中国人民大学出版社，2003.

［43］滕守尧. 审美心理描述［M］. 北京：社会科学出版社，1985.

［44］彭立勋. 审美经验论［M］. 北京：人民出版社，1999.

［45］阎国忠 徐辉 张玉安 张敏. 美学建构中的尝试与问题［M］. 合肥：安徽教育出版社，2001.

［46］彭锋. 回归当代美学的十一个问题［M］. 北京：北京大学出版社，2009.

［47］徐复观. 中国艺术精神［M］. 沈阳：春风文艺出版社，1987.

［48］宗白华. 艺境［M］. 北京：北京大学出版社，1997.

［49］叶朗. 美在意象［M］. 北京：北京大学出版社，2010.

［50］《学习译丛》编辑部. 美学与文艺问题论文集［C］. 北京：学习杂志社，1957.

［51］《文艺报》编辑部，《新建设》编辑部. 美学问题讨论集［C］. 北京：作家出版社，1957—1964.

［52］高校美学研究会，北师大哲学系. 美学讲演集［M］. 北京：北京师范大学出版社，1981.

［53］文艺美学丛书编委会. 美学向导［M］. 北京：北京大学出版社，1982.

［54］丹纳. 艺术哲学［M］. 傅雷，译. 北京：人民文学出版社，1963.

［55］萨缪尔·亚历山大. 艺术、价值与自然［M］. 北京：华夏出版

社，2000.

[56] 克莱夫·贝尔. 艺术 [M]. 北京：中国文联出版公司，1984.

[57] 格罗塞. 艺术的起源 [M]. 蔡慕晖，译. 北京：商务印书馆，译. 1984.

[58] 托尔斯泰. 艺术论 [M]. 丰陈宝，译. 北京：人民文学出版社，1958.

[59] 谢林. 艺术哲学 [M]. 魏庆征，译. 北京：中国社会科学出版社，1996.

[60] 罗宾·乔治·科林伍德. 艺术原理 [M]. 王至元，陈华中，译. 北京：中国社会科学出版社，1985.

[61] C. 杜卡斯. 艺术哲学新论 [M]. 王柯平，译. 北京：光明日报出版社，1988.

[62] V. 奥尔德里奇. 艺术哲学 [M]. 程梦辉，译. 北京：中国社会科学出版社，1986.

[63] 马利坦. 艺术与诗中的创造性直觉 [M]. 刘有元，罗选民，等译. 北京：三联书店，1991.

[64] 苏珊. 朗格. 情感与形式 [M]. 刘大基，傅志强，周发祥，译. 北京：中国社会科学出版社，1986.

[65] 苏珊. 朗格. 艺术问题 [M]. 滕守尧，朱疆源，译. 北京：中国社会科学出版社，1983.

[66] 阿瑟·丹托. 寻常物的嬗变：一种关于艺术的哲学 [M]. 陈岸瑛，译. 南京：江苏人民出版社，2012.

[67] 斯蒂芬·戴维斯. 艺术诸定义 [M]. 韩振华，赵娟，译. 南京：南京大学出版社，2014.

[68] 鲁道夫·阿恩海姆. 艺术与视知觉 [M]. 滕守尧，朱疆源，译. 北京：中国社会科学出版社，1984.

[69] 鲁道夫·阿恩海姆. 走向艺术心理学 [M]. 丁宁，陶东风，等译. 郑州：黄河文艺出版社，1990.

[70] 海恩瑞希·乌尔富林. 艺术史原理 [M]. 梁再宏，译. 北京：中国社会科学院出版社，1986.

[71] 西尔瓦纳·阿瑞提. 创造力 [M]. 钱岗南，译. 北京：中国社科

学院出版，1988.

[72] 威廉·弗莱明. 艺术与思想［M］. 吴江，译. 上海：上海人民美术出版社，1991.

[73] 贡布里希. 艺术发展史［M］. 范景中，译. 天津：天津人民美术出版社，1992.

[74] 贡布里希. 理想和偶像—价值在历史和艺术中的地位［M］. 范景中，等译. 上海：上海人民美术出版社，1991.

[75] 文杜里. 西方艺术批评史［M］. 迟柯，译. 南京：江苏教育出版社，2005.

[76] 毕加索等. 现代艺术大师论艺术［M］. 常宁生，编译. 北京：中国人民大学出版社，2003.

[77] 康定斯基. 艺术中的精神［M］. 罗世平，等译. 北京：中国人民大学出版社，2004.

[78] 中川作一. 视觉艺术的社会心理［M］. 许平，等译. 上海：上海人民美术出版社，1991.

[79] 博格米拉·韦尔什编. 凡高论［M］. 刘敏毅，译. 上海：上海美术出版社，1992.

[80] 罗伯特·休斯. 新艺术的震撼［M］. 刘萍君，等译. 上海：上海美术出版社，1989.

[81] 弗朗西斯·弗兰切娜编. 现代艺术与现代主义［M］. 张坚，译. 上海：上海人民美术出版社，1990 版.

[82] 巴斯金编. 萨特论艺术［C］. 冯黎明，译. 上海：上海人民美术出版社，1990.

[83] 约翰·拉塞尔. 现代艺术的意义［M］. 北京：中国人民大学出版社，2004.

[84] 王大兵. 西方现代艺术批判［M］. 北京：中国人民大学出版社，2003.

[85] 吉姆·莱文. 超越现代主义［M］. 常宁生，译. 南京：江苏教育出版社，2005.

中国美学史著作

［1］十三经注疏［C］．北京：中华书局，2009．

［2］新编诸子集成［C］．北京：中华书局，1987．

［3］郭店楚墓竹简［C］．北京：文物出版社，1998．

［4］马承源．上博馆藏战国楚竹书研究［C］．上海：上海书店出版社，2002．

［5］雒江生．诗经通诂［C］．西安：三秦出版社，1998．

［6］周振甫．诗经译注［C］．北京：中华书局，2010．

［7］唐明邦．周易评注［C］．北京：中华书局，1995．

［8］孙星衍．尚书今古文注疏［C］．北京：中华书局，1986．

［9］杨伯峻．论语译注［C］．北京：中华书局，1980．

［10］杨伯峻．孟子译注［C］．北京：中华书局，2005．

［11］孙希旦．礼记集解［C］．北京：中华书局，1989．

［12］周礼註疏［C］．郑玄 注、贾公彦 疏，上海：上海古籍出版社，1990．

［13］孙诒让．周礼正义［C］．北京：中华书局，1987．

［14］杨伯峻．春秋左传注［C］．北京：中华书局，1990．

［15］谭戒甫．墨经分类译注［C］．北京：中华书局，2008．

［16］陈鼓应．老子今注今译［C］．北京：商务印书馆，2003．

［17］陈鼓应 注，译．庄子今注今译［C］．北京：中华书局，2009．

［18］郭庆藩．庄子集释［C］．北京：中华书局，2006．

［19］钟泰．庄子发微［C］．上海：上海古籍出版社，2002．

［20］李零．孙子译注［C］．北京：中华书局，2009．

［21］王先谦．荀子集解［C］．北京：中华书局，2012．

［22］林家骊 注，译．楚辞［C］．北京：中华书局，2010．

［23］朱熹．楚辞集注［C］．上海：上海古籍出版社，2003．

［24］王夫之．楚辞通释［C］．上海：上海人民出版社，1975．

［25］吴广平．楚辞全解［C］．长沙：岳麓书社，2008．

［26］张载．张载集［C］．北京：中华书局，2012．

［27］程颢、程颐．二程集［C］．北京：中华书局，2004．

［28］朱熹. 四书章句集注［C］. 北京：中华书局，2011.

［29］朱熹. 四书集注［C］. 长沙：岳麓书社，2004.

［30］黎靖德 王星贤 注解. 朱子语类［C］. 北京：中华书局，1986.

［31］陆九渊. 陆九渊集［C］. 北京：中华书局，2008.

［32］王守仁. 王阳明全集［C］. 上海：上海古籍出版社，2011.

［33］王守仁. 王文成公全书［C］. 北京：中华书局，2015.

［34］陈荣捷. 王阳明〈传习录〉详注集评［C］. 上海：华东师范大学出版社，2009.

［35］李贽. 李贽文集［C］. 北京：社会科学文献出版社，2000.

［36］王夫之. 船山全书［C］. 长沙：岳麓书社，1996.

［37］戴震. 戴震文集［C］. 北京：中华书局，1980.

［38］戴震. 戴震集［C］. 上海：上海古籍出版社，2009.

［39］许慎. 说文解字［M］. 北京：中华书局，1963.

［40］段玉裁 注. 说文解字注［M］. 上海：上海古籍出版社，1988.

［41］萧萐父. 中国哲学史史料源流举要［M］. 武汉：武汉大学出版社，1998.

［42］刘文英 编. 中国哲学史史料学［M］. 北京：高等教育出版社，2002.

［43］冯友兰. 中国哲学史史料学［M］. 南京：江苏教育，2006.

［44］张岱年. 中国哲学史史料学［M］. 北京：三联书店，1982.

［45］朱谦之. 中国哲学史史料学［M］. 北京：中华书局，2012.

［46］中国美学史资料选编［C］. 北京大学哲学系美学教研室编. 北京：中华书局. 1980—1981.

［47］蒋孔阳. 中国古代美学艺术论文集［C］. 上海：上海古籍出版社，1981.

［48］敏泽. 中国美学思想史［M］. 济南：齐鲁书社，1987.

［49］李泽厚、刘纲纪. 中国美学史［M］. 合肥：安徽文艺出版社，1999.

［50］叶朗. 中国美学史大纲［M］. 上海：上海人民出版社，1985.

［51］廖群. 中国审美文化史（先秦卷）［M］. 山东：山东画报出版社，2000.

［52］仪平策. 中国审美文化史（秦汉魏晋南北朝卷）［M］. 济南：山东画

报出版社，2000.

[53] 张法. 中国美学史［M］. 上海：上海人民出版社，2000.

[54] 王运熙. 中国文论选［C］. 南京：江苏文艺出版社，1996.

[55] 王运熙、顾易生. 中国文学批评史［M］. 上海：上海古籍出版社，1985.

[56] 郭绍虞. 中国历代文论选［C］. 上海：上海古籍出版社，1979—1980.

[57] 张少康、刘三富. 中国文学理论批评发展史［M］. 北京：北京大学出版社，1995.

[58] 王国维. 静庵文集［C］. 沈阳：辽宁教育出版社，1997.

[59] 王国维. 人间词话［M］. 上海：上海古籍出版社，1998.

[60] 王国维. 人间词话新注（修订本）［M］. 滕咸惠校注，济南：齐鲁书社，1986.

[61] 叶维廉. 中国诗学［M］. 北京：三联书店，1992.

[62] 钱钟书. 管锥编［C］. 北京：中华书局，1979.

[63] 钱钟书. 谈艺录［C］. 北京：中华书局，1984.

[64] 包忠文. 当代中国文艺理论史［M］. 南京：江苏教育出版社，1998.

[65] 赵宪章. 西方形式美学［M］. 上海：上海人民出版社，1996.

[66] 潘知常. 中国美学精神［M］. 南京：江苏人民出版社，1993.

[67] 曹俊峰. 元美学导论［M］. 上海：上海人民出版社，2001.

[68] 王岳川. 艺术本体论［M］. 上海：上海三联书店，1994.

[69] 陶东风. 社会转型与当代知识分子［M］. 上海：上海三联书店，1999.

[70] 刘骁纯. 从动物快感到人的美感［M］. 济南：山东文艺出版社，1986.

[71] 聂振斌，滕守尧，章建刚. 艺术化生存［M］. 成都：四川人民出版社，1997.

[72] 王伯敏. 中国绘画史［M］. 上海：上海人民美术出版社，1982.

[73] 李庆. 中国文化中人的观念［M］. 上海：学林出版社，1996.

[74] 肖万源、徐远和. 中国古代人学思想概要［M］. 北京：东方出版社，1994.

［75］杨国章. 人文传统［M］. 冯天瑜. 北京：北京语言学院出版社，1993.

［76］张世英. 天人之际——中西哲学的困惑与选择［M］. 北京：人民出版社，1995.

［77］郭国灿. 中国人文精神的重建［M］. 长沙：湖南教育出版社，1992.

［78］笠原仲二. 古代中国人的美意识［M］. 魏常海，译. 北京：北京大学出版社，1987.

［79］户田浩晓. 文心雕龙研究［M］. 曹旭，译. 上海：上海古籍出版社，1992.

西方美学史著作

［1］希罗多德. 历史［M］. 北京：商务印书馆，1997.

［2］色诺芬. 回忆苏格拉底［M］. 北京：商务印书馆，1997.

［3］色诺芬. 经济论［M］. 北京：商务印书馆，1961.

［4］柏拉图. 理想国［M］. 北京：商务印书馆，1997.

［5］柏拉图. 巴曼尼得斯篇［M］. 北京：商务印书馆，1997.

［6］柏拉图. 文艺对话集［C］. 朱光潜，译. 北京：人民文学出版社，1963.

［7］亚里士多德. 形而上学［M］. 北京：商务印书馆，1997.

［8］亚里士多德. 物理学［M］. 北京：商务印书馆，1997.

［9］亚里士多德. 范畴篇 解释篇［M］. 北京：商务印书馆，1997.

［10］亚里士多德. 诗学［M］. 北京：人民文学出版社，1962.

［11］贺拉斯. 诗艺［M］. 北京：人民文学出版社，1962.

［12］雅各布·布克哈特. 意大利文艺复兴时期的文化［M］. 北京：商务印书馆，1997.

［13］布瓦洛. 诗的艺术［M］. 北京：人民文学出版社，1959.

［14］培根. 新工具［M］. 北京：商务印书馆，1997.

［15］洛克. 人类理解论［M］. 上册［M］. 北京：商务印书馆，1959.

［16］帕斯卡尔. 思想录［M］. 北京：商务印书馆，1997.

［17］休谟. 人性论［M］. 关文运，译. 北京：商务印书馆，1980.

［18］卢梭. 论科学与艺术［M］. 北京：商务印书馆，1959.

［19］卢梭. 论人类不平等的起源和基础［M］. 北京：商务印书馆，1997.

［20］卢梭. 社会契约论［M］. 北京：商务印书馆，1997.

［21］狄德罗. 美学论文选［C］. 张冠尧，桂裕芳，等译. 北京：人民文学出版社，1984.

［22］维柯. 新科学［M］. 北京：人民文学出版社，1987.

［23］莱辛. 拉奥孔［M］. 北京：人民文学出版社，1979.

［24］康德. 纯粹理性批判［M］. 北京：商务印书馆，1997.

［25］康德. 实践理性批判［M］. 北京：商务印书馆，1997.

［26］康德. 判断力批判［M］. 宗白华，译. 北京：商务印书馆，1997.

［27］康德. 历史理性批判文集［C］. 北京：商务印书馆，1997.

［28］康德. 未来形而上学导论［M］. 庞景仁，译. 北京：商务印书馆，1997.

［29］黑格尔. 小逻辑［M］. 北京：商务印书馆，1997.

［30］黑格尔. 美学：第一卷［M］. 朱光潜，译. 北京：人民文学出版社，1958.

［31］黑格尔. 美学：第二卷［M］. 朱光潜，译. 北京：商务印书馆，1979.

［32］黑格尔. 美学：第三卷［M］. 朱光潜，译. 北京：商务印书馆，1979—1981.

［33］爱克曼. 歌德谈话录［M］. 朱光潜，译. 北京：人民文学出版社，1978.

［34］席勒. 审美教育书简［M］. 北京：北京大学出版社，1985.

［35］雨果. 论文学［M］. 上海：上海译文出版社，1980.

［36］叔本华. 作为意志和表象的世界［M］. 北京：商务印书馆，1997.

［37］尼采. 悲剧的诞生［M］. 周同年，译. 北京：三联书店，1986.

［38］尼采. 苏鲁支语录［M］. 北京：商务印书馆，1997.

［39］柏格森. 时间与自由意志［M］. 北京：商务印书馆，1997.

［40］海德格尔. 形而上学导论［M］. 北京：商务印书馆，1997.

［41］马丁·海德格尔. 诗·语言·思［M］. 张月、石向骞、曹元勇，译. 郑州：黄河文艺出版社，1989.

［42］罗素. 西方哲学史［M］. 北京：商务印书馆，1997.

［43］罗素. 我的哲学的发展［M］. 北京：商务印书馆，1997.

［44］威廉·詹姆斯. 实用主义［M］. 北京：商务印书馆，1997.

［45］杜威. 哲学的改造［M］. 北京：商务印书馆，1997.

［46］杜威. 新旧个人主义——杜威文选［C］. 孙有中、蓝克林、裴雯，译. 上海：上海社会科学出版社，1997.

［47］车尔尼雪夫斯基. 艺术与现实的审美关系［M］. 周扬，译. 北京：人民文学出版社，1979.

［48］E. 卡西勒. 启蒙哲学［M］. 济南：山东人民出版社，1988.

［49］涂尔干. 社会学方法的准则［M］. 狄玉明，译. 北京：商务印书馆，2004.

［50］费尔迪南·德·索绪尔. 普通语言学教程［M］. 北京：商务印书馆，1996.

［51］弗洛伊德. 精神分析引论［M］. 北京：商务印书馆，1997.

［52］弗洛伊德. 释梦［M］. 孙名之，译. 北京：商务印书馆，1996.

［53］弗洛伊德. 弗洛伊德后期著作选［C］. 上海：上海译文出版社，1995.

［54］乔治·H·米德. 心灵、自我与社会［M］. 上海：上海译文出版社，1995.

［55］鲁道夫·奥伊肯. 生活的意义与价值［M］. 上海：上海译文出版社，1995.

［56］马尔库塞. 单向度的人［M］. 北京：商务印书馆，1997.

［57］马尔库塞. 审美之维——马尔库塞美学论著集［C］. 李小兵，译. 北京：三联书店，1989.

［58］于尔根·哈贝马斯. 交往行动理论［M］. 重庆：重庆出版社，1994.

［59］于尔根·哈贝马斯. 后形而上学思想［M］. 曹卫东、付德根，译. 南京：译林出版社，2001.

［60］克洛德·莱维—斯特劳斯. 结构人类学［M］. 上海：上海译文出版社，1995.

［61］皮亚杰. 结构主义［M］. 北京：商务印书馆，1986.

［62］列维—布留尔. 原始思维［M］. 丁由，译. 北京，商务印书馆，1985.

［63］恩斯特·卡西尔. 人论［M］. 甘阳，译. 上海：上海译文出版社，1995.

［64］萨特. 想象心理学［M］. 褚朔维，译. 北京：光明日报出版社，1988.

［65］加达默尔. 真理与方法［M］. 洪汉鼎，译. 北京：商务印书馆.

［66］什克洛夫斯基等. 俄国形式主义文论选［M］. 方珊，等译. 北京：三联书店，1992.

［67］勃兰兑斯. 十九世纪文学主流［M］. 北京：人民文学出版社，1984.

［68］英伽登. 对文学的艺术作品的认识［M］. 北京：中国文联出版公司，1988.

［69］杜夫海纳. 美学与哲学［M］. 孙非，译. 北京：中国社会科学出版社，1985.

［70］尧斯. 审美经验与文学解释学［M］. 上海：上海译文出版社，1997.

［71］伊瑟尔. 阅读活动［M］. 北京：中国社会科学出版社，1991.

［72］H·R·姚斯、R·C·霍拉勃. 接受美学与接受理论［M］. 沈阳：辽宁人民出版社，1987.

［73］杜夫海纳. 审美经验现象学［M］. 韩树站，译. 北京：文化艺术出版社，1992.

［74］斯坦利·费什. 读者反应批评：理论与实践［M］. 北京：中国社会科学出版社，1998.

［75］M．H．艾布拉姆斯. 镜与灯［M］. 北京：北京大学出版社，1992.

［76］韦勒克、沃伦. 文学理论［M］. 北京：三联书店，1984.

［77］韦勒克. 批评的诸种概念［M］. 成都：四川文艺出版社，1988.

［78］新批评文集［C］. 北京：中国社会科学出版社，1988.

［79］莫瑞·克里格. 批评旅途：六十年代之后［M］. 北京：中国社会科学出版社，1998.

［80］弗莱德·R·多尔迈. 主体性的黄昏［M］. 万俊人、朱国钧、吴海针，译. 上海：上海人民出版社，1992.

［81］吉登斯. 现代性与自我认同［M］. 北京：三联书店出版社，1998.

［82］雷德里克·詹明信. 晚期资本主义的文化逻辑［M］. 陈清侨，等译. 北京：三联书店，1997.

［83］米歇尔·福柯. 疯癫与文明［M］. 刘北成、杨远婴，译. 北京：三联书店，1999.

［84］米歇尔·福柯. 词与物：人文科学考古学［M］. 莫伟民，译. 上海：上海三联书店，2001.

［85］罗兰·巴特. 符号学原理［M］. 王东亮，译. 北京：三联书店，1999.

［86］雅克·德里达. 文学行动［M］. 北京：中国社会科学出版社，1998.

［87］让·弗朗索瓦·利奥塔. 非人［M］. 北京：商务印书馆，2001.

［88］让·弗朗索瓦·利奥塔. 后现代性与公正游戏［M］. 严锋，译. 上海：上海人民出版社，1997.

［89］里查德·罗蒂. 后哲学文化［M］. 黄勇，译. 上海：上海译文出版社，1993.

［90］大卫·雷·格里芬. 后现代精神［M］. 王成兵，译. 北京：中央编译出版社，1997.

［91］佛克马. 走向后现代主义［M］. 王宁，译. 北京：北京大学出版社，1991.

［92］保罗·德曼. 解构之图［M］. 北京：中国社会科学出版社，1998.

［93］徐贲. 走向后现代与后殖民［M］. 北京：中国社会科学出版社，1996.

［94］张京媛主编. 后殖民理论与文化批评［M］. 北京：北京大学出版社，1999.

［95］外国理论家、作家论形象思维［C］. 中国社会科学院外国文学研究所编. 北京：中国社会科学出版社，1979.

［96］西方美学家论美和美感［C］. 北京大学哲学系美学教研室编. 北京：商务印书馆，1980.

［97］欧美古典作家论现实主义和浪漫主义［C］. 北京：中国社会科学出版社，1981.

［98］伍蠡甫主编. 西方文论选［C］. 上海：上海译文出版社，1984.

［99］伍蠡甫主编. 现代西方文论选［C］. 上海：上海译文出版社，1983.

［100］伍蠡甫、胡经之主编. 西方文艺理论名著选编［C］. 北京：北京大学出版社，1988.

［101］章安祺编订. 缪灵珠美学译文集［C］. 北京：中国人民大学出版社，1990.

［102］章国锋、王逢振. 二十世纪欧美文论名著博览［C］. 北京：中国社会科学出版社，1998.

［103］瓦迪斯瓦夫·塔塔尔凯维奇. 古代美学［M］. 北京：中国社会科学出版社，1990.

［104］瓦迪斯瓦夫·塔塔尔凯维奇. 西方六大美学观念史［M］. 上海：上海译文出版社，2006.

［105］李斯托威尔. 近代美学史评述［M］. 蒋孔阳，译. 上海，上海译文出版社，1980.

［106］C. 吉尔伯特，H. 库恩. 美学史［M］. 夏乾丰，译. 上海：上海译文出版社，1989.

［107］鲍桑葵. 美学史［M］. 北京：商务印书馆，1985.

［108］埃克伯特·法阿斯. 美学谱系学［M］. 北京：商务印书馆，2011.

［109］朱光潜. 西方美学史［M］. 上、下卷. 北京：人民文学出版社，1963.

［110］伍蠡甫. 西方文论简史［M］. 北京：人民文学出版社，1997.

［111］胡经之. 西方文艺理论名著教程［M］. 北京：北京大学出版社，1985.

［112］朱立元. 当代西方文艺理论［M］. 上海：华东师范大学出版社，1998.

［113］郭宏安、章国锋、王逢振. 二十世纪西方文论研究［M］. 北京：中国社会科学出版社，1998.

［114］胡经之、张首映. 西方二十世纪文论史［M］. 北京：中国社会科学出版社，1988.

［115］蒋孔阳. 德国古典美学［M］. 北京：人民文学出版社，1987.

［116］马新国. 康德美学研究［M］. 北京：北京师范大学出版社，1997.

［117］曹俊峰. 康德美学引论［M］. 天津：天津教育出版社，1999.

［118］朱志荣. 康德美学思想研究［M］. 合肥：安徽人民出版社，1997.

［119］李醒尘. 西方美学史教程［M］. 北京：北京大学出版社，1994.

［120］朱狄. 当代西方艺术哲学［M］. 北京：人民出版社，1994.

［121］朱狄. 当代西方美学［M］. 武汉：武汉大学出版社，2007.

［122］张法. 20世纪西方美学史［M］. 成都：四川人民出版社，2003年。7月.

［123］古典文艺理论译丛［C］. 季刊，人民文学出版社.

［124］现代文艺理论译丛［C］. 季刊，人民文学出版社.

比较文化与比较美学著作

［1］今道友信. 关于爱和美的哲学思考［M］. 王永丽，等译. 北京：三联书店，1997.

［2］今道友信. 美的相位与艺术［M］周浙平，王永丽，译. 北京：中国文联出版公司，1988.

［3］今道友信. 东西方哲学美学比较［M］. 李心峰、牛枝惠，等译. 北京：中国人民大学出版社，1991.

［4］弗朗西斯·约斯特. 比较文学导论［M］. 廖鸿钧，等译. 长沙：湖南文艺出版社，1988.

［5］刘小枫. 拯救与逍遥［M］. 上海：上海人民出版社，1988.

［6］周来祥、陈炎. 中西比较美学大纲［M］. 合肥：安徽文艺出版社，1992.

［7］马奇. 中西美学思想比较研究［M］. 北京：中国人民大学出版社，1994.

［8］张法. 中西美学与文化精神［M］. 北京：北京大学出版社，1994.

［9］饶芃子等. 中西比较文艺学［M］. 北京：中国社会科学出版社，1999.

［10］邓晓芒，易中天. 黄与蓝的交响——中西美学比较论. 北京：人民文学出版社，1999.

［11］舒也. 中西文化与审美价值诠释［M］. 上海：上海三联书店，2008.

外文著作

［1］Adams, Hazard, Ed., *Critical Theory since Plato*［M］. New York：Harcourt Brace Jovanovich, Inc, 1971.

［2］Altizer, T., and W. Hamilton, *Radical Theology and the Death of God*

［M］. Indianapolis：Bobbs – Merrill，1966.

［3］ Bahm，Archie J.，*Axiology：the Science of Value*，Albuquerque ［M］. New Mexico：World Books，1984.

［4］ Baron，Stanley N. &Krivocheev，Mark I.，*Digital Image and Audio Com-munications：Toward a Global Information Infrastructure* ［M］. New York：Van Nos-trand Reinhold，1996.

［5］ Bellah，Robert Neelly，*Beyond Belief：Essays on Religion in a Post – Tra-ditional World* ［M］. Berkeley：University of California Press，1970.

［6］ Berger，Peter L.，*The Sacred Canopy：Elements of a Sociological Theory of Religion* ［M］. New York：Anchor，1969.

［7］ Danto，Arthur C.，*The Artworld* ［J］. in The Journal of Philosophy，1964，61（19）：571 –584.

［8］ Dewey，John，*Theory of Valuation* ［M］. Chicago：The University of Chi-cago Press，1939.

［9］ Dickie，George，*Art and Aesthetics* ［M］. Ithaca and London：Cornell U-niversity Press，1974,.

［10］ Dickie，George，*The Art Circle：A Theory of Art* ［M］. New York：Ha-ven Publications，1984.

［11］ Dickie，George，*Introduction to Aesthetics：An Analytic Approach* ［M］. Oxford：Oxford University Press，1997.

［12］ Eigen，Manfred，and Peter Schuster，"Part A：Emergence of the Hyper-cycle"［J］. *Naturwissenschaften*，1978（65）：7 –41.

［13］ Fudenberg，Drew，and Jean Tirole，"Nash equilibrium：Multiple Nash Equilibria，Focal Points，and Pareto Optimality"，in Fudenberg，Drew，and Jean Tirole. *Game theory* ［M］. Cambridge，Massachusetts：MIT Press，1983.

［14］ Grau，Oliver，*Virtual Art：from Illusion to Immersion* ［M］. Cambridge，Mass.：MIT Press，2003.

［15］ Haken，Hermann，*Synergetics，an Introduction：Nonequilibrium Phase Transitions and Self – Organization in Physics，Chemistry，and Biology* ［M］. New York：Springer – Verlag，1983.

［16］ Homans，G.，*The Human Group* ［M］. New York：Harcourt Brace Jovanovich, 1950.

[17] James, William, *Pragmatism: a new name for some old ways of thinking* [M]. New York: Longman Green and Co, 1907.

[18] Kolak, Daniel, Ed. , *From Plato to Wittgenstein* [M]. Belmont: Wadsworth Publishing Company, 1994.

[19] Maslow, Abraham H. , *Motivation and personality* [M]. Brandéis University, 1817.

[20] Maslow, Abraham H. , *Religions, values, and peak - experiences* [M]. Ohio State University Press, 1964.

[21] Maslow, Abraham H. , *Toward a Psychology of Being* [M]. Van Nostrand Reinshold, 1968.

[22] Mcluhan, Marshal, *Understanding Media—The Extension of Man* [M]. Cambridge: The MIT Press, 1994.

[23] Mitchell, W. J. T. , *Picture Theory* [M]. Chicago: University of Chicago Press, 1994.

[24] Miroeff, Nicholas, *An Introduction to Visual Culture* [M]. London: Routeldge, 2003.

[25] Negroponte, Nicholas, *Being Digital* [M]. New York: Random House, 1996.

[26] Nicolis, Gregoire, and Ilya Prigogine, *Self - Organization in Nonequilibrium Systems: From Dissipative Structures to Order through Fluctuations* [M]. New York: John Wiley & Sons, 1977.

[27] Ogden, C. K. , and I. A. Richards, *The Meaning of Meaning* [M]. London: ARK Paperbacks, 1923.

[28] Perry, Ralph Barton, *Present Philosophical Tendencies: a critical survey of naturalism, idealism, pragmatism, and realism* [M]. New York: Longmans, Green, 1912.

[29] Perry, Ralph Barton, *General Theory of Value* [M]. Cambridge, Mass: Harvard University Press, 1926.

[30] Poe, Edgar Allen, *The Complete Poems and Stories of Edgar Allen Poe: with Selections from his Critical Writings* [M]. New York: A. A. Knopf, 1964.

［31］Popper, Frank, *From Technological to Virtual Art* ［M］. Cambridge, MA: MIT Press, 2005.

［32］Prigogine, Ilya and Isabelle Stengers, *Order out of Chaos: Man's new Dialogue with Nature* ［M］. New York: Bantam Books Inc. , 1984.

［33］Ralph, H . Turner, "Role Taking: Process Versus Conformity", in Arnold M. rose (ed.), *Human Behavior and Social Processes* ［M］. Boston: Houghton – Mifflin, 1962.

［34］Ransom, John Crowe, *God Without Thunder* ［M］. 1930.

［35］Ransom, John Crowe, *The World's Body* ［M］. New York: Scribner's, 1938.

［36］Ransom, John Crowe, *The New Criticism* ［M］. Westport: Greenwood Press, 1979.

［37］Rawls, John Bordley, *A Theory of Justice* ［M］. Cambridge, Massachusetts: Belknap Press of Harvard University Press, 1971.

［38］Richards, I. A. , *Science and Poetry* ［M］. London: Kegan Paul, Trench, Trubner, 1926.

［39］Scheler, M. , *Man's Place in Nature* ［M］. New York: The Noonday Press, 1962.

［40］Singhal, Sandeep &Zyda, Michael, *Networked Virtual Environments: Design and Implementation* ［M］. New York: ACM Press/Addison – Wesley Publishing Co. , 1999.

［41］Stokstad, Marilyn, *Art History* ［M］. New York: Harry N. Abrams, 1995.

［42］Tate, Allen, *The Man of Letters in Modern World* ［M］. New York: Meridian, 1955.

［43］Tylor, EdwardBernatt, *Primitive Culture* ［M］. New York: J. P. Putnam's Sons. 1920,.

［44］Welsch, Wolfgang, *Undoing Aesthetic* ［M］. Trans. Andrew Inkpin (London: SAGE Pubications, 1997).

［45］Baudrillard, Jean, *Simulacra and Simulations* ［M］. Paris: Galilée, 1981.

［46］Pascal, Blaise, *Pensées et opuscules* ［M］. Paris: Hachette, 1909.

［47］Rousseau, Jean – Jacques, *Du contrat social* ［M］. Paris: GF – Flammarion, 1996.

［48］Freud, Sigmund, *Sigmund Freud Studienausgabe* ［M］. Fischer Taschenbuch, 2000.

［49］Gödel, Kurt Friedrich, "Über formal unentscheidbare Sätze der Principia Mathematica und verwandter Systeme" （I） ［J］. *Monatshefte für Mathematik und Physik*, 1931 （38）: 173 – 198.

［50］Hegel, Georg Wilhelm Friedrich, *Vorlesung über Ästhetik. Berlin 1820/ 21. Eine Nachschrift* ［M］. ed. H. Schneider. Frankfurt am Main: Peter Lang, 1995.

［51］Heidegger, Martin, *Heidegger Gesamtausgabe* ［M］. Frankfurt am Main: Vittorio Klostermann, 1989.

［52］Kant, Immanuel, Kant's Gesammelte Schriften "Akademieausgabe", Königlich Preußische Akademie der Wissenschaften, Berlin 1900ff.　（bisher 29 Bände) Reimer, ab 1922 de Gruyter.

［53］Marx – Engels, *Karl Marx Friedrich Engels Gesamtausgabe* （MEGA 2） ［M］. Vierte Abteilung Exzerpte – Notizen – Marginalien. Probeheft. Berlin: Dietz Verlag, 1983.

［54］Nietzsche, Friedrich W. , *Die fröhliche Wissenschaft* ［M］. München: Goldmann Verlag, 1882.

哲学的结构与卡里斯马式突破

（代后记）

世纪之交的哲学走过了寂寞而纷乱的一年。这既像是步入中年的行者在冬日里的孤独的行走，更像是一群行色匆匆的过客在广场上茫然地寻找着出口。近几年的哲学没有新出简帛文献的惊喜，没有一个引起大家关注和讨论的热点，在丧失了勇气之后，大家似乎不自觉地在等待权威层面能指引一个突破性的出口。

然而，一种开创性的理论的推进，需要横空出世的伟人般的气魄，而这种具有奇伟人格的排空一切的卡里斯马式的人物，人们尚在等待。如果硬要让我们对近几年的哲学进行盘点，这就像是雪地中的群盲寻找光亮，在外界白茫茫的一片光亮之中，我们的双眼却蒙着沉沉的黑暗。我们感叹好一片白茫茫的大地，我们为这干净而欣喜，又被这光亮所刺伤。然而，我们这被光亮刺伤的双眼，全然无法顾及雪盲症的疼痛，我们的目光东奔西走，依然在寻找着让我们兴奋的光点。

世纪之交的中国的哲学，就像是被困在网中的巨兽，它在四处行走，为的是甩开身上的绳索，获得一个更加舒适的姿势，而网住这冬日里饥兽的布网者，是我们一路走来的历史和传统。然而，这巨兽毕竟在保持着一个姿势，甚至还在行走，它还不时地回头观望，不时地给我们摆一个 pose，展现一下它的坚强和不屈，尽管这个姿势不是那么舒适和自在。

世纪之交的哲学展现给我们的是一种碰撞中的眩惑。历史在进入二十一世纪之后，我们再也无法关起门来，也不能闭目不见，更不能故步自封。这一扇门，是炮舰打开的，这炮舰如今看起来还更加庞大，在世纪之交看起来，还更加真切。改革和开放，这是我们无法回避无法回头的道路。中体西用也好，西体中用也罢，我们已经不再讨论这些问题，而是要回到实事，面对问题，求得实是，去实践价值。

这样，我们将不得不面对价值。有一些问题被提了出来，其中之一，便是普遍价值。普遍价值之观念，其实早已植根于中国古代"道通为一""天下大同"的思想之中，而在西学东渐之时，普遍价值之观念亦早已随风而入。普遍价值之说，在世纪之交的端口，则多有论说，世纪之交的中国哲学，出现了不少探讨普遍价值的文章，而这些探讨普遍价值的文章，颇多对普遍价值的诘难。对普遍价值的诘难，与现代性的危机有关，也与文化殖民主义的后殖民输出有关，但是，国内哲学界对普遍价值的探讨，它虽然也是一个哲学问题，但有意或无意，它有着某种与权力合谋的倾向。我们擅长于对公知价值的视而不见，也擅长于掩耳盗铃式的自欺欺人。我们对普遍价值的诘难，是对漠视公知价值的掩饰，虽然普遍价值与公知价值也非万能，但对普遍价值与公知价值的疑却的态度，是不符合边际效用的价值理论的。这就好比对一个饥饿垂死的人大讲饼子不能多吃，多少让我们觉得有点学术的虚伪和无聊。

在中国哲学研究方面，王庆节和张再林等人对中国古代哲学中的身体观关注，开辟了对中国哲学研究的新的领域和角度。事实上，中国哲学研究的一个新的维度——价值的维度，正在迎来新的拓展。近几年的儒学研究还是那么轰轰烈烈热热闹闹。曲阜世界儒学大会、人大国际儒学论坛、北大"儒学与人权"国际研讨会、衢州国际儒学论坛等几个儒学大会依然如往年那样热闹召开，尽管没有出现新的论说主张，但是，对"民惟邦本""为政以德"等思想的弘扬，对儒学的世界价值的探讨，还是有着积极的意义的。

世纪之交的哲学也出现了几篇对道德理想主义和美德神话的质疑的文章。正如在《不道德的伦理学》中所指出的，价值将成为伦理学的基础，这一价值的伦理学将成为政治法律制度的基础。好的哲学就像是一个伟大的容器，它可以包容一切。人生是不自由的，我们只是在不自由的世界中寻找一点生存的权利。我们已经不再需要说教，不再需要冠冕堂皇的东西，我们需要的是实实在在的生活以及我们的那一点点可怜的权利。我们需要的是最低限度的约束以及最大限度的宽敞空间：一种管制最少的政府，以及规范最少的道德——一种最低限度的道德和最低限度的法律管制，以及一种社会自由状况的类帕累托最优。

世纪之交的美学研究，在继主观论美学、客观论美学、实践论美学、人类学美学、生命美学等若干理论主张之后，价值论美学在世纪之交走进我们的视野。虽然蔡元培、朱光潜等人都曾提到美是一种特殊的价值，但它并没有形成一种系统的价值论美学主张，而在世纪之交，价值论美学开始进入我们的视野。世纪之交美学学科的一件盛事，便是世界美学大会在中国的召开。世纪之交，世界美学大会首次在中国举行，世界美学大会是国际美学界规模最大的学术会议，此次美学大会也是迄今为止规模最大的美学大会，有来自全球数十个国家的400多位国外美学学者和600多位国内学者出席会议，中国美学第一次让来自世界各地的学者真切地感受到中国美学的特殊的价值与意义，学者们对美学与艺术领域的多方面的议题进行了探讨，其中价值论美学对美学理论的崭新的阐释和建构，引起了与会学者的思考和关注。

此外，近几年逻辑学和语言哲学对语境逻辑的关注，对于多年前提出的"语境真理"的观点提供了支撑。对心脑同一论的结构性难题的探讨，也引发了我们对新技术时代的新型智慧的兴趣。

　　尽管如此，当我们再次回望世纪之交哲学的大地，我们不得不面对这样一个词："浮云"。面对世纪之交哲学的这一片浮云，我们看到的是世纪之交哲学的纠结和茫然。如果实在要让我们翻寻出一点什么，那就是：除了纷乱还是纷乱。这让我们寄望一种处乱不惊的治乱哲学：不为乱所乱——不因小乱而方寸大乱，不因可以控制的小乱畏首不前不知前行与改革。

　　我们在这岁末年终的端口仰望，我们看到的是一片浮云。我们的哲学将回到大地、自然和生命。大地的哲学是一个伟大的容器，它寻找来自大地的依托和力量，它不把自己想象成天空的超人，而是回到朴素的真实的生命。大地，这是一片包容一切的空间，可以允许我们开始一切新的行动和创造。

舒也

于紫金山麓